"十二五"职业教育国家规划教材
经全国职业教育教材审定委员会审定
全国高职高专院校机电类专业规划教材

# 自动化生产线
# 单片机技术应用

陶国正　耿永刚　主　编
韩望月　周　斌　副主编
许文稼　孙天佑　徐鑫奇　参　编

ZIDONGHUA SHENGCHANXIAN
DANPIANJI JISHU YINGYONG

中国铁道出版社
CHINA RAILWAY PUBLISHING HOUSE

## 内 容 简 介

单片机技术是一门实践性很强的技术。本书按照项目引领、任务驱动的模式编写，以工业自动化生产线为项目载体，以掌握单片机典型项目为基础技能训练，充分体现高职高专理论够用、重在实用的特点，设置了符合企业需求的 6 个项目（共含 18 个任务）。

本书以传统 8051 单片机应用为基础，以 STC12C5A60S2 单片机为主线，采用深入浅出、实例丰富、注重实践应用、可操作性强的方式，介绍单片机硬件结构知识与 Keil 软件应用，选用 C51 语言作为开发语言。

全书通过信号指示灯控制、电子密码锁、电子时钟、供料、加工、装配、分拣等项目，介绍了单片机硬件系统、开发系统、中断应用、输入/输出系统和通信系统。

本书适合作为高职高专院校电气自动化、机电一体化、电子信息工程、通信技术、汽车电子等相关专业的单片机课程教学用书，也可作为相关专业工程技术人员的业务培训教材或工作参考书。

### 图书在版编目（CIP）数据

自动化生产线单片机技术应用/陶国正，耿永刚主编 . —北京：中国铁道出版社，2014.8（2015.2 重印）

"十二五"职业教育国家规划教材　全国高职高专院校机电类专业规划教材

ISBN 978-7-113-17795-9

Ⅰ. ①自…　Ⅱ. ①陶…②耿…　Ⅲ. ①自动化生产线 – 单片微型计算机 – 高等职业教育 – 教材　Ⅳ. ①TP368.1

中国版本图书馆 CIP 数据核字（2013）第 291701 号

书　　名：自动化生产线单片机技术应用
作　　者：陶国正　耿永刚　主编

策　　划：何红艳　　　　　　　　　　　读者热线：400 – 668 – 0820
责任编辑：何红艳
编辑助理：绳　超
封面设计：付　巍
封面制作：白　雪
责任印制：李　佳

出版发行：中国铁道出版社（100054，北京市西城区右安门西街 8 号）
网　　址：http://www.51eds.com
印　　刷：三河市兴达印务有限公司
版　　次：2014 年 8 月第 1 版　　　　2015 年 2 月第 2 次印刷
开　　本：787 mm×1 092 mm　1/16　印张：19.75　字数：484 千
书　　号：ISBN 978-7-113-17795-9
定　　价：38.00 元

单片微型计算机简称单片机。其具有体积小、功能强、性价比高、控制灵活等优点，在工业控制、机电一体化、智能仪器仪表、家用电器、通信、网络等领域得到了广泛应用。

STC 系列单片机作为中国本土的 MCU，已得到了广泛应用，现已发展了 STC89/90、STC10/11、STC12 和 STC15 系列，运行速度分为 12T 和 1T 系列，指令运行速度大大提高。本书选用常规的 89 系列单片机作为基础类型，增加了 STC12 系列的STC12C5A60S2 单片机应用介绍，使单片机技术的教学与单片机技术的发展同步，实现了单片机教学与单片机应用的无缝"链接"。

本书贯彻"学以致用""为用而学"的原则，从工程实践应用角度出发，以工作任务为中心，以项目课程为主体，充分体现高职高专的理论够用、重在实用的特点。叙述由浅入深，强调实践能力和自学能力，理论知识以够用为度，让学生在技能训练中逐渐掌握单片机知识，熟悉单片机编程方法，易教易学。

本书将单片机硬件知识、C51 软件知识分解成一个个知识点，穿插在各个任务中。共设置了 6 个项目，内含 18 个任务，每个任务既相对独立，又与前后任务之间保持密切的联系，使训练内容由点到线，由线到面，用到什么讲什么，让学生在做中学、学中做，更好地掌握理论知识。

实践是最好的老师。单片机学习的过程，就是一个知识不断积累的过程。除了自己编写相应程序外，阅读和理解他人程序也是一个学习的重要过程。本书在给出任务程序的同时，也给出了程序流程图，帮助学生能更好地学习和掌握单片机技术。

本书在编写过程中与亚龙科技集团有限公司密切合作，得到了他们的技术支持并派出技术人员徐鑫奇积极参与教材的论证、规划和编写。本书由常州机电职业技术学院陶国正、耿永刚任主编，山西煤炭职业技术学院韩望月、常州机电职业技术学院周斌任副主编，许文稼、孙天佑、徐鑫奇参与了本书的编写工作。全书由耿永刚负责统稿。具体编写分工：项目 1 由耿永刚编写，项目 2 由陶国正、周斌、徐鑫奇编写，项目 3 由周斌、孙天佑、徐鑫奇、韩望月编写，项目 4 由耿永刚、许文稼、徐鑫奇编写，项目 5 由耿永刚、周斌、徐鑫奇编写，项目 6 由耿永刚、许文稼编写。

由于编者水平所限，书中难免存在疏漏和不足之处，恳请广大读者批评指正！

编　者
2014 年 4 月

## 项目 1

### → 单片机基础知识及开发工具应用

## 任务 1　数制与编码转换

### 学习目标

（1）了解二进制、十进制和十六进制数的特点及有符号数的表示方法。

（2）能完成二进制、十进制和十六进制数的相互转换。

### 任务描述

单片机应用离不开数据处理，因此数据之间相互转换方法必须要掌握。本任务是根据已给定数据，完成二进制、十进制、十六进制数的相互转换。

### 相关知识

#### （一）常用数制及其对应关系

数制与编码是微型计算机的基本数字逻辑基础，是学习微型计算机的必备知识。所谓数制就是计数的方法，通常采用进位计数法。例如：十进制、二进制和十六进制。日常生活中常采用十进制，而微型计算机是一个自动的信息加工工具，不论是指令语句还是像包括图像、声音等这样的外部数据信息，都必须转换成二进制数的编码形式，才能存入计算机中，即微型计算机硬件电路采用的是二进制。由于二进制记忆和描述不太方便，因此，微型计算机的地址、程序代码和运算数据，一般采用十六进制表示。

在数制中需了解两个基本概念：数码和基数。例如：数字符号 0，1，2，…，9 等称为数码，数码的个数称为基数。

#### 1. 二进制数

在单片机内部，一切信息（包括数值、字符、指令语句等）的存放、处理和传送均采用二进制数的形式，即二进制机器语言是在单片机内部直接被识别和运行的。在程序中，二进制数一般以字母 B 结尾，以示与其他数的区别。二进制数的特点如下：

（1）只有 0 和 1 两个数码。

（2）基数为 2，采用"逢二进一"的原则。其运算规律与十进制数运算相同。

例如：$(1101\ 0100)_2 = 1101\ 0100B = 1 \times 2^7 + 1 \times 2^6 + 0 \times 2^5 + 1 \times 2^4 + 0 \times 2^3 + 1 \times 2^2 + 0 \times 2^1 + 0 \times 2^0$

缺点：由于二进制数目较多，不容易记忆，常用十六进制数或十进制数替换。

【例 1-1-1】用二进制运算规则进行加、减和乘运算。

解：（1）加法。运算规则为逢二进一。例如：

```
        1101    ------被加数
    +   1001    ------加数
        10110   ------和
```

（2）减法。运算规则为借一当二。例如：

```
        1001    ------被减数
    -   0110    ------减数
        0011    ------差
```

（3）乘法。运算规则为：$0 \times 0 = 0$，$0 \times 1 = 0$，$1 \times 1 = 1$，做移位加法。例如：

```
          1101    ------被乘数
      ×    101    ------乘数
          1101
         0000
    +    1101
       1000001    ------积
```

**2. 十进制数**

日常生活中，人们最常用的是十进制数，在程序编写中以字母 D 结尾（一般可省略）。十进制数的特点如下：

（1）有 0、1、2、3、4、5、6、7、8、9 共 10 个数码。

（2）基数为 10，采用"逢十进一"的原则。例如：

$$(30681)_{10} = 30681 = 3 \times 10^4 + 0 \times 10^3 + 6 \times 10^2 + 8 \times 10^1 + 1 \times 10^0$$

**3. 十六进制数**

为了书写和阅读方便，经常采用十六进制数作为二进制数的缩写形式。十六进制数以 H 字母结尾（C 语言以 0x 开头）。十六进制数的特点如下：

（1）有 0、1、2、3、4、5、6、7、8、9、A、B、C、D、E、F 共 16 个数码。

（2）基数为 16，采用"逢十六进一"的原则。例如：

$$(30681)_{16} = 30681H = 0x30681 = 3 \times 16^4 + 0 \times 16^3 + 6 \times 16^2 + 8 \times 16^1 + 1 \times 16^0$$

**【例 1-1-2】** 用十六进制运算规则进行加、减运算。

解：（1）加法。运算规则为逢十六进一。例如：

```
        5A0E    ------被加数
    +   3ABC    ------加数
        94CA    ------和
```

（2）减法。运算规则为借一当十六。例如：

```
        5A0E    ------被减数
    -   3ABC    ------减数
        1F52    ------差
```

**4. 3 种进制的对应关系**

3 种进制的对应关系如表 1-1-1 所示。

表 1-1-1　二进制、十进制、十六进制对照表

| 二进制（B） | 十六进制（H） | 十进制（D） | 二进制（B） | 十六进制（H） | 十进制（D） |
|---|---|---|---|---|---|
| 0000 | 0 | 0 | 1000 | 8 | 8 |
| 0001 | 1 | 1 | 1001 | 9 | 9 |
| 0010 | 2 | 2 | 1010 | A | 10 |
| 0011 | 3 | 3 | 1011 | B | 11 |
| 0100 | 4 | 4 | 1100 | C | 12 |
| 0101 | 5 | 5 | 1101 | D | 13 |
| 0110 | 6 | 6 | 1110 | E | 14 |
| 0111 | 7 | 7 | 1111 | F | 15 |

### （二）数制转换与数的表示方法

在单片机中，由于二进制数在描述数据时位数较多，不容易记忆和区别，因此程序中常用十进制数或十六进制数描述。任意进制之间可以相互转换，但整数部分和小数部分必须分别进行。

#### 1. 十进制数转换为二进制数

将十进制数转换为二进制数时，要分别将十进制整数转换为二进制整数，十进制小数转换为二进制小数，然后再将二进制整数和小数用小数点连接起来就得到转换后的二进制数。

整数部分的转换方法采用"除 2 取余法"；小数部分的转换方法采用"乘 2 取整法"。

【例 1-1-3】将十进制数 25.3125 转换为二进制数。

解：（1）将整数 25 采用"除 2 取余法"，直到商为 0 为止，得出二进制数 $(25)_{10}$ = 11001B。

$$
\begin{array}{lll}
2 \underline{|25} & & \\
2 \underline{|12} & \text{------ 余 1 (LSB)} & D_0 \\
2 \underline{|6} & \text{------ 余 0} & D_1 \\
2 \underline{|3} & \text{------ 余 0} & D_2 \\
2 \underline{|1} & \text{------ 余 1} & D_3 \\
0 & \text{------ 余 1 (MSB)} & D_4
\end{array}
$$

（2）将小数 0.3125 采用"乘 2 取整法"。若乘积的小数部分最后不为 0，则只要换算到所需精度为止。

$$
\begin{array}{lll}
0.3125 \times 2 = \underline{0}.625 & 0 \leftarrow \text{MSB} & D_{-1} \\
0.625 \times 2 = \underline{1}.250 & \text{溢出 } 1 & D_{-2} \\
0.250 \times 2 = \underline{0}.500 & 0 & D_{-3} \\
0.500 \times 2 = \underline{1}.000 & \text{溢出 } 1 \leftarrow \text{LSB} & D_{-4}
\end{array}
$$

即 $(0.3125)_{10} = 0.\underline{0101}B$。

（3）两者合并，可得 $(25.3125)_{10} = 1\ \underline{1001}.0101B$。

#### 2. 二进制数转换成十进制数

将二进制数的各个非零位分别乘以位权之后相加求和。

【例 1-1-4】将二进制数 10 1101.11B 转换为十进制数。

解：$10\ \underline{1101}.11B = 1 \times 2^5 + 0 \times 2^4 + 1 \times 2^3 + 1 \times 2^2 + 0 \times 2^1 + 1 \times 2^0 + 1 \times 2^{-1} + 1 \times 2^{-2} = 45.75$。

### 3. 十进制数转换成十六进制数

整数部分的转换方法采用"除16取余法";小数部分的转换方法采用"乘16取整法"。参考【例1-1-3】。

### 4. 十六进制数转换成十进制数

将十六进制数的各个非零位分别乘以位权后相加求和。

### 5. 二进制数转换成十六进制数

以小数点为界,往左、右4位二进制数为一组,4位二进制数对应于1位十六进制数,不够4位补0。

**【例1-1-5】** 将二进制10 1101. 11B 转换为十六进制。

解:10 1101. 11B = 0010 1101. 1100B = 2D. CH。

### 6. 十六进制数转换成二进制数

将每1位十六进制数用对应的4位二进制数替换。

**【例1-1-6】** 将十六进制数275.7AH 转换为二进制数。

解:275. 7AH = 0010 0111 0101. 0111 1010B = 10 0111 0101. 0111 101B。

### 7. 数的表示方法

在计算机中,数可以定义为无符号数和有符号数两种。

无符号数没有符号位,使用位数全部为数值位,编程中比较方便,因此使用中尽量选择无符号数。以8位无符号二进制数为例,对应的二进制数范围为0000 0000B ~ 1111 1111B,十进制数范围为0 ~ 255,十六进制数范围为00 ~ FFH。

有符号数在计算机中使用数字"0"或"1"表示数据的符号(数据的最高位作为符号位)。例如:"正数"用"0"表示;"负数"用"1"表示。

一个带符号数在计算机中有3种表示方法:原码、反码、补码。

(1)有符号数原码表示法。最高位($D_7$ 位)作为符号位(用"0"或"1"表示数的正或负),其余位为数值位,用来表示该数的大小,即绝对值。例:

$$[ + 112 ]_{原码} = 0111\ 0000B$$
$$[ - 112 ]_{原码} = 1111\ 0000B$$

原码所能表示的十进制数范围为 − 127 ~ + 127。

(2)有符号数反码表示法。正数的反码与原码相同;负数的反码,符号位为"1",数值位是将原码的数值位按位取反(即原来是"0"的,取为"1";原来是"1"的,取为"0")。例:

$$[ +112 ]_{反码} = 0111\ 0000B$$
$$[ - 112 ]_{反码} = 1000\ 1111B$$

反码可表示的十进制数范围是: − 127 ~ + 127。

(3)有符号数补码表示法。补码的概念可以通过下面描述来表示:例如,现在是下午3点,手表停在12点,可顺时针方向拨3点,也可逆时针方向拨9点实现时间调整。即"−9"的操作可用"+3"来实现,在12点里:"3""−9"互为补码。

正数的补码与原码相同;负数的补码,符号位为"1",数值位是将反码的数值位加1形成。例:

$$[ +112 ]_{补码} = 01110000B$$
$$[ - 112 ]_{补码} = [ - 112 ]_{反码} + 1 = 1000\ 1111B + 1 = 1001\ 0000B$$

用补码可表示的十进制数范围是：－128 ～＋127。

运用补码可使减法变成加法。实际上在计算机数据处理中，有符号数使用中一般正数用原码表示，负数用补码表示，且补码的补码等于原码。

### （三）单片机常用编码

#### 1. BCD 码

用二进制编码的形式来表示的十进制数，称为二－十进制编码，即 BCD 码。最常用的是 8421BCD 码，在单片机应用中常用于外部接口 BCD 码拨码盘的输入。由于十进制数共有 0，1，2，…，9 这 10 个数码，因此，至少需要 4 位二进制码来表示 1 位 BCD 码十进制数。

如表 1-1-2 所示列出了 BCD 码（8421 码）与十进制数的对照表。互换时，可以按 4 位二进制对应 1 位十六进制的原则，进行转换。二进制码在 1010B ～ 1111B 范围时，属于非法码。

表 1-1-2　BCD 码（8421 码）与十进制数对照表

| 十 进 制 数 | BCD 码 | 十 进 制 数 | BCD 码 |
|---|---|---|---|
| 0 | 0000 | 6 | 0110 |
| 1 | 0001 | 7 | 0111 |
| 2 | 0010 | 8 | 1000 |
| 3 | 0011 | 9 | 1001 |
| 4 | 0100 | 10 | 0001 0000 |
| 5 | 0101 | 11 | 0001 0001 |

例如：$(25)_{10} = (0010\ 0101)_{BCD}$。

#### 2. ASCII 码（美国信息交换标准代码）

计算机中的各种字符，包括 0 ～ 9 数字、大小写英文字母、标点符号及用于控制的特殊符号等，也必须用二进制编码表示。在计算机中一般统一使用 ASCII 码来表示字符。

ASCII 码是美国信息交换标准代码的简称。每个字符的 ASCII 码是由 7 位二进制数构成，第 7 位（最高位）通常定为奇偶检验位。

例如：数字 0 ～ 9 的 ASCII 码为 30H ～ 39H；大写字母 A ～ Z 的 ASCII 码为 41H ～ 5AH。ASCII 码表详见附录 A。

 **任务实施**

根据已给定数据，完成表 1-1-3 相应空格，有符号数用补码表示。

表　1-1-3

| 二进制（B） | 十 进 制 | 十六进制（H） |
|---|---|---|
|  | 250 |  |
|  | 100 |  |
|  | -7 |  |
| 1111. 0101 |  |  |
| 10101101 |  |  |
| 11011100110 |  |  |
|  |  | A6 |
|  |  | 3F9 |
|  |  | 16. AB |

**思考与练习**

## （一）选择题

（1）十进制数 126 对应的十六进制数可表示为（　　）。

    A. 8F         B. 8E         C. FE         D. 7E

（2）十进制数 89.75 对应的二进制数可表示为（　　）。

    A. 10001001.01110101         B. 1001001.10

    C. 1011001.11         D. 10011000.11

（3）二进制数 110010010 对应的十六进制数可表示为（　　）。

    A. 192H         B. C90H         C. 1A2H         D. CA0H

（4）二进制数 110110110 对应的十六进制数可表示为（　　）。

    A. 1D3H         B. 1B6H         C. DB0H         D. 666H

（5）−3 的补码是（　　）。

    A. 10000011         B. 11111100         C. 11111110         D. 11111101

（6）在计算机中"A"是用（　　）来表示的。

    A. BCD 码         B. 二－十进制编码     C. 余三码         D. ASCII 码

（7）数 126 最可能是（　　）。

    A. 二进制         B. 八进制         C. 十进制         D. 十六进制

## （二）实践题

（1）将下列十进制数分别转换成二进制数的形式：

    ① 33         ② 22.37         ③ 100         ④ 256

（2）将下列二进制数分别转换成十六进制数的形式：

    ① 1010 1100B     ② 1001.01B     ③ 1100 1100.011B

（3）将下列十六进制数分别转换成二进制数的形式：

    ① 7BH         ② 0E7.2 H         ③ 21A9H

（4）将下列 BCD 码转换成十进制数：

    ① 1001 0010     ② 0101 0010     ③ 100 0111.0110

（5）将下列带符号数分别用原码、反码、补码来表示。

    ① +39         ② −121

（6）试比较下列各数的大小：

    ① $(100)_{10}$ 与 $(1001\ 0010)_2$

    ② $(0.111)_{16}$ 与 $(0.111)_{10}$

    ③ $(4096)_{10}$ 与 $(3F56)_{16}$

    ④ $(25.10)_{16}$ 与 $(1\ 1110.11)_2$

    ⑤ $(1024)_{10}$ 与 $(1FFF)_{16}$

（7）完成下列运算：

    ① $(1010)_2 + (1001)_2$

    ② $(10101.011)_2 − (111.01)_2$

（8）将下列十进制数转换为 8421BCD 码表示：

    ① 25         ② 108         ③ 1024         ④ 5

（9）将下列字符转换为 ASCII 码表示：

① AT89C51　　② stc　　③ CPU　　④ STC12C5A60S2

# 任务2　单片机硬件结构介绍

## 学习目标

（1）认知单片机芯片，能完成单片机最小系统电路设计，会正确选择单片机型号。

（2）了解51单片机引脚功能和单片机内部结构，熟悉CPU功能。

（3）熟悉片内存储器分配，初步了解特殊功能寄存器。

（4）了解单片机时序概念，掌握单片机复位电路和低功耗技术使用。

## 任务描述

通过对单片机LED发光二极管相应电路的练习，认识单片机最小系统。能对典型硬件电路进行分析，并认知各元器件的作用，掌握元器件参数选型设计。

## 相关知识

### （一）51单片机概述

**1. 单片机概念**

单片机是一种智能集成电路芯片。它将具有数据处理能力的微处理器（CPU）、存储器、输入/输出接口电路（I/O接口）等集成在同一块芯片上，构成一个既小巧又很完善的计算机硬件系统，在单片机程序的控制下能准确、迅速、高效、单独地完成现代工业控制所要求的智能化控制功能，完成程序设计者事先规定的任务。所以说，一片单片机芯片就具有了组成计算机的全部功能（简单功能）。由于单片机作为嵌入式应用，故又称嵌入式控制器。根据数据总线的宽度不同，单片机可分为8位机、16位机和32位机。在中低端控制应用中，8位单片机仍然是主流机种，近期推出的增强型单片机内部集成了ADC、DAC、中断单元、定时单元等更复杂、更完善的电路，使得单片机的功能越来越强大，应用更广泛。在实际使用中，可将单片机看作是一个可以通过软件控制的智能多路开关，其对应引脚数字为"1"（高电平+5V）和"0"（低电平0V）。

**2. 单片机特色**

学好单片机是电气信息和仪表类工程师的必备素质，因此吸引了越来越多的学习者。其特色如下：

（1）简化了多而繁杂的各类电路设计。

（2）小巧灵活、成本低、功耗低、可靠性好、抗干扰性强、易于产品化、应用范围广。

（3）智能化设备的核心，能组装成各种智能测控设备及智能仪器仪表。

（4）易扩展，很容易构成各种规模的应用系统，控制功能强。

（5）具有通信功能，可以很方便地实现多机和分布式控制，形成控制网络和远程控制。

**3. 如何选择单片机**

学习和选择单片机要从普遍性、工程应用主流技术、性价比和开发过程的便易程度等方面综合考虑。主要体现以下几个方面：

（1）能不能满足市场对产品的要求，遵循"够用"原则。

（2）单片机是否容易购买，即购买市场是否具有普遍性。

（3）性价比要高，开发费用低，包括硬件成本和软件成本。

（4）印制电路板设计容易，加密性能优良。

（5）引脚驱动能力大，尽量使用内部资源，减少外扩器件。

（6）产品有一定的升级余地，开发周期短。

（7）工作温度范围广，电源适应能力强。

**4. 单片机学习方法**

单片机技术是实践性很强的一门技术，只要多编程练习，多实践操作，就能真正掌握单片机技术应用。具体要求和学习方法如下：

（1）必须掌握数字电路和模拟电路方面的知识。

（2）学习和掌握单片机原理、硬件结构、接口电路和编程语言。

（3）熟悉外围硬件扩展接口和各类传感器电路应用，尽可能了解各学科中的控制项目、控制过程和方法。

（4）软件编程多练习，在反复练习中掌握程序设计。

（5）借助仿真软件完成实践操作。

**5. 常用 8051 内核单片机类型**

（1）MCS-51 单片机。MCS-51 是指由美国 INTEL 公司生产的一系列高性能 8 位单片机的总称，也就是平常讲的 51 单片机。这一系列单片机包括了许多品种，如 8031、8051、8751 等，其中 8051 是最早、最典型的产品，该系列其他单片机都是在 8051 的基础上进行功能的增、减、改变而来的，所以人们习惯于用 8051 来称呼 MCS-51 单片机。

（2）AT89 系列单片机。ATMEL 公司将闪速存储器与 MCS-51 控制器相结合，开发生产了新型的 8 位单片机——AT89 系列单片机。AT89 系列单片机是一种低功耗、高性能的 8 位 CMOS 微处理器芯片，片内带有可编程、可擦写只读存储器 PEPROM。常用的 ATMEL 公司单片机如表 1-2-1 所示。

**表 1-2-1　常用的 ATMEL 公司单片机**

| 型　　号 | 片内 ROM 容量 /KB | 片内 RAM 容量 /B | I/O 特　性 | | | 中断源 |
| --- | --- | --- | --- | --- | --- | --- |
| | | | 定时器 | 并行端口 | 串行端口 | |
| 89C2051 | 2K | 128 | 2 | 2 | 1 | 5 |
| 89C4051 | 4 | 128 | 2 | 2 | 1 | 5 |
| 89C51/LS51/S51 | 4 | 128 | 2 | 4 | 1 | 5 |
| 89C52/LS52/S52 | 8 | 256 | 2 | 4 | 1 | 6 |
| 89C55 | 20 | 256 | 3 | 4 | 1 | 6 |

（3）STC 系列单片机。STC 系列单片机是深圳宏晶科技公司推出的新一代超强抗干扰/高速/低功耗的单片机，指令代码完全兼容传统 8051 单片机，无须仿真器或专用编程器就可进行单片机应用系统的开发，方便了单片机的学习和应用。按照工作速度与片内资源配置的不同，STC 系列单片机可分为：

① 12T 系列：STC89 系列。

② 6T 系列：STC90 系列。

③ 1T 系列：STC10/11 系列、STC12/15 系列。

注：12T 是指一个机器周期需要 12 个时钟。

STC89、STC90 和 STC10/11 系列属于基本配置，STC12/15 系列属于增强型配置，本书选用 STC12 系列的 STC12C5A60S2 单片机为教学机型。表 1-2-2 所示为部分 STC 系列单片机芯片，供选型参考。

表 1-2-2　部分 STC 系列单片机芯片

| 型　　号 | 工作电压/V | Flash 程序存储器/KB | SRAM/B | EEPROM/KB | 普通定时器 | CCP/PCA/PWM/定时器 | A/D 转换8 路 | 把关定时器（看门狗） | 内置复位 |
|---|---|---|---|---|---|---|---|---|---|
| STC89C52RC | 5.5～3.5 | 8 | 512 | 2 | 3 | — | — | 有 | 有 |
| STC11F04E | 5.5～4.1 | 4 | 256 | 1 | 2 | — | — | 有 | 有 |
| STC12C4052 | 5.5～3.5 | 4 | 256 | 1 | 2 | 2 – ch | — | 有 | 有 |
| STC12C5A60S2 | 5.5～3.5 | 60 | 1280 | 1 | 2 | 2 – ch | 10 位 | 有 | 有 |

### （二）单片机内部结构

#### 1. 单片机功能概述

STC12C5A60S2 单片机是 STC12 系列的典型产品，是高速/低功耗/超抗干扰的新一代 51 单片机，指令代码完全兼容传统 51 单片机，但速度快 8～12 倍。内部集成 MAX810 专用复位电路，2 路 PWM，8 路高速 10 位 A/D 转换（25 万次/s）。

STC12C5A60S2 其主要指标如下：

（1）增强型 51CPU，1T 型，即每个机器周期只需要一个系统时钟，速度快。

（2）工作电压范围宽：3.5～5.5 V 可正常工作。

（3）工作频率范围：0～35 MHz，相当于普通 51 单片机的 0～420 MHz。

（4）用户应用程序空间：60 KB Flash 程序存储器，1 280 B SRAM，有 EEPROM 功能。

（5）通用 I/O 口（36/40/44 个），复位后为：准双向口/弱上拉（传统 I/O 口）。可设置成 4 种模式：准双向口、弱上拉、强推挽和强上拉，每个 I/O 口驱动能力均可达到 20 mA，但整个芯片最大不要超过 120 mA。

（6）ISP（在系统可编程）/ IAP（在应用可编程），无需专用编程器和专用仿真器，可通过串行端口（P3.0/P3.1 引脚）直接下载用户程序。

（7）有硬件看门狗功能。内部集成 MAX810 专用复位电路（外部晶振 12 MHz 以下时，复位引脚可直接 1 kΩ 电阻器到地）。

（8）时钟源：外部高精度晶振和内部 RC 振荡器。用户在下载用户程序时，可选择是使用内部 RC 振荡器还是外部晶振时钟。精度要求不高时，可选择使用内部时钟，但有制造误差和温漂，应以实际测试为准。

（9）共 4 个 16 位定时器。两个与传统 51 单片机兼容的 16 位定时器/计数器 0 和 1，没有定时器 2，但有独立比特率发生器，再加上 2 路 PCA 模块可再实现 2 个 16 位定时器。

（10）3 个时钟输出口，可由 T0 的溢出在 P3.4/T0 输出时钟，可由 T1 的溢出在 P3.5/T1 输出时钟，独立比特率发生器可以在 P1.0 口输出时钟。

（11）外部中断 I/O 口 7 路：$\overline{INT0}$/P3.2，$\overline{INT1}$/P3.3，T0/P3.4，T1/P3.5，RxD/P3.0，CCP0/P1.3，CCP1/P1.4。除了传统的下降沿中断或低电平触发中断外，新增支持上升沿中断的 PCA 模块，Power Down 模式可由外部中断唤醒。

（12）PWM（2 路）/ PCA（可编程计数器阵列 2 路）：可用来当 2 路 D/A 使用；可用来再实现 2 个定时器；也可用来再实现 2 个外部中断（上升沿中断/下降沿中断均可分别或同时支持）。

（13）A/D 转换：8 路高速 10 位 A/D 转换（25 万次/s）。

（14）通用两个全双工异步串行端口（UART）。

**2. 单片机内部结构框图**

STC12C5A60S2 单片机的内部结构框图如图 1-2-1 所示。

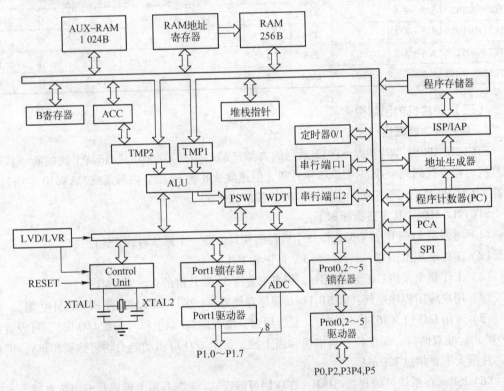

图 1-2-1  STC12C5A60S2 单片机的内部结构框图

包含中央处理器（CPU）、程序存储器（Flash）、数据存储器（SRAM）、定时器/计数器、UART 串行端口 1/串行端口 2、I/O 接口、高速 A/D 转换、SPI 接口、PCA、看门狗及片内 RC 振荡器和外部晶体振荡电路等模块。

**3. 单片机 CPU 结构**

CPU 是单片机的核心部分，分为运算器和控制器两部分。CPU 的作用是读入并分析每条指令，根据每条指令的功能要求，控制各个部件执行相应的操作。

（1）运算器。运算器由算术/逻辑运算单元 ALU、累加器 ACC、寄存器 B、暂存器（TMP1、TMP2）和程序状态寄存器 PSW 组成。主要用来完成数据的传送、算术/逻辑运算和位变量处理等操作。

累加器 ACC 又称 A 寄存器，用于向 ALU 提供操作数和存放运算结果。寄存器 B 主要用于存放乘法和除法运算的操作数和运算结果。程序状态寄存器 PSW 用来保存 ALU 运算结果的特征和处理状态，供程序判别。PSW 的各位定义如下：

| 名称 | 地址 | B7 | B6 | B5 | B4 | B3 | B2 | B1 | B0 | 复位值 |
|------|------|----|----|----|----|----|----|----|----|--------|
| PSW | D0H | CY | AC | F0 | RS1 | RS0 | OV | F1 | P | 00H |

① CY：进位/借位标志位。单片机为 8 位，其 8 位运算器只能表示 0 ～ 255，如果做加法，两数相加可能会超过 255，其进位就存放在这里，执行减法相类似。在布尔处理器中它被认为是位累加器，其重要性相当于一般中央处理器中的累加器 A。

② AC：半字节进位/借位标志位。用于 BCD 码加法、减法运算的调整。

③ F0、F1：用户标志位。留给用户使用。

④ RS1、RS0：工作寄存器组的选择位，如表 1-2-3 所示。

表 1-2-3　工作寄存器组的选择位

| RS1 | RS0 | 当前使用的工作寄存器组（R0～R7） |
|-----|-----|-------------------------------|
| 0 | 0 | 0 组（00H～07H） |
| 0 | 1 | 1 组（08H～0FH） |
| 1 | 0 | 2 组（10H～17H） |
| 1 | 1 | 3 组（18H～1FH） |

注：任一时刻，CPU 只能使用其中一组寄存器，把正在使用的寄存器区称为当前工作寄存器区。

⑤ OV：溢出标志位。

⑥ P：奇偶标志位。累加器 A 中"1"的个数为奇数时 P = 1，否则 P = 0。一般用于串行通信中的奇偶检验。

（2）控制器。控制器是 CPU 的指挥中心，由指令寄存器 IR、指令译码器 ID 以及程序计数器 PC 等组成。完成取指令存放（IR）→译码（ID）→执行指令操作→再取指令的循环过程。

程序计数器 PC 是一个 16 位的计数器，用户只能读取不能修改，里面存放的是单片机下一条将要运行的指令地址。每取完一条指令后，PC 的值自动加 1，指向下一条即将执行的指令地址。PC 指到哪里，CPU 就从哪里开始执行程序。单片机复位后，PC = 0000H，所以复位后，单片机都是从 Flash 程序存储器的 0000H 单元地址开始运行。

### （三）单片机引脚功能及最小系统

**1. 单片机封装及引脚功能**

STC12C5A60S2 单片机引脚封装图如图 1-2-2 所示，分为 PDIP - 40、LQFP - 44 和 LQFP - 48 封装引脚。

表 1-2-4 所示为 PDIP - 40 封装的单片机引脚功能。

**2. 单片机最小系统**

单片机控制系统由单片机和外围电路组成。所谓单片机最小系统是指能让单片机动起来的系统，即用最少的元器件组成的单片机系统。如图 1-2-3 所示为时钟频率小于 12 MHz 时的单片机最小系统，图 1-2-4 所示为时钟频率高于 12 MHz 时的单片机最小系统。后续的任务都是以单片机最小系统为平台，并在此基础上进行扩展的。

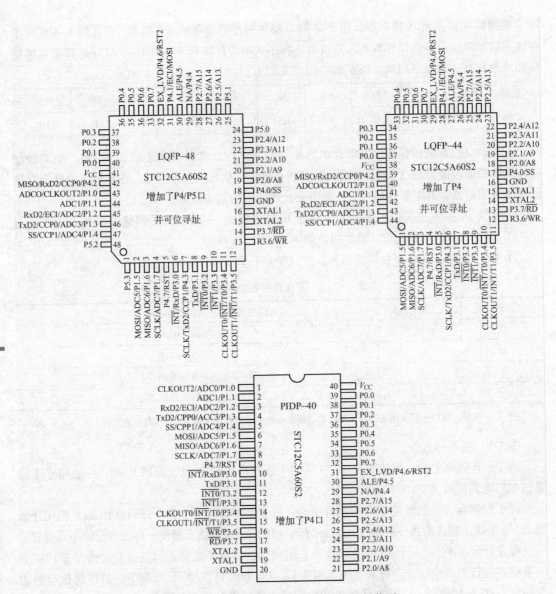

图 1-2-2　STC12C5A60S2 单片机引脚封装图

**表 1-2-4　STC12C5A60S2 单片机 PDIP - 40 封装的单片机引脚功能**

| 引脚编号 | 引脚名称 | 功　能　说　明 | |
|---|---|---|---|
| 1 | P1. 0/ADC0/CLKOUT2 | P1. 0 | 标准 I/O 口 PORT1[0] |
| | | ADC0 | ADC 输入通道 - 0 |
| | | CLKOUT2 | 独立比特率发生器的时钟输出。可通过设置 WAKE_CLKO[2]位/BRTCLKO 将该引脚配置为 CLKOUT2 |
| 2 | P1. 1/ADC1 | P1. 1 | 标准 I/O 口 PORT1[1] |
| | | ADC1 | ADC 输入通道 - 1 |
| 3 | P1. 2/ADC2/ECI/RxD2 | P1. 2 | 标准 I/O 口 PORT1[2] |
| | | ADC2 | ADC 输入通道 - 2 |
| | | ECI | PCA 计数器的外部脉冲输入引脚 |
| | | RxD2 | 第二串行端口数据接收端 |

| 引脚编号 | 引脚名称 | 功 能 说 明 | |
|---|---|---|---|
| 4 | P1.3/ADC3/CCP0/TxD2 | P1.3 | 标准 I/O 口 PORT1[3] |
| | | ADC3 | ADC 输入通道 -3 |
| | | CCP0 | 外部信号捕获（频率测量或当外部中断使用）、高速脉冲输出及脉宽调制输出 |
| | | TxD2 | 第二串行端口数据发送端 |
| 5 | P1.4/ADC4/CCP1/SS | P1.4 | 标准 I/O 口 PORT1[4] |
| | | ADC4 | ADC 输入通道 -4 |
| | | CCP1 | 外部信号捕获（频率测量或当外部中断使用）、高速脉冲输出及脉宽调制输出 |
| | | SS | SPI 同步串行端口的从机选择信号 |
| 6 | P1.5/ADC5/MOSI | P1.5 | 标准 I/O 口 PORT1[5] |
| | | ADC5 | ADC 输入通道 -5 |
| | | MOSI | SPI 同步串行端口的主出从入（主器件的输出和从器件的输入） |
| 7 | P1.6/ADC6/MISO | P1.6 | 标准 I/O 口 PORT1[6] |
| | | ADC6 | ADC 输入通道 -6 |
| | | MISO | SPI 同步串行端口的主入从出（主器件的输入和从器件的输出） |
| 8 | P1.7/ADC7/SCLK | P1.7 | 标准 I/O 口 PORT1[7] |
| | | ADC7 | ADC 输入通道 -7 |
| | | SCLK | SPI 同步串行端口的时钟信号 |
| 9 | P4.7/RST | P4.7 | 标准 I/O 口 PORT4[7] |
| | | RST | 复位引脚 |
| 10 | P3.0/RxD | P3.0 | 标准 I/O 口 PORT3[0] |
| | | RxD | 串行端口 1 数据接收端 |
| 11 | P3.1/TxD | P3.1 | 标准 I/O 口 PORT3[1] |
| | | TxD | 串行端口 1 数据发送端 |
| 12 | P3.2/$\overline{INT0}$ | P3.2 | 标准 I/O 口 PORT3[2] |
| | | INT0 | 外部中断 0，下降沿中断或低电平中断 |
| 13 | P3.3/$\overline{INT1}$ | P3.3 | 标准 I/O 口 PORT3[3] |
| | | INT1 | 外部中断 1，下降沿中断或低电平中断 |
| 14 | P3.4/T0/CLKOUT0 | P3.4 | 标准 I/O 口 PORT3[4] |
| | | T0 | 定时器/计数器 0 的外部输入 |
| | | CLKOUT0 | 定时器/计数器 0 的时钟输出。可通过设置 WAKE_CLKO[0]位/T0CLKO 将该引脚配置为 CLKOUT0 |
| 15 | P3.5/T1/CLKOUT1 | P3.5 | 标准 I/O 口 PORT3[5] |
| | | T1 | 定时器/计数器 1 的外部输入 |
| | | CLKOUT1 | 定时器/计数器 1 的时钟输出。可通过设置 WAKE_CLKO[1]位/T1CLKO 将该引脚配置为 CLKOUT1 |
| 16 | P3.6/$\overline{WR}$ | P3.6 | 标准 I/O 口 PORT3[6] |
| | | WR | 外部数据存储器写脉冲 |

项目 1 单片机基础知识及开发工具应用

| 引脚编号 | 引脚名称 | 功 能 说 明 | |
|---|---|---|---|
| 17 | P3.7/$\overline{RD}$ | P3.7 | 标准 I/O 口 PORT3[7] |
| | | $\overline{RD}$ | 外部数据存储器读脉冲 |
| 18 | XTAL2 | 内部时钟电路反相放大器的输出端，接外部晶振的另一端。当直接使用外部时钟源时，此引脚可浮空，此时 XTAL2 实际将 XTAL1 输入的时钟进行输出 | |
| 19 | XTAL1 | 内部时钟电路反相放大器的输入端，接外部晶振的另一端。当直接使用外部时钟源时，此引脚可浮空 | |
| 20 | GND | 电源负极，接地 | |
| 21～28 | P2.0～P2.7 | Port2：P2 口内部有上拉电阻，既可作为输入/输出口，也可作为高 8 位地址总线使用（A8～A15）。当 P2 口作为输入/输出口时，P2 是一个 8 位准双向口 | |
| 29 | P4.4/NA | 标准 I/O 口 PORT4[4] | |
| 30 | P4.5/ALE | P4.5 | 标准 I/O 口 PORT4[5] |
| | | ALE | 地址锁存允许 |
| 31 | P4.6/EX_LVD/RST2 | P4.6 | 标准 I/O 口 PORT4[6] |
| | | EX_LVD | 外部低压检测中断/比较器 |
| | | RST2 | 第二复位功能引脚 |
| 39～32 | P0.0～P0.7/AD0～AD7 | P0：P0 口既可作为输入/输出口，也可作为地址/数据复用总线使用。当 P0 口作为输入/输出口时，P0 是一个 8 位准双向口，内部有弱上拉电阻，无须外接上拉电阻。当 P0 作为地址/数据复用总线使用时，是低 8 位地址线[A0～A7]，数据线的[D0～D7] | |
| 40 | $V_{CC}$ | 电源正极 | |

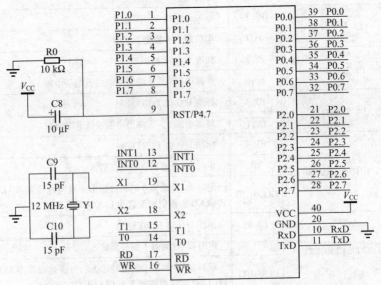

图 1-2-3 时钟频率小于 12 MHz 时的单片机最小系统

注：时钟频率低于 12 MHz 时，可以不用 C9、C10，R0 接 1 kΩ 电阻器到地，参考图 1-2-4。

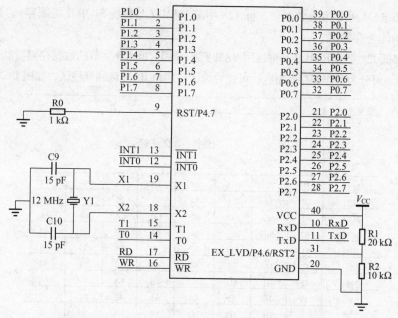

图 1-2-4　时钟频率高于 12 MHz 时的单片机最小系统

注：如果外部时钟频率在 33 MHz 以上时，建议直接使用外部有源晶振。如果使用内部 RC 振荡器时钟（室温情况下 5 V 单片机为 11～17 MHz，3 V 单片机为 8～12 MHz），XTAL1 和 XTAL2 引脚浮空。

### （四）单片机片内存储器和特殊功能寄存器

STC12C5A60S2 单片机的程序存储器和数据存储器是各自独立编址的。其所有程序存储器都是片上 Flash 存储器，不能访问外部程序存储器。STC12C5A60S2 单片机内部有 1 280 B 的数据存储器：内部 RAM（256 B）和内部扩展 RAM（1 024 B）。另外，STC12C5A60S2 单片机还可以访问片外扩展的 64 KB 外部数据存储器。

**1. 程序存储器介绍**

程序存储器用于存放用户程序、数据和表格等信息。STC12C5A60S2 单片机内部集成了 60 KB 的 Flash 程序存储器，其地址范围为 0000H ～ EFFFH。

在程序存储器中有些特殊的单元被固定用于复位和中断源的入口地址，用来存放中断向量表（中断入口地址）。每个中断都有一个固定的入口地址，当中断发生并得到响应后，单片机就会自动跳转到相应的中断入口地址去执行程序。在使用中断时，其地址不能被覆盖，即用户不能使用。在不使用中断时，其地址能被覆盖。其中：

（1）0000H：复位入口地址（主程序入口），即从 0000H 单元开始执行程序。

（2）0003H：外部中断 0 中断入口地址。

（3）000BH：定时器/计数器 0 中断入口地址。

（4）0013II：外部中断 1 中断入口地址。

（5）001BH：定时器/计数器 1 中断入口地址。

（6）0023H：串行端口 1 中断入口地址。

以上为复位和 5 个基本中断的中断向量地址，更多的中断向量地址见单独的中断章节。

**2. 内部数据存储器（SRAM）介绍**

STC12C5A60S2 单片机内部集成了 1 280 字节 RAM，可用于存放程序执行的中间结果和过程数据。内部 RAM 可分为 3 个部分：低 128 字节 RAM（与传统 51 单片机兼容）、高 128 字节 RAM、特殊功能寄存器区。

（1）内部低 128 字节 RAM（又称通用 RAM 区）介绍。低 128 字节的数据存储器既可直接寻址也可间接寻址。可分为工作寄存器组区、可位寻址区、用户 RAM 区和堆栈区，如图 1-2-5 所示。

| 字节地址 | 位　　地　　址 | | | | | | | |
|---|---|---|---|---|---|---|---|---|
| 7FH<br>⋮<br>30H | （堆栈：数据缓冲区） | | | | | | | |
| 2FH | 7F | 7E | 7D | 7C | 7B | 7A | 79 | 78 |
| 2EH | 77 | 76 | 75 | 74 | 73 | 72 | 71 | 70 |
| 2DH | 6F | 6E | 6D | 6C | 6B | 6A | 69 | 68 |
| 2CH | 67 | 66 | 65 | 64 | 63 | 62 | 61 | 60 |
| 2BH | 5F | 5E | 5D | 5C | 5B | 5A | 59 | 58 |
| 2AH | 57 | 56 | 55 | 54 | 53 | 52 | 51 | 50 |
| 29H | 4F | 4E | 4D | 4C | 4B | 4A | 49 | 48 |
| 28H | 47 | 46 | 45 | 44 | 43 | 42 | 41 | 40 |
| 27H | 3F | 3E | 3D | 3C | 3B | 3A | 39 | 38 |
| 26H | 37 | 36 | 35 | 34 | 33 | 32 | 31 | 30 |
| 25H | 2F | 2E | 2D | 2C | 2B | 2A | 29 | 28 |
| 24H | 27 | 26 | 25 | 24 | 23 | 22 | 21 | 20 |
| 23H | 1F | 1E | 1D | 1C | 1B | 1A | 19 | 18 |
| 22H | 17 | 16 | 15 | 14 | 13 | 12 | 11 | 10 |
| 21H | 0F | 0E | 0D | 0C | 0B | 0A | 09 | 08 |
| 20H | 07 | 06 | 05 | 04 | 03 | 02 | 01 | 00 |
| 1FH<br>⋮<br>18H | 工作寄存器区 3　　R0～R7 | | | | | | | |
| 17H<br>⋮<br>10H | 工作寄存器区 2　　R0～R7 | | | | | | | |
| 0FH<br>⋮<br>08H | 工作寄存器区 1　　R0～R7 | | | | | | | |
| 07H<br>⋮<br>00H | 工作寄存器区 0　　R0～R7 | | | | | | | |

图 1-2-5　低 128 字节的数据寄存器功能分布图

① 工作寄存器组区（00H ～ 1FH）。将单片机使用频率较高的一部分片内数据存储器称为工作寄存器，用 R0 ～ R7 描述，其作用是用来存放操作数或中间结果等，提高运算速度。

工作寄存器共 32 字节单元，分成 4 组，每组占用 8 个 RAM 字节单元，它们拥有同样的名称：R0 ～ R7。任一时刻，CPU 只能使用其中一组寄存器，把正在使用的寄存器区称为当前工作寄存器区。

单片机应用往往将程序分为主程序和中断程序等，其中均可能用到工作寄存器 R0 ～ R7，如果不区分就可能引起主程序中的 R0 ～ R7 被中断程序的 R0 ～ R7 覆盖，导致结果错误。为了解决这个问题，将单片机工作寄存器分成了 4 个区，称为区 0 ～区 3。在使用中，若主程序使用区 0 的 R0 ～ R7，中断程序使用区 1 ～区 3 的 R0 ～ R7，虽然工作寄存器 R0 ～ R7 名称相同，但工作区不同，因此避免了被覆盖。

选择哪一个作为当前工作寄存器区取决于程序状态寄存器 PSW 中的 RS1 和 RS0 的两位数值。在 C51 中通过"using"选择工作寄存器区。例如："using　2"，选择工作寄存器区 2。

② 位寻址区（20H ～ 2FH）。单片机系统中，往往只需要描述两个状态，例如：开关的接通与断开、灯的点亮与熄灭等，用位描述简洁、直观，比用字节描述方便。

片内地址编号为 20H ～ 2FH 范围内的 RAM 为位寻址区，该区共有 16 个 RAM 单元，总计 $16 \times 8 = 128$ 位，每个位又单独分配位地址（00H ～ 7FH，用 8 位地址表示）。在位寻址区既可以对某个存储单元进行字操作，也可以用位操作指令对某个位进行单独操作。

注意：区分位地址和单元地址。

③ 用户数据缓冲区（30H ～ 7FH）。内部 RAM 地址 30H ～ 7FH 部分称为用户数据区（主要给用户使用），用于存放堆栈数据、存储随机数据和运算结果等。这个区只能使用字节寻址方式。

（2）内部高 128 字节 RAM（80H ～ FFH）。高 128 字节 RAM，其范围为 80H ～ FFH。只能采用间接寻址方式传送数据。

（3）特殊功能寄存器（80H ～ FFH）。由单片机生产商规定的功能固定、用户不能改变其功能的寄存器称为特殊功能寄存器（SFR），每一个特殊功能寄存器的状态都与某一具体的硬件接口电路相关，用来对片内各功能模块进行管理、控制和监视。特殊功能寄存器采用直接寻址方式。

STC12C5A60S2 单片机的特殊功能寄存器名称及地址映像如表 1–2–5 所示。

表 1–2–5　STC12C5A60S2 单片机的特殊功能寄存器名称及地址映像

| 起始地址 | 可位寻址 | 不可位寻址 | | | | | | |
|---|---|---|---|---|---|---|---|---|
| | +0 | +1 | +2 | +3 | +4 | +5 | +6 | +7 |
| F8H | | CH | CCAP0H | CCAP1H | | | | |
| F0H | B | | PCA_PWM0 | PCA_PWM1 | | | | |
| E8H | | CL | CCAP0L | CCAP1L | | | | |
| E0H | ACC | | | | | | | |
| D8H | CCON | CMOD | CCAPM0 | CCAPM1 | | | | |
| D0H | PSW | | | | | | | |
| C8H | P5 | P5M1 | P5M0 | | | SPSTAT | SPCTL | SPDAT |
| C0H | P4 | WDT_CONR | IAP_DATA | IAP_ADDRH | IAP_ADDRL | IAP_CMD | IAP_TRIG | IAP_CONTR |
| B8H | IP | SADEN | | P4SW | ADC_CONTR | ADC_RES | ADC_RESL | |
| B0H | P3 | P3M1 | P3M0 | P4M1 | P4M0 | IP2 | IP2H | IPH |
| A8H | IE | SADDR | | | | | | IE2 |
| A0H | P2 | BUS_SPEED | AUXR1 | | | | | |
| 98H | SCON | SBUF | S2CON | S2BUF | BRT | P1ASF | | |
| 90H | P1 | P1M1 | P1M0 | P0M1 | P0M0 | P2M1 | P2M0 | CLK_DIV |
| 88H | TCON | TMOD | TL0 | TL1 | TH0 | TH1 | AUXR | WAKE_CLKO |
| 80H | P0 | SP | DPL | DPH | | | | PCON |

注：各特殊功能寄存器地址等于行地址加列偏移量。寄存器地址能够被 8 整除的才可以进行位操作。

各特殊功能寄存器描述及复位值如表 1-2-6 所示，详细说明请参看本书相关部分。

表 1-2-6　特殊功能寄存器描述

| 符　号 | | 描　述 | 地　址 | 复 位 值 |
|---|---|---|---|---|
| P0 | | Port 0 | 80H | 1111 1111B |
| SP | | 堆栈指针 | 81H | 0000 0111B |
| DPTR | DPL | 数据指针（低） | 82H | 0000 0000B |
| | DPH | 数据指针（高） | 83H | 0000 0000B |
| PCON | | 电源控制寄存器 | 87H | 0011 0000B |
| TCON | | 定时器控制寄存器 | 88H | 0000 0000B |
| TMOD | | 定时器工作方式寄存器 | 89H | 0000 0000B |
| TL0 | | 定时器 0 低 8 位寄存器 | 8AH | 0000 0000B |
| TL1 | | 定时器 1 低 8 位寄存器 | 8BH | 0000 0000B |
| TH0 | | 定时器 0 高 8 位寄存器 | 8CH | 0000 0000B |
| TH1 | | 定时器 1 高 8 位寄存器 | 8DH | 0000 0000B |
| AUXR | | 辅助寄存器 | 8EH | 0000 0000B |
| WAKE_CLKO | | 掉电唤醒和时钟输出寄存器 | 8FH | 0000 0000B |
| P1 | | Port 1 | 90H | 1111 1111B |
| P1M1 | | P1 口模式配置寄存器 1 | 91H | 0000 0000B |
| P1M0 | | P1 口模式配置寄存器 0 | 92H | 0000 0000B |
| P0M1 | | P0 口模式配置寄存器 1 | 93H | 0000 0000B |
| P0M0 | | P0 口模式配置寄存器 0 | 94H | 0000 0000B |
| P2M1 | | P2 口模式配置寄存器 1 | 95H | 0000 0000B |
| P2M0 | | P2 口模式配置寄存器 0 | 96H | 0000 0000B |
| CLK_DIV | | 时钟分频寄存器 | 97H | xxxx x000B |
| SCON | | 串行端口 1 控制寄存器 | 98H | 0000 0000B |
| SBUF | | 串行端口 1 数据缓冲器 | 99H | xxxx xxxxB |
| S2CON | | 串行端口 2 控制寄存器 | 9AH | 0000 0000B |
| S2BUF | | 串行端口 2 数据缓冲器 | 9BH | xxxx xxxxB |
| BRT | | 独立比特率发生器寄存器 | 9CH | 0000 0000B |
| P1ASF | | P1 Analog Function Configure Register | 9DH | 0000 0000B |
| P2 | | Port 2 | A0H | 1111 1111B |
| BUS_SPEED | | Bus – Speed Control | A1H | xx10 x011B |
| AUXR1 | | 辅助寄存器 1 | A2H | x000 00x0B |
| IE | | 中断允许寄存器 | A8H | 0000 0000B |
| SADDR | | 从机地址控制寄存器 | A9H | 0000 0000B |
| IE2 | | 中断允许寄存器 | AFH | xxxx xx00B |
| P3 | | Port 3 | B0H | 1111 1111B |
| P3M1 | | P3 口模式配置寄存器 1 | B1H | 0000 0000B |
| P3M0 | | P3 口模式配置寄存器 0 | B2H | 0000 0000B |
| P4M1 | | P4 口模式配置寄存器 1 | B3H | 0000 0000B |
| P4M0 | | P4 口模式配置寄存器 0 | B4H | 0000 0000B |
| IP2 | | 第二中断优先级低字节寄存器 | B5H | xxxx xx00B |
| IP2H | | 第二中断优先级高字节寄存器 | B6H | xxxx xx00B |

| 符　号 | 描　述 | 地　址 | 复 位 值 |
|---|---|---|---|
| IPH | 中断优先级高字节寄存器 | B7H | 0000 0000B |
| IP | 中断优先级寄存器 | B8H | 0000 0000B |
| SADEN | 从机地址掩模寄存器 | B9H | 0000 0000B |
| P4SW | Port – 4 switch | BBH | x000 xxxxB |
| ADC_CONTR | A/D 转换控制寄存器 | BCH | 0000 0000B |
| ADC_RES | A/D 转换结果寄存器高 | BDH | 0000 0000B |
| ADC_RESL | A/D 转换结果寄存器低 | BEH | 0000 0000B |
| P4 | Port 4 | C0H | 1111 1111B |
| WDT_CONTR | 看门狗控制寄存器 | C1H | 0x00 0000B |
| IAP_DATA | ISP/IAP 数据寄存器 | C2H | 1111 1111B |
| IAP_ADDRH | ISP/IAP 高 8 位地址寄存器 | C3H | 0000 0000B |
| IAP_ADDRL | ISP/IAP 低 8 位地址寄存器 | C4H | 0000 0000B |
| IAP_CMD | ISP/IAP 命令寄存器 | C5H | xxxx xx00B |
| IAP_TRIG | ISP/IAP 命令触发 | C6H | xxxx xxxxB |
| IAP_CONTR | ISP/IAP 控制寄存器 | C7H | 0000 x000B |
| P5 | Port 5 | C8H | xxxx 1111B |
| P5M1 | P5 口模式配置寄存器 1 | C9H | xxxx 0000B |
| P5M0 | P5 口模式配置寄存器 0 | CAH | xxxx 0000B |
| SPSTAT | SPI 状态寄存器 | CDH | 00xx xxxxB |
| SPCTL | SPI 控制寄存器 | CEH | 0000 0100B |
| SPDAT | SPI 数据寄存器 | CFH | 0000 0000B |
| PSW | 程序状态字寄存器 | D0H | 0000 0000B |
| CCON | PCA 控制寄存器 | D8H | 00xx xx00B |
| CMOD | PCA 模式寄存器 | D9H | 0xxx 0000B |
| CCAPM0 | PCA Module 0 Mode Register | DAH | x000 0000B |
| CCAPM1 | PCA Module 1 Mode Register | DBH | x000 0000B |
| ACC | 累加器 | E0H | 0000 0000B |
| CL | PCA Base Timer Low | E9H | 0000 0000B |
| CCAP0L | PCA Module – 0 Capture Register Low | EAH | 0000 0000B |
| CCAP1L | PCA Module – 1 apture Register Low | EBH | 0000 0000B |
| B | B 寄存器 | F0H | 0000 0000B |
| PCA_PWM0 | PCA PWM Mode Auxiliary Register 0 | F2H | xxxx xx00B |
| PCA_PWM1 | PCA PWM Mode Auxiliary Register 1 | F3H | xxxx xx00B |
| IP2H | 第二中断优先级高字节寄存器 | B6H | xxxx xx00B |
| CH | PCA Base Timer High | F9H | 0000 0000B |
| CCAP0H | PCA Module – 0 Capture Register High | FAH | 0000 0000B |
| CCAP1H | PCA Module – 1 Capture Register High | FBH | 0000 0000B |

项目 1　单片机基础知识及开发工具应用

### （五）单片机时序与复位电路

#### 1. STC12C5A60S2 单片机的时钟

（1）时钟源的选择。STC12C5A60S2 单片机有两个时钟源：内部 RC 振荡器时钟和外部晶振时钟。在进行 ISP 下载用户程序时，可以在选项中选择内部 RC 振荡器时钟或外部晶振时钟。

① 内部 RC 振荡器时钟。出厂标准配置。芯片内部 RC 振荡器在常温下频率是 11 ～ 17 MHz。XTAL2、XTAL1 引脚悬空。

② 外部晶振时钟。有两种方式引入，如图 1-2-6 所示。电容器 C1 和 C2 的作用是稳定频率和快速起振。

（2）系统时钟与时钟分配寄存器。时钟源输出信号经过一个可编程时钟分频器后再提供给单片机 CPU 和内部接口，为了区分时钟源信号与 CPU 内部接口的时钟，时钟源信号（振荡器时钟）的频率记为 $f_{osc}$，CPU、内部接口的时钟称为系统时钟，其频率记为 $f_{SYS}$。$f_{SYS} = f_{osc}/N$，其中 $N$ 为时钟分频器的分频系数，利用时钟分频控制寄存器（CLK_DIV）可进行时钟分频，从而使单片机在较低频率下工作，降低功耗，降低 EMI（电磁干扰）。时钟分频寄存器 CLK_DIV 各位的定义如下：

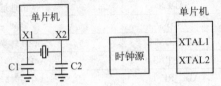

图 1-2-6　单片机外部时钟电路

| 名称 | 地址 | B7 | B6 | B5 | B4 | B3 | B2 | B1 | B0 |
|---|---|---|---|---|---|---|---|---|---|
| CLK_DIV: | 97H | — | — | — | — | — | CLKS2 | CLKS1 | CLKS0 |

系统时钟的分频情况如表 1-2-7 所示。

表 1-2-7　　CPU 系统时钟与分频系数

| CLKS2 | CLKS1 | CLKS0 | 分频后 CPU 的实际工作时钟 |
|---|---|---|---|
| 0 | 0 | 0 | 外部晶振时钟或内部 RC 振荡器时钟，不分频 |
| 0 | 0 | 1 | （外部晶振时钟或内部 RC 振荡器时钟）/2 |
| 0 | 1 | 0 | （外部晶振时钟或内部 RC 振荡器时钟）/4 |
| 0 | 1 | 1 | （外部晶振时钟或内部 RC 振荡器时钟）/8 |
| 1 | 0 | 0 | （外部晶振时钟或内部 RC 振荡器时钟）/16 |
| 1 | 0 | 1 | （外部晶振时钟或内部 RC 振荡器时钟）/32 |
| 1 | 1 | 0 | （外部晶振时钟或内部 RC 振荡器时钟）/64 |
| 1 | 1 | 1 | （外部晶振时钟或内部 RC 振荡器时钟）/128 |

**2. 复位**

单片机在上电以后内部的电路处于一种随机状态，这时如果开始工作则会出现混乱。因此，对单片机而言，必须做准备工作，让程序、单片机引脚、存储器等从默认的初始状态开始运行，这个准备过程称为单片机复位。复位是使单片机回到初始化状态的一种操作，单片机结束复位状态后从用户程序区的 0000H 处开始正常工作。

STC12C5A60S2 单片机有 5 种复位方式：外部 RST 引脚复位、外部低压检测复位、软件复位、内部上电复位/掉电复位和看门狗复位。

（1）外部 RST 引脚复位（第一复位功能脚）。外部 RST 引脚复位就是从外部向 RST 引脚施加一定宽度的复位脉冲，从而实现单片机的复位。P4.7/RST 引脚出厂时被配置为 RST 复位引脚，要将其配置为 I/O 口，需在 STC - ISP 编程器中设置。将 RST 复位引脚拉高并维持至少 24 个时钟加 10 μs 后，单片机会进入复位状态，将 RST 复位引脚拉回低电平，单片机结束复位状态并从系统 ISP 监控程序区开始执行程序，如果检测不到合法的 ISP 下载命令流，将复位到用户程序区执行用户程序。

复位电路与传统的 8051 单片机相同, 如图 1-2-7 所示。时钟频率低于 12 MHz 时, 可以不用 C1, R1 (1 kΩ) 接地。

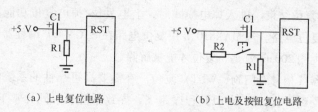

(a) 上电复位电路                (b) 上电及按钮复位电路

图 1-2-7　单片机常用复位电路

(2) 外部低压检测复位 (高可靠复位, 新增第二复位功能脚 RST2 复位):

① 新增第二复位功能脚 (可以不用), 低于 1.33 V 复位, 通过 2 个电阻器分压实现外部可调复位门槛电压复位。时钟频率高于 12 MHz 时, 建议使用第二复位功能脚。用户可以自己在 STC - ISP 编程器中将 P4.6 引脚设置为第二复位引脚。(请参考单片机最小系统部分)

② 外部低压检测若不作第二复位功能时, 可作外部低压检测, 经比较可产生中断。这样用户可以用查询方式或中断方式检查外部电压是否偏低。5 V 单片机内部检测门槛电压是 1.33 × (1 ± 5%) V, 3 V 单片机内部检测门槛电压是 1.31 × (1 ± 3%) V。

当外部供电电压过低时, 无法保证单片机正常工作。此时, 利用单片机的外部低压检测功能来保护现场; 当保护完成后, 单片机处于等待状态。

低压检测通过标志位 LVDF (PCON.5) 描述, 同时 LVDF 也是低压检测中断请求标志位。

a. 上电复位后外部低压检测标志位是 1, 要由软件清零。建议清零后, 再读一次该位是否为零, 如为零, 才代表 P4.6 口的外部电压高于检测门槛电压。

b. 在正常工作和空闲工作状态时, 如果内部工作电压 $V_{CC}$ 低于低压检测门槛电压, 该位自动置 1, 与低压检测中断是否被允许无关。该位要用软件清零, 清零后, 如内部工作电压 $V_{CC}$ 继续低于低压检测门槛电压, 该位又被自动设置为 1。

c. 在进入掉电工作状态前, 如果低压检测电路未被允许可产生中断, 则在进入掉电模式后, 该低压检测电路不工作以降低功耗。如果被允许可产生低压检测中断, 则在进入掉电模式后, 该低压检测电路继续工作, 在内部工作电压 $V_{CC}$ 低于低压检测门槛电压后, 产生低压检测中断, 可将 MCU 从掉电状态唤醒。

d. 如果要求在掉电模式下外部低压检测中断继续工作, 可将 CPU 从掉电模式唤醒, 应将特殊功能寄存器 WAKE_CLKO 中的相应控制位 LVD_WAKE 置 1。

(3) 软件复位。用户应用程序在运行过程当中, 有时会有特殊需求, 需要实现单片机系统软复位 (热启动之一)。用户只需简单地控制 IAP_CONTR 特殊功能寄存器的其中两位 SWBS/SWRST 就可以实现系统复位了。

① SWBS: 软件复位程序启动区的选择控制位。

SWBS = 0, 复位后选择从用户应用程序区启动;

SWBS = 1, 复位后选择从系统 ISP 监控程序区启动。

② SWRST: 软件复位控制位。

SWRST = 0, 不复位;

SWRST = 1, 软件复位。

项目 **1** 单片机基础知识及开发工具应用

（4）内部上电复位/掉电复位。当电源电压 $V_{CC}$ 低于上电复位/掉电复位检测门槛电压时，所有的逻辑电路都会复位。当 $V_{CC}$ 重新恢复到复位检测门槛电压以上后，延迟 32 768 个时钟后，上电复位/掉电复位结束。进入掉电模式时，上电复位/掉电复位功能被关闭。上电复位采用 MAX810 专用复位电路。若 MAX810 专用复位电路在 STC-ISP 编程器中被允许，则以后上电复位后将再产生约 200 ms 延迟，复位才能被解除。

（5）把关定时器（俗称看门狗，WDT）复位。在需要高可靠性的系统中，为了防止"系统在异常情况下，受到干扰，MCU/CPU 程序跑飞，导致系统长时间异常工作"，通常是引进看门狗复位。如果 MCU/CPU 不在规定的时间内按要求访问看门狗，就认为 MCU/CPU 处于异常状态，看门狗就会强迫 MCU/CPU 复位，使系统重新从头开始按规律执行用户程序。复位看门狗的方法是重写看门狗特殊功能寄存器 WDT_CONTR。看门狗通过特殊功能寄存器 WDT_CONTR 设置：

| 名称 | 地址 | B7 | B6 | B5 | B4 | B3 | B2 | B1 | B0 |
|---|---|---|---|---|---|---|---|---|---|
| WDT_CONTR | 0C1H | WDT_FLAG | — | EN_WDT | CLR_WDT | IDLE_WDT | PS2 | PS1 | PS0 |

① WDT_FLAG：看门狗溢出标志位，溢出时，该位由硬件置1，可用软件将其清零。

② EN_WDT：看门狗允许位。当设置为"1"时，看门狗启动。

③ CLR_WDT：看门狗清零位。CLR_WDT=1，启动后，硬件将自动清零此位，看门狗将重新计数。

④ IDLE_WDT：看门狗"IDLE"模式（空闲模式）位。IDLE_WDT=1，看门狗定时器在"空闲模式"计数；IDLE_WDT=0，看门狗定时器在"空闲模式"时不计数。

⑤ PS2、PS1、PS0：看门狗定时器预分频系数与溢出时间，如表1-2-8所示。

表1-2-8　看门狗定时器预分频系数与溢出时间

| PS2 | PS1 | PS0 | Pre-scale 预分频 | 看门狗溢出时间 | | |
|---|---|---|---|---|---|---|
| | | | | 11.059 2 MHz | 12 MHz | 20 MHz |
| 0 | 0 | 0 | 2 | 71.1 ms | 65.5 ms | 39.3 ms |
| 0 | 0 | 1 | 4 | 142.2 ms | 131 ms | 78.6ms |
| 0 | 1 | 0 | 8 | 284.4 ms | 262.1 ms | 157.3ms |
| 0 | 1 | 1 | 16 | 568.8 ms | 524.2 ms | 314.6ms |
| 1 | 0 | 0 | 32 | 1 137.7 ms | 1 048.5 ms | 629.1 ms |
| 1 | 0 | 1 | 64 | 2 275.5 ms | 2 097.1 ms | 1.25 s |
| 1 | 1 | 0 | 128 | 4 551.1 ms | 4 194.3 ms | 2.5 s |
| 1 | 1 | 1 | 256 | 9 102.2 ms | 8 388.6 ms | 5 s |

看门狗溢出时间 = （12 × Pre-scale × 32 768）/时钟频率。设时钟为 11.059 2 MHz：看门狗溢出时间 = （12 × Pre-scale × 32 768）/11 059 200 = Pre-scale × 393 216/11 059 200。

（6）冷启动复位和热启动复位。冷启动复位和热启动复位对照表如表1-2-9所示。

POF（PCON.4）：上电复位标志位，单片机掉电后，上电复位标志位为1，可由软件清零。要判断是上电复位（冷启动）还是其他引起的热启动复位，可通过图1-2-8所示方法来判断。

表 1-2-9　冷启动复位和热启动复位对照表

| 复位种类 | 复位源 | 上电复位标志（POF） | 复位后程序启动区域 |
|---|---|---|---|
| 热启动复位 | 内部看门狗复位 | 不变 | 会使单片机直接从用户程序区 0000H 处开始执行用户程序 |
| | 通过控制 RESET 引脚产生的硬复位 | 不变 | 会使系统从用户程序区 0000H 处开始直接执行用户程序 |
| | 通过对 IAP_CONTR 寄存器送入 20H 产生的软复位 | 不变 | 会使系统从用户程序区 0000H 处开始直接执行用户程序 |
| | 通过对 IAP_CONTR 寄存器送入 60H 产生的软复位 | 不变 | 会使系统从系统 ISP 监控程序区开始执行程序，检测不到合法的 ISP 下载命令流后，会软复位到用户程序区执行用户程序 |
| 冷启动复位 | 系统掉电后再上电引起的硬复位 | 1 | 会使系统从系统 ISP 监控程序区开始执行程序，检测不到合法的 ISP 下载命令流后，会软复位到用户程序区执行用户程序 |

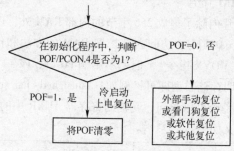

图 1-2-8　用户软件判断复位流程图

（一）电路读图

阅读图 1-2-9 所示电路，分析电路并完成元器件选择设计。

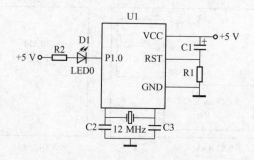

图 1-2-9　LED 显示电路

（二）实践操作

（1）利用 CAD 软件绘制图 1-2-9 所示的 LED 显示电路。

（2）查阅相关资料，熟悉发光二极管导通条件及亮度调节原理。

项目 1　单片机基础知识及开发工具应用

23

（3）对电路进行分析，设置选择合适的参数范围。

（4）认知各元器件的作用，完成表 1-2-10。

表 1-2-10　LED 显示电路元器件参数

| 序　号 | 名　　称 | 标　号 | 型　号 | 参　数 | 作　　　　用 |
|---|---|---|---|---|---|
| 1 | 单片机 | U1 | | | |
| 2 | | | | | |
| 3 | | | | | |
| 4 | | | | | |
| 5 | | | | | |
| 6 | | | | | |
| 7 | | | | | |

知识拓展

### （一）内部扩展的 RAM 介绍

STC12C5A60S2 单片机片内除了集成 256 字节的内部 RAM 外，还集成了 1 024 字节的扩展 RAM，地址范围是 0000H ～ 03FFH。访问内部扩展 RAM 的方法和传统 8051 单片机访问外部扩展 RAM 的方法相同（如 MOVX 指令），但是不影响 P0 口、P2 口、P3.6、P3.7 和 ALE。在 C 语言中，可使用 xdata 声明存储类型即可，例如："unsigned char xdata i = 0；"。

单片机内部扩展 RAM 是否可以访问，受辅助寄存器 AUXR 中的 EXTRAM 位控制，辅助寄存器 AUXR 位 EXTRAM 定义如下：

| 名称 | 地址 | B7 | B6 | B5 | B4 | B3 | B2 | B1 | B0 | 复位值 |
|---|---|---|---|---|---|---|---|---|---|---|
| AUXR | 8EH | T0x12 | T1x12 | UAR_M0x6 | BRTR | S2SMOD | BRTx12 | EXTRAM | S1BRS | 00H |

EXTRAM：内部/外部 RAM 存取访问，如图 1-2-10 所示。

=0 时，内部扩展的 EXTRAM 可以存取；

=1 时，外部扩展数据存储器存取，禁止访问内部扩展 RAM。

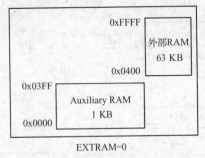

图 1-2-10　内部/外部 RAM 存取访问

### （二）外部扩展的 64 KB 数据存储器（片外 RAM）

STC12C5A60S2 单片机具有扩展 64KB 外部数据存储器和 I/O 口的能力。访问外部数据存储器期间，$\overline{WR}$ 或 $\overline{RD}$ 信号要有效。通过 BUS_SPEED 特殊功能寄存器控制外部 64KB 数据总线

速度，该寄存器的格式如下：

| 名称 | 地址 | B7 | B6 | B5 | B4 | B3 | B2 | B1 | B0 | 复位值 |
|------|------|-----|-----|-------|-------|-----|-------|-------|-------|-----------|
| BUS_SPEED | A1H | — | — | ALES1 | ALES0 | — | RWS2 | RWS1 | RWS0 | xx10 x011B |

### 1. ALES1、ALSE2

P0 地址建立时间和保持时间选择位，其功能见表 1-2-11。

表 1-2-11　ALES1、ALSE2 功能

| ALES1 | ALES0 | 功　　能 |
|-------|-------|----------|
| 0 | 0 | P0 地址建立时间和保持时间到 ALE 信号的下降沿是 1 个时钟 |
| 0 | 1 | P0 地址建立时间和保持时间到 ALE 信号的下降沿是 2 个时钟 |
| 1 | 0 | P0 地址建立时间和保持时间到 ALE 信号的下降沿是 3 个时钟（复位之后默认设置） |
| 1 | 1 | P0 地址建立时间和保持时间到 ALE 信号的下降沿是 4 个时钟 |

### 2. RWS2、RWS1、RWS0

读写脉冲设置位，其功能见表 1-2-12。

表 1-2-12　RWS2、RWS1、RWS0 功能

| RWS2 | RWS1 | RWS0 | 功　　能 |
|------|------|------|----------|
| 0 | 0 | 0 | 读/写，脉冲是 1 个时钟 |
| 0 | 0 | 1 | 读/写，脉冲是 2 个时钟 |
| 0 | 1 | 0 | 读/写，脉冲是 3 个时钟 |
| 0 | 1 | 1 | 读/写，脉冲是 4 个时钟（复位之后默认设置） |
| 1 | 0 | 0 | 读/写，脉冲是 5 个时钟 |
| 1 | 0 | 1 | 读/写，脉冲是 6 个时钟 |
| 1 | 1 | 0 | 读/写，脉冲是 7 个时钟 |
| 1 | 1 | 1 | 读/写，脉冲是 8 个时钟 |

注：以上设置只是在访问真正的片外扩展器件时有效。

### （三）片内 EEPROM

EEPROM 可用于保存一些需要在应用过程中修改并且掉电不丢失的参数数据。在用户程序中，可以对 EEPROM 进行字节读/字节编程/扇区擦除操作。5 V 单片机在 3.7 V 以上对 EEPROM 进行操作才有效，在工作电压 $V_{CC}$ 偏低时，MCU 不执行此功能，但会继续往下执行程序。所以上电复位后在初始化程序时加 200 ms 延时。可通过判断 LVDF 标志位判断 $V_{CC}$ 的电压是否正常。

EEPROM 可分为若干个扇区，每个扇区包含 512 字节。使用时，建议同一次修改的数据放在同一个扇区，不是同一次修改的数据放在不同的扇区，不一定要用满。数据存储器的擦除操作是按扇区进行的。

#### 1. 单片机内部 EEPROM 的大小与地址

STC12C5A60S2 单片机共有 1KB EEPROM，地址范围为 0000H ～ 03FFH，分为两个扇区，第一扇区的地址为 0000H ～ 01FFH，第二扇区的地址为 0200H ～ 03FFH。EEPROM 除可以用 IAP 技术读取外，还可以用 MOVC 指令读取，但此时 EEPROM 的首地址不再是 0000H，而是 F000H。

项目 1　单片机基础知识及开发工具应用

**2. 与 ISP/IAP 相关的特殊功能寄存器设置**

单片机是通过一组特殊功能寄存器进行管理与控制的，如表 1-2-13 所示。

表 1-2-13　与 ISP/IAP 相关的特殊功能寄存器

| 寄　存　器 | 地　址 | | | | | | | | 复 位 值 |
|---|---|---|---|---|---|---|---|---|---|
| IAP_DATA | C2H | | | | | | | | 1111 1111B |
| IAP_ADDRH | C3H | | | | | | | | 0000 0000B |
| IAP_ADDRL | C4H | | | | | | | | 0000 0000B |
| IAP_CMD | C5H | — | — | — | — | — | — | MS1 | MS0 | xxxx xx00B |
| IAP_TRIG | C6H | | | | | | | | xxxx xxxxB |
| IAP_CONTR | C7H | IAPEN | SWBS | SWRST | CMD_FAIL | — | WT2 | WT1 | WT0 | 0000 x000B |

（1）IAP_DATA：ISP/IAP 读/写操作时的数据缓冲寄存器。

（2）IAP_ADDRH、IAP_ADDRL：ISP/IAP 地址寄存器。

① IAP_ADDRH：ISP/IAP 操作时的地址寄存器高 8 位。复位后值为 00H。

② IAP_ADDRL：ISP/IAP 操作时的地址寄存器低 8 位。复位后值为 00H。

（3）IAP_CMD：ISP/IAP 命令寄存器。用于设置 ISP/IAP 的操作命令，但必须在命令触发寄存器实施触发后，才有效。如表 1-2-14 所示。

表 1-2-14　ISP/IAP 模式选择

| MS1 | MS0 | 命令/操作模式选择 |
|---|---|---|
| 0 | 0 | Standby 待机模式，无 ISP 操作 |
| 0 | 1 | 从用户的应用程序区对 "Data Flash/EEPROM 区" 进行字节读 |
| 1 | 0 | 从用户的应用程序区对 "Data Flash/EEPROM 区" 进行字节编程 |
| 1 | 1 | 从用户的应用程序区对 "Data Flash/EEPROM 区" 进行扇区擦除 |

（4）IAP_TRIG：ISP/IAP 操作时的命令触发寄存器。在 IAPEN（IAP_CONTR.7）=1 时，对 IAP_TRIG 先写入 5AH，再写入 A5H，ISP/IAP 命令才会生效。ISP/IAP 操作完成后，IAP 地址高 8 位寄存器 IAP_ADDRH、IAP 地址低 8 位寄存器 IAP_ADDRL 和 IAP 命令寄存器 IAP_CMD 的内容不变。如果接下来要对下一个地址的数据进行 ISP/IAP 操作，须手动将该地址的高 8 位和低 8 位分别写入 IAP_ADDRH 和 IAP_ADDRL 寄存器。

（5）IAP_CONTR：ISP/IAP 控制寄存器。

① IAPEN：ISP/IAP 功能允许位。

=0 时，禁止 IAP 读/写/擦除 Data Flash/EEPROM；

=1 时，允许 IAP 读/写/擦除 Data Flash/EEPROM。

② SWBS：软件复位程序启动区的选择控制位。

=0 时，复位后选择从用户应用程序区启动；

=1 时，复位后选择从系统 ISP 监控程序区启动。

③ SWRST：软件复位控制位。=0 时，不操作；=1 时，产生软件复位。

④ CMD_FAIL：ISP/IAP 命令触发失败标志位。=1 时，触发失败，须由软件清零；=0 时，触发成功。

⑤ WT2、WT1、WT0：EEPROM 读/写 CPU 等待时间选择位，如表 1-2-15 所示。

表 1-2-15　EEPROM 读/写 CPU 等待时间选择位

| WT2 | WT1 | WT0 | CPU 等待时间（系统时钟） | | | |
|---|---|---|---|---|---|---|
| | | | 读 | 编程（=55 μs） | 扇区擦除（21 ms） | 系统时钟 |
| 1 | 1 | 1 | 2 个时钟 | 55 个时钟 | 21 012 个时钟 | ≤1 MHz |
| 1 | 1 | 0 | 2 个时钟 | 110 个时钟 | 42 024 个时钟 | ≤2 MHz |
| 1 | 0 | 1 | 2 个时钟 | 165 个时钟 | 63 036 个时钟 | ≤3 MHz |
| 1 | 0 | 0 | 2 个时钟 | 330 个时钟 | 126 072 个时钟 | ≤6 MHz |
| 0 | 1 | 1 | 2 个时钟 | 660 个时钟 | 252 144 个时钟 | ≤12 MHz |
| 0 | 1 | 0 | 2 个时钟 | 1 100 个时钟 | 420 240 个时钟 | ≤20 MHz |
| 0 | 0 | 1 | 2 个时钟 | 1 320 个时钟 | 504 288 个时钟 | ≤24 MHz |
| 0 | 0 | 0 | 2 个时钟 | 1 760 个时钟 | 672 384 个时钟 | ≤30 MHz |

### （四）单片机低功耗技术

STC12C5A60S2 单片机可以运行 3 种省电模式以降低功耗，它们分别是：空闲模式、低速模式和掉电模式。正常工作模式下，STC12C5A60S2 单片机的典型功耗是 2～7 mA，而掉电模式下的典型功耗是 <0.1 μA，空闲模式下的典型功耗是 <1.3 mA。

低速模式由时钟分频器 CLK_DIV 控制，而空闲模式和掉电模式的进入由电源控制寄存器 PCON 的相应位控制。

**1. 低速模式**

当用户系统对速度要求不高时，可对系统时钟进行分频，让单片机工作在低速模式，从而降低功耗，降低 EMI。利用时钟分频控制寄存器 CLK_DIV 可进行时钟分频，请参考前面系统时钟与时钟分配寄存器介绍部分。

单片机可在正常工作时分频，也可在空闲模式下分频。

**2. 空闲模式**

空闲模式和掉电模式的进入由电源控制寄存器 PCON 的相应位控制。PCON 寄存器位定义如下：

| 名称 | 地址 | B7 | B6 | B5 | B4 | B3 | B2 | B1 | B0 |
|---|---|---|---|---|---|---|---|---|---|
| PCON： | 87H | SMOD | SMOD0 | LVDF | POF | GF1 | GF0 | PD | IDL |

（1）进入空闲模式。IDL(PCON.0)=1，进入空闲模式（IDL）。在此模式下，除 CPU 不工作外，其余模块（外部中断、外部低压检测电路、定时器、A/D 转换、串行端口等）都正常运行。而看门狗是否工作取决于 IDLE_WDT(WDT_CONTR.3)控制位。IDLE_WDT=1，看门狗定时器正常工作；IDLE_WDT=0，看门狗定时器停止工作。

在空闲模式下，SRAM、堆栈指针、程序计数器、程序状态字、累加器等寄存器都保持原有数据，I/O 口保持着空闲模式被激活前那一刻的逻辑状态。

（2）空闲模式的唤醒：

① 任何一个中断的产生都会引起 IDL/PCON.0 被硬件清除，从而退出空闲模式。单片机被唤醒后，CPU 将继续执行进入空闲模式语句的下一条指令。

② 外部 RST 引脚产生复位，从而退出空闲模式。结束复位后，单片机从用户程序的0000H 处开始正常工作。

**3. 掉电模式/停机模式**

（1）进入掉电模式/停机模式。PD（PCON.1）= 1，单片机进入掉电模式，掉电模式又称停机模式。进入掉电模式后，内部时钟停振，CPU、定时器、看门狗、A/D 转换、串行端口等功能模块停止工作，外部中断、CCP 继续工作。如果低压检测电路被允许工作，则低压检测电路也可继续工作，否则将停止工作。进入掉电模式后，所有 I/O 口、特殊功能寄存器维持进入掉电模式前那一刻的状态不变。

（2）掉电模式的唤醒：

① 在掉电模式下，外部中断、CCP 中断可唤醒 CPU。CPU 被唤醒后，首先执行单片机进入掉电模式语句的下一条语句，然后执行相应的中断服务程序。

② 外部复位也将 MCU 从掉电模式中唤醒。结束复位后，单片机从用户程序的0000H 处开始正常工作。

### 思考与练习

**（一）简答题**

（1）什么是单片机？单片机由哪几部分组成？简述单片机的功能与特点？

（2）单片机最小系统包括几个部分？应如何设计？

（3）选择单片机的依据是什么？

（4）单片机为什么要有复位电路？为什么要有时钟电路？

（5）简述单片机片内低 128 字节的数据存储器组成。

（6）简述程序存储器中的特殊入口地址分配。

**（二）填空题**

（1）单片机是指将_____、_____和_____集成在同一块芯片上的微型计算机。其工作电压为_____V，单片机 I/O 口输出数字"1"表示输出_____电平，其电压约为_____V，输出数字"0"表示输出_____电平，其电压约为_____V。

（2）CPU 表示_____，可分为_____和_____两部分。ROM 表示_____，RAM 表示_____，I/O 表示_____。

（3）平常讲的 51 单片机是指_____单片机，其典型产品为_____。目前我国使用较多的 51 单片机是_____系列单片机和_____系列单片机。

（4）STC 系列单片机可分为：12T 系列、6T 系列和 1T 系列。其中 1T 是指_____。STC89 系列是_____T 的单片机，兼容传统 8051；STC12 系列是_____T 的单片机，指令代码完全兼容传统 8051，但速度快 8 ～ 12 倍。

（5）STC12C5A60S2 单片机内部有_____KB Flash 程序存储器、256 基本字节 +_____KB SRAM，有_____KB EEPROM。

（6）传统 51 单片机一般只选择外部时钟源一种方式，而 STC 系列单片机有两种时钟源可供选择：外部高精度晶体和内部 RC 振荡器。精度要求不高时，可选择使用_____。

（7）累加器 A 中"1"的个数为奇数时奇偶标志位 P =_____，P 一般用于串行通信检验。程序计数器 PC 是一个 16 位的计数器，里面存放的是_____。

（8）STC12C5A60S2 单片机中，$f_{osc}$ 是指_____，$f_{SYS}$ 是指_____。$f_{SYS} = f_{osc}/N$，分频系数 $N$ 由时钟分频寄存器 CLK_DIV 设定。复位后 CLK_DIV =_____，表示_____分频。

（9）传统 51 单片机在 RST 复位引脚保持 2 个机器周期高电平就能可靠复位。STC12C5A60S2 单片机至少需要_____个时钟加_____ μs 后，才会进入复位状态，将 RST 复位引脚拉回低电平。

（10）单片机存储器的最大特点是_____与_____分开编址。

### （三）名词解释

（1）MS-51、ROM、RAM、EEROM、CPU、ALU、PCA 模块、ISP、IAP、PWM、WDT。

（2）机器周期、时钟周期、指令周期，单片机最小系统、工作寄存器组。

（3）UART、$f_{osc}$、$f_{SYS}$。

（4）准双向口、特殊功能寄存器、时序、空闲模式、低速模式和掉电模式、冷启动、热启动。

# 任务3　单片机开发工具应用

## 学习目标

（1）认知单片机开发过程。

（2）熟练掌握单片机 Keil 软件源程序输入、编译、调试和保存。

（3）熟练应用 STC 单片机开发/编程工具。

## 任务描述

（1）在 Keil 软件单片机集成环境开发下完成源程序的输入、保存及调试。

（2）在 STC 下载软件中完成程序的下载应用。

## 相关知识

单片机不能进行"自开发"，它只是一片微控制器，要组成应用系统，必须借助于开发工具来开发，需要一个研发过程。单片机编程有汇编和 C51 两种常用语言，本书用 C51 作为开发语言。

### （一）单片机开发流程

如图 1-3-1 所示为单片机开发流程。

### （二）总体设计

控制系统的总体方案必须根据工艺的要求，结合具体被控对象而定，大体可从以下几个方面进行考虑。

**1. 拟定设计任务书**

对应用系统要完成的任务、涉及的对象、硬件资源和工作环境进行周密的调查研究，全面分析应用设计的具体要求，在综合考虑的基础上，对各项操作给出符合实际的明确定义，进而拟定出完整的设计任务书。

**2. 确定系统的构成机型**

根据系统的目标、复杂程度、可靠性、精度、速度和价格等方面的要求，借鉴已有的经验，尽可能使用定型产品，选择一种价格性能比合理的单片机机型。

**3. 划分硬件和软件任务，画出系统结构框图**

确定总体方案，划分硬件和软件的任务。一般来说，增加硬件会提高成本，但能简化设计程序，且实时性好；反之，会增加编程调试工作量，但能降低硬件成本。

**4. 硬件设计**

硬件设计的任务是根据总体设计给出的结构框图，逐一设计出每一个单元电路，最后组合起来，成为完整的硬件系统。

（1）根据总体设计要求，正确选择被测参数的测量元件，它是影响控制系统精度的重要因素之一。确定系统所需的单片机型，I/O 接口电路，A/D、D/A 转换电路和输入、输出通道外围电路，电源配置及执行机构。设计中应尽量使接口简单、方便、可靠。

（2）根据总体方案和所选硬件，设计一个完整的单片机控制系统原理图，要求简单清晰。按此图完成印制电路板的设计、操作面板的设计或搭接实验电路。

（3）借助单片机开发工具，对所设计的硬件电路进行检查和诊断，发现问题及时修改。

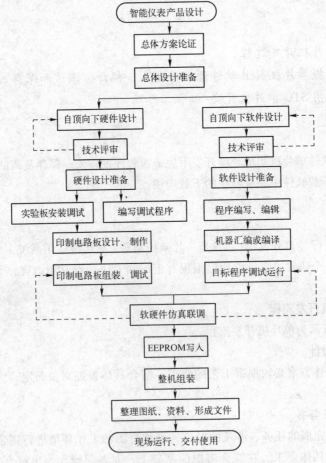

图 1-3-1　单片机开发流程

**5. 软件开发**

软件设计是在系统设计和硬件设计的基础上进行的，确定程序结构，划分功能模块，然后进行主程序和各模块程序的设计，最后合成一个完整的应用程序。

（1）程序总体设计。包括拟定程序总体设计方案、确定算法和绘制程序流程图等。

主程序的一般结构是先进行各种初始化，然后等待采样周期信号等的中断请求。模块化程序设计方法是把一个复杂的应用程序，按整体功能划分成若干相对独立的程序模块，分别进行独立的设计、调试和查错，最终连接成一个程序整体。程序设计方案确定后，应根据系统总体任务绘制出程序总体框图。

（2）绘制程序流程图。在总体框图的基础上，根据各个模块的任务和相互联系，画出每个模块的流程图。

（3）编制程序。根据确定流程图，分别编写主程序和各模块程序。编制时尽量利用现成的子程序，以减少工作量。编写程序时，首先应考虑以下几个问题：

① 软件设计中，必须采取可靠性设计的原则，例如：采用必用的抗干扰措施——数字滤波、软件陷阱、看门狗电路等。

② 要根据被控对象的特性，合理选择控制算法，以达到所要求的控制精度。

③ 统一安排存储器空间。在程序存储中，安排好用户程序区、子程序区、表格区等。在数据存储器中，安排好采样数据区、处理结果数据区、标志区等。

④ 明确各程序模块的入口、出口和对 CPU 内部寄存器的占有情况，以便于模块连接。对于指令应做必要的注释，以便于阅读。

**6. 上机调试**

在单片机开发系统上调试主程序和各模块程序。可对入口参数和变量预赋初值，观察运行结果。

**7. 系统模拟调试**

把已调好的主程序和各程序模块，按照总体设计要求连成一个完整的程序，并与设计的硬件系统进行联机调试。系统模拟调试仍借助开发系统进行。

**8. 在线仿真调试**

在线仿真调试是用开发系统在生产现场进行实际在线调试。这样，实际外围设备下调试的程序，将完全符合实际的要求。

**9. 程序下载**

在线仿真调试结束后，将调试完毕的应用程序写入程序存储器芯片中，目标系统就可以现场独立运行。

 **任务实施**

单片机只是一片微控制器，不能进行"自开发"，必须借助单片机开发平台来实现程序设计。相关实践包括两个实践环节：Keil 软件的使用；STC 下载软件使用。

**（一）Keil 软件的使用**

Keil 软件是 Keil 公司开发的 Windows 环境下的单片机程序编辑、编译与调试的集成开发平台，其集成了多窗口软件仿真器，可以在没有硬件的条件下调试各种应用程序，总体上可分为程序编译、编译用户界面和程序调试界面。下面以一段 C51 语言源程序为例，介绍 Keil 软件的使用。

工作任务要求：在 Keil 软件中输入以下源程序，并完成编译、调试和保存。

```
#include <REG52.h>              //预处理命令
sbit P1_0 = P1^0;
void main(void)                 //主函数名
{
    unsigned int a;             //定义变量 a 为 int 类型
    do
    {
        for(a = 0; a < 50000; a ++);    //这是一个循环
        P1_0 = 0;                       //设 P1.0 口为低电平, 点亮 LED
        for(a = 0; a < 50000; a ++);    //这是一个延时循环
        P1_0 = 1;                       //设 P1.0 口为高电平, 熄灭 LED
    }
    while(1);
}
```

**1. 新建与保存源程序**

第 1 步: 双击 Keil μVision 4 的桌面快捷方式, 启动 Keil 集成开发软件。启动后的 Keil μVision4 集成开发环境界面如图 1-3-2 所示。

第 2 步: 新建文本编辑窗或加入原先的程序文件。执行 File → New 命令或菜单栏的 "新建文本" 命令, 即可在项目窗口的右侧打开一个新的文本编辑窗, 默认文件名为 "Text1", 如图 1-3-3 所示。

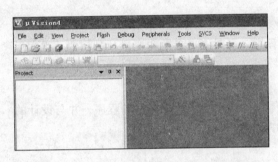

图 1-3-2  Keil μVision 4 集成开发环境初始界面

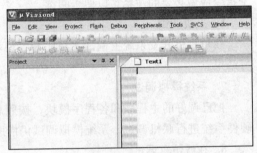

图 1-3-3  新建文本编辑窗

第 3 步: 输入源程序。在 "Text1" 中输入 C 语言源程序, 如图 1-3-4 所示。

第 4 步: 保存源程序。保存文件时必须加上文件的扩展名, C 语言程序文件的扩展名使用 " * . C"。选择路径和文件名为 "D:\任务一\LIANXI1. C", 如图 1-3-5 所示, 单击 "保存" 按钮即可。

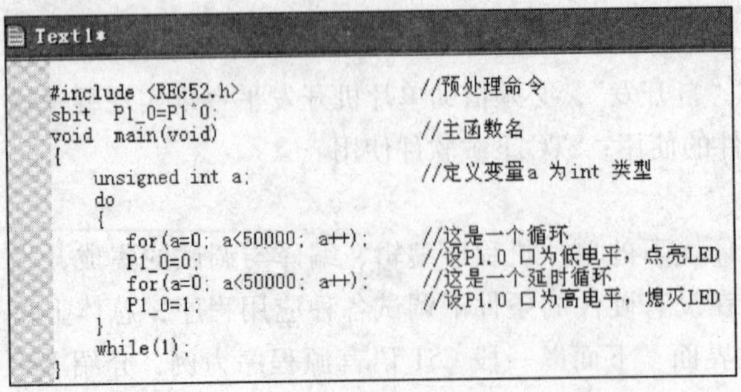

图 1-3-4  输入源程序

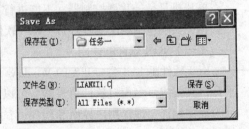

图 1-3-5  保存源程序

注：第3步和第4步之间的顺序可以互换，即可以先输入源程序后保存，也可以先保存后再输入源程序。

**2. 建立新工程**

第5步：新建 Keil 工程。执行 Project → New Project 命令，将出现保存对话框，如图1-3-6所示。在保存工程对话框中输入你的工程文件名"LIANXI1"，Keil 工程默认扩展名为"*.uv2"，工程名称不用输入扩展名，一般情况下使工程文件名称和源文件名称相同即可，输入名称后保存，将出现 Select Device for Target 'Target 1' 对话框，如图1-3-7所示。

图1-3-6　建立新工程

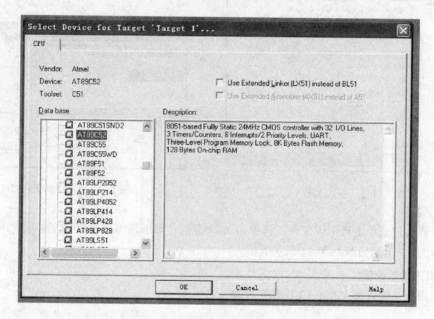

图1-3-7　选择 CPU

第6步：选择 CPU 型号。本新建工程选择了 Atmel 公司的 AT89C52 单片机。在对话框中选择"公司（Atmel）"→"CPU（AT89C52）"型号。

由于 STC 系列单片机是新开发的芯片，在设备库中没有该系列单片机，可任选一厂家的51系列或52系列单片机，再用汇编语言或 C51 语言对 STC 系列单片机新增特殊功能寄存器进行定义。

单击 OK 按钮，弹出如图1-3-8所示对话框，选择程序加载时是否加载默认初始化程序（STARTUP. A51）。

根据需要选择"是"或"否"，一般情况下选择"否"。

注：实际应用中也可以先建立新过程，后输入 C51 源程序。

**3. 添加源程序到工程中**

第7步：加入源程序。展开"Target1"，在"Source Group 1"上右击并添加文件，如

图 1-3-8　加载初始化

图 1-3-9 所示。选择 Add File to Group 'Source Group 1' 项，添加源程序文件"LIANXI1. C"到工程中，如图 1-3-10 所示。

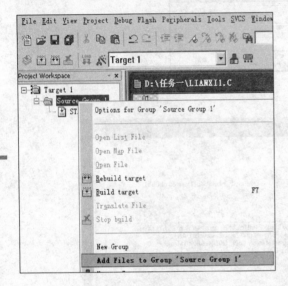

图 1-3-9　加入文件

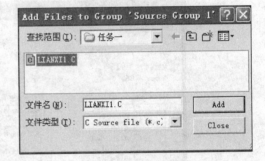

图 1-3-10　选择源程序

双击该文件或单击选中该文件，再单击 Add 按钮，即可将该文件添加到工程当中。再单击 Close 按钮，出现如图 1-3-11 所示界面。

**4. 相关参数设置**

第 8 步：工程目标"Target 1"属性设置。

右击工程目标"Target 1"或执行菜单命令 Project → Options for Target 命令，弹出对话框，按照如图 1-3-12 所示，进入图 1-3-13 所示的 Options for Target 'Target 1' 对话框。

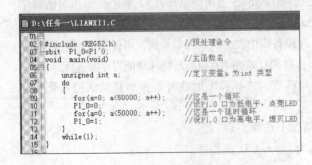

图 1-3-11　源程序

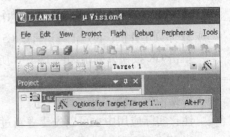

图 1-3-12　工程目标

（1）工程 Target（目标属性）设置。该界面包括单片机的晶振频率、存储器等属性确定，修改晶振的频率为 12.0 MHz，如图 1-3-13 所示。

（2）工程 Output（输出）设置。该界面设置如图 1-3-14 所示，勾选"Creat HEX Fi"复选框，允许生成"＊.HEX"可固化文件。

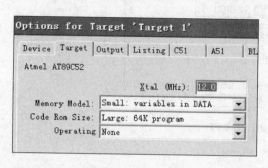

图 1-3-13　Options for Target 'Target 1' 对话框

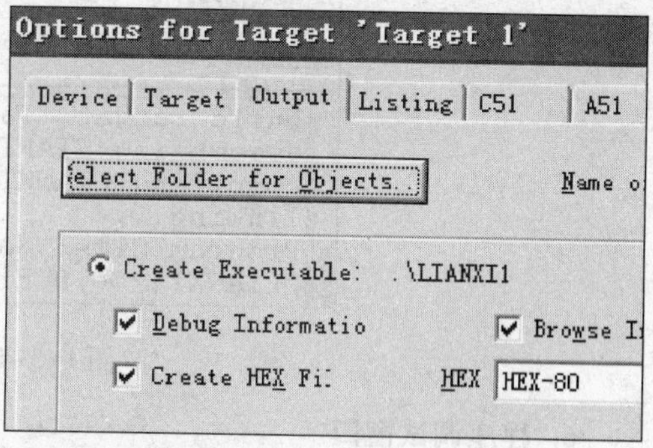

图 1-3-14　工程输出

（3）工程 Debug（调试）设置。Option for Target 'Target 1' 对话框如图 1-3-15 所示，左边是软件仿真设置；右边是硬件仿真设置。当使用软件仿真时，选中左边的 Use Simulator；如果使用硬件仿真器时，那么就单击右边下拉菜单选择单片机型号并单击 Settings 按钮。设置硬件仿真时，同时把仿真器连接到计算机串行端口上。

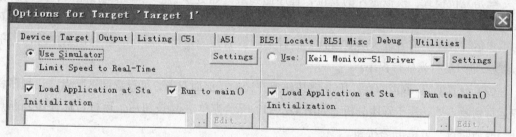

图 1-3-15　Option for Target 'Target 1' 对话框

（4）串行端口设置。串行端口设置如图 1-3-16 所示。串行端口型号是根据仿真器实际连接情况来设置的，如将仿真器接到 COM1 口，就选择 COM1；通信比特率选择 9600 即可。

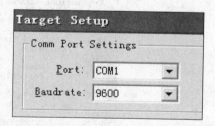

图 1-3-16　串行端口设置

**5. 源程序编译**

第 9 步：源程序的编译与目标文件的获得。如图 1-3-17 所示，单击 ▦ 按钮，进行源程序的编译连接，源程序编译相关的信息会出现在输出窗口中的"构造"页中。

如果源程序中书写、格式等有错误，则编译不能通过，错误会在输出窗口中报告出来。双击该错误，就可以定位到源程序的出错行，读者可以对源程序进行反复修改，再编译，直到没有错误为止。显示编译结果为 0 Error(s),0 Warning(s)，则为编译通过，同时产生了目标文件。每次修改源程序后一定要保存。

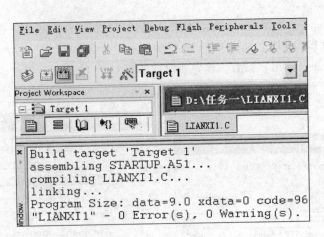

图 1-3-17　源程序编译

### 6. 程序调试窗口

（1）执行代码。在 Keil 调试器中，单击 按钮，出现调试工具栏，如图 1-3-18 所示。再次单击 按钮，退出程序调试。

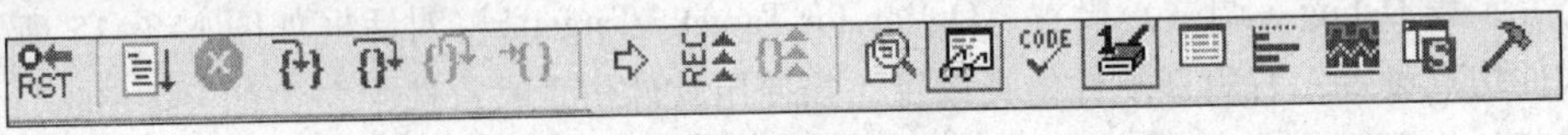

图 1-3-18　调试工具栏

是复位模式，模拟芯片的复位，程序回到最开始处执行。当单击 按钮后，运行目标程序，执行代码，程序处于停止状态时才有效。 为停止模式，运行状态时才有效。 和 为单步运行程序，前者进入函数运行，后者把函数当作一条语句运行。 从函数中跳出，单击 按钮只运行光标行程序。

（2）设置断点/取消断点。单击 按钮或在光标行前面双击，可设置调试断点，让程序快速运行到断点处，用于程序分析。如图 1-3-19 所示为单击 按钮后，运行目标程序到断点处。取消断点，可单击 按钮。

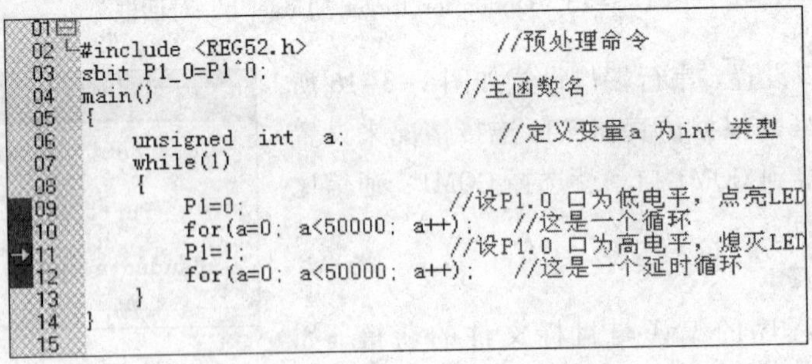

```
01
02  #include <REG52.h>           //预处理命令
03  sbit P1_0=P1^0;
04  main()                       //主函数名
05  {
06      unsigned int a;          //定义变量a 为int 类型
07      while(1)
08      {
09          P1=0;                //设P1.0 口为低电平，点亮LED
10          for(a=0; a<50000; a++);  //这是一个循环
11          P1=1;                //设P1.0 口为高电平，熄灭LED
12          for(a=0; a<50000; a++);  //这是一个延时循环
13      }
14  }
15
```

图 1-3-19　运行目标程序到断点处

（3）参数设置。如图 1-3-20 所示，可以观察单片机中断、I/O 口内容、串行端口和定时器参数。

（4） 。从左到右依次为"反汇编窗口""观察窗口""代码窗口"、"串行端口窗口 1"和"存储器窗口"。图 1-3-21 所示为"反汇编窗口"。图 1-3-22 所示为"串行端口窗口 1"，可以看到从 51 单片机芯片的串行端口输入/输出的字符。图 1-3-23 所示为

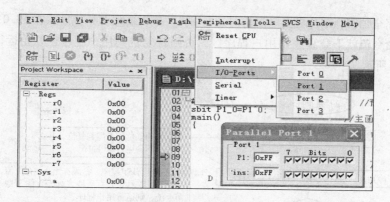

图 1-3-20 参数设置

"观察窗口"，可以观察/修改变量值，单击"F2"按钮，可以增加观察变量。图 1-3-24 所示为"存储器窗口"，输入 I、D、C、X 可以观察/修改存储器的内容。

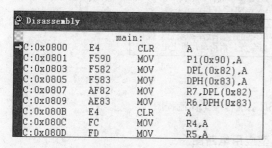

图 1-3-21 反汇编窗口

图 1-3-22 串行端口窗口

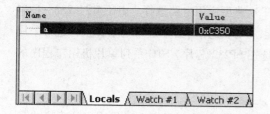

图 1-3-23 观察窗口

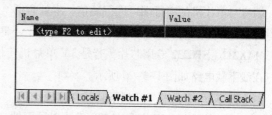

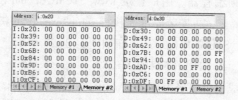

图 1-3-24 存储器窗口

最后，要停止程序运行回到文件编辑模式中，就要先单击按钮，再单击按钮，然后就可以进行关闭 Keil 等相关操作了。

### （二）STC12 系列单片机开发/编程工具应用

#### 1. 系统可编程（ISP）原理使用说明

STC 单片机内部固化有 ISP 系统引导程序，通过它可以把用户程序下载到单片机中。单片机出厂时已完全加密，单片机上电复位时运行 STC – ISP 系统引导程序，在 P3.0 引脚检测到合法的下载命令流就下载程序到用户程序区，否则就复位到用户程序区开始运行用户程序，如图 1-3-25 所示。

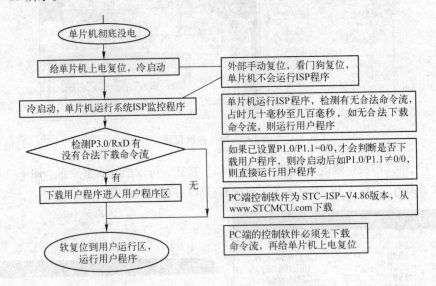

图 1-3-25　STC 单片机 ISP 系统程序工作流程图

**2. STC 系列单片机在系统可编程（ISP）典型应用电路图**

STC 系列单片机用户程序的下载既可以用烧写器下载，也可以通过 PC 的 RS – 232 – C 串行端口与单片机的串行端口进行通信，本处介绍（ISP）典型应用电路选择。由于 RS – 232 – C 串行端口采用负逻辑电平，与单片机 TTL 电平不匹配，因此使用时必须进行电平转换，通常采用 MAX232、STC232 专用芯片，若是 3 V 单片机建议选用 SP232 芯片。STC 系列单片机用户程序的在线下载电路如图 1-3-26 所示。

**3. STC 单片机 PC 端下载软件环境**

STC 单片机内部固化有 ISP 系统引导固件，配合 PC 端的控制程序即可将用户的程序代码下载进单片机内部，故无须编程器。用户登录 www. STCMCU. com 网站下载 PC（计算机）端的 ISP 程序，然后将其自解压，再安装即可（执行 setup. exe），可获得 STC 提供的 ISP 下载工具（STC – ISP. exe 软件）。STC 单片机下载界面如图 1-3-27 所示。

（1）选择单片机型号。如 STC12C5A60X 等。

（2）打开经编译而生成的后缀名为". HEX"的机器代码文件。

（3）选择串行端口和比特率。

（4）设置功能选项：

① 选择冷启动后时钟源：内部 RC 振动器/外部晶振时钟电路。

② 设置复位引脚。

③ 设置上电复位额外复位延时。

④ 设置振动器增益。

⑤ 设置下次冷启动方式。

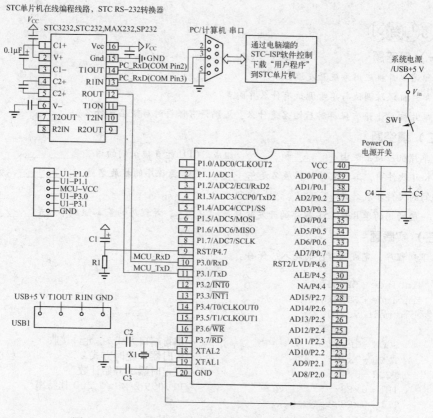

图 1-3-26　STC 系列单片机用户程序的在线下载电路

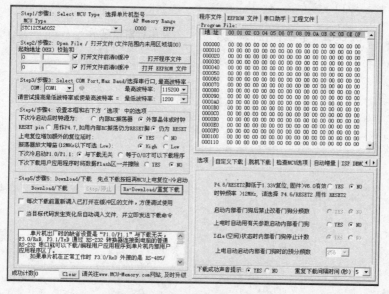

图 1-3-27　STC 单片机下载界面

⑥ 设置下次下载用户程序时数据 Flash 擦除方式。

（5）单击"Download/下载"按钮后，再给单片机上电。当程序下载成功后，单片机自动运行用户程序。

 思考与练习

### （一）简答题

（1）简述单片机应用系统开发流程。

（2）单片机跟踪调试与单步调试有什么异同点？

（3）单片机 C51 语言保存时后缀名是什么？汇编语言保存时后缀名是什么？

### （二）填空题

（1）单片机应用系统由_____和_____组成。CPU 能直接识别的语言是_____。

（2）Keil 软件中，工程文件的扩展名是_____，C51 源程序的扩展名是 *._____，编译连接后生成可烧写的文件扩展名是_____。

（3）一般所用的单片机 C51 程序的开发软件是_____，源程序的基本组成单位是_____。

### （三）实践题

输入下列程序，完成源程序的输入、保存。

```
#include<REG51.H>
#include<STDIO.H>
void main(void)
{
    SCON=0x50;              //串行端口方式1，允许接收
    TMOD=0x20;              //定时器1定时方式2
    TCON=0x40;              //设定时器1开始计数
    TH1=0xE8;               //11.059 2 MHz 1 200 比特率
    TL1=0xE8;
    TI=1;
    TR1=1;                  //启动定时器
    while(1)
    {
        printf("学习单片机!\n");   //在串行窗口显示
    }
}
```

# 项目 2

→ **基于供料站的单片机技术应用**

## 任务 1　信号指示灯闪烁实践与应用

### 学习目标

（1）熟悉单片机 I/O 口 4 种模式电路应用。

（2）了解 C51 数据格式，熟练掌握数据类型、变量和常量的使用。

（3）初步掌握单片机控制驱动电路设计。

（4）初步熟悉延时函数程序设计。基本掌握 include，while，sbit，for 语句的具体应用。

### 任务描述

控制一只 24 V 指示灯，使其实现周期为 1 s 的闪烁显示。

### 相关知识

#### （一）单片机输入/输出接口引脚功能

在项目 1 中已经知道单片机是一种智能化的数字集成电路芯片，在实际使用中，可将其看作是一个可以通过软件控制的智能多路开关，不同系列的单片机其输入/输出引脚数目有差异。实际上，学习单片机应用就是学习如何控制相应引脚完成如下选择：

（1）选择作为输入还是输出功能。

（2）选择使用哪几路引脚。

（3）何时输出或输入，是高电平或低电平，需保持多长时间，等等。

#### 1. 单片机 I/O 口工作模式及配置介绍

STC12C5A60S2（PDIP - 40）单片机有 P0 ~ P3 共 4 个通用端口和 P4.7 ~ P4.4 共 4 个新增引脚，最多可用 36 个 I/O 引脚，它们均可由软件配置成 4 种工作类型之一：准双向口/弱上拉（标准 8051 模式）、强推挽输出/强上拉、仅为输入（高阻）或开漏输出功能。每个端口的工作模式由 PnM1 和 PnM0 两个寄存器中的相应位设置。如 P0M1 和 P0M0 用于设置 P0 端口的设置模式，其中 P0M1.0 和 P0M0.0 设置 P0.0 引脚工作模式。I/O 口工作模式设置如表 2-1-1 所示。

STC12C5A60S2（PDIP - 40）单片机上电复位后为准双向口/弱上拉（传统 8051 的 I/O 口）模式。在 2 V 以上时为高电平，0.8 V 以下时为低电平。每个 I/O 口驱动能力均可达到 20 mA，但整个芯片最大不得超过 120 mA。

表 2-1-1　I/O 口工作模式

| PnM1[7:0] | PnM0 [7:0] | I/O 口模式 |
| --- | --- | --- |
| 0 | 0 | 准双向口（传统 8051 的 I/O 口模式），灌电流可达 20 mA，拉电流为 230 μA |
| 0 | 1 | 强推挽输出（上拉输出，可达 20 mA，要加限流电阻器） |
| 1 | 0 | 仅为输入（高阻） |
| 1 | 1 | 开漏：内部上拉电阻断开，要外加上拉电阻才可以拉高。此模式用于 5 V 元器件与 3 V 元器件切换 |

注：PDIP－40 封装单片机 P4 端口为 P4M1[7:4] 和 P4M0 [7:4]，对应 P4.7～P4.4。

### 2. 准双向口工作模式

准双向口工作模式下，I/O 口可用作输出和输入功能而不需重新配置口线输出状态。这是因为当口线输出为"1"时驱动能力很弱，允许外部装置将其拉低。当引脚输出为"0"时，它的驱动能力很强，可吸收相当大的电流。准双向口有 3 个上拉场效应管适应不同的需要。准双向口工作模式 I/O 口内部结构如图 2-1-1 所示。

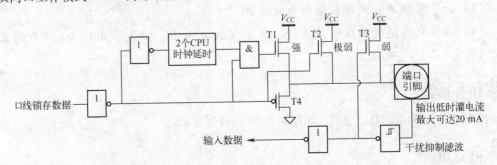

图 2-1-1　准双向口工作模式 I/O 口内部结构

在数据输出时，每个 I/O 口都具有锁存功能，口线上的数据会一直保持到输出新的数据为止。做输入功能时，信号经施密特触发器、非门电路通道输入数据，无锁存功能，所以外围设备输入的数据必须保持到取出指令执行为止。同时，准双向口读外部状态前，要先使锁存器为"1"，关闭 T4 场效应管，才可读到外部正确的状态。

准双向口有 3 个上拉场效应管 T1、T2、T3。T3 管称为"弱上拉"，其典型上拉电流值为 200 μA。T2 管称为"极弱上拉"，其典型上拉电流值为 30 μA。T1 管称为"强上拉"，其典型上拉电流值为 20 mA。输出低电平时，灌电流最大可达 20 mA。

当口线寄存器为"1"且引脚本身也为"1"时，T3 打开（要求与实际符合采用"弱上拉"方式），此上拉方式提供基本驱动电流使准双向口输出为"1"。

如果一个引脚输出为"1"但由外围设备下拉到"0"时，弱上拉 T3 关闭而"极弱上拉"T2 维持开状态（要求与实际不符合，采用"极弱上拉"方式），通过极弱的上拉电流实现把这个引脚强拉为"0"功能。使用中外围设备必须有足够的灌电流能力使引脚上的电压降到门槛电压以下。

当口线锁存为"1"时打开 T2。当引脚悬空时，这个极弱的上拉源产生很弱的上拉电流将引脚上拉为高电平。

当口线锁存器由"0"到"1"跳变时，T1"强上拉"用来加快准双向口由逻辑"0"

到逻辑"1"转换。当发生这种情况时,"强上拉"打开约2个时钟,以使引脚能够迅速地上拉到"1"。

### (二)单片机C语言词汇及书写规则

单片机程序开发语言有两种:汇编语言和C51语言。

采用C语言编程,对系统硬件资源的分配比用汇编语言简单,且程序的阅读、修改以及移植比较容易,适合于编写较复杂的程序,尤其是适合编写运算量较大的程序。因此以单片机C语言为主流的高级语言不断被更多的单片机爱好者和工程师所喜爱。C51语言是根据单片机特性开发的专门用于51及51兼容单片机的C语言。目前国内用户最多的C51编译器是Keil Software公司推出的Keil C51,所以一般来说C51就是Keil C51。

#### 1. C语言中词汇分类

(1)标识符。标识符是用户给变量、数组等源程序中某个对象起的名字。由于对象是唯一的,因此标识符也是唯一的,不可以同名。标识符使用必须满足以下规则:

① 标识符由字母、数字(0～9)和下画线等组成,长度不要超过32个字符。

② 第一个字符必须是字母或下画线。

③ 标识符在命名时应当简单,含义清晰,做到"顾名思义"。

④ 标识符不能使用C51的关键字。

⑤ C语言区分大小写。

(2)关键字。关键字则是编程语言的专用特殊标识符,它们具有固定名称和含义。在标准C语言中基本的数据类型char,int,short,long,float和double就是关键字。

(3)运算符。C语言中含有相当丰富的运算符,例如:"+""-"等。运算符与变量、函数一起组成表达式,表示各种运算功能。运算符由一个或多个字符组成。

(4)分隔符。分隔符有逗号和空格两种。逗号主要用在类型说明和函数参数表中,分隔各个变量。空格多用于语句各单词之间,作间隔符。在关键字、标识符之间必须要有一个以上的空格符作间隔,否则将会出现语法错误,例如:把"int a;"写成"inta;",C编译器会把inta当成一个标识符处理,其结果必然出错。

(5)常量。值不会发生改变的量称为常量。C语言中使用的常量可分为数字常量、字符常量、字符串常量、符号常量、转义字符等多种。

(6)注释符。常用于对一段语句或某一行语句进行说明,便于阅读和分析程序。程序编译时,不对注释作任何处理。因此,注释可出现在程序中的任何位置。

C51语言有两种注释方式:

(1)以"/*"开头并以"*/"结束,对一段内容进行注释。不允许嵌套"/*"和"*/"。

(2)在C51语言中增加了"//"对一行后面的内容进行注释。

#### 2. 书写程序时应遵循的规则

从书写清晰,便于阅读、理解和维护的角度出发,在书写程序时应遵循以下规则:

(1)一个说明或一个语句占一行。语句一般以";"结尾。

(2)用 {} 括起来的部分,通常表示了程序的某一层次结构。{} 一般与该结构语句的第一个字母对齐,并单独占一行。

(3)低一层次的语句或说明可比高一层次的语句或说明缩进若干空格后书写。以便看起来更加清晰，增加程序的可读性。

### （三）单片机 C 语言数据格式

C51 语言的数据结构由数据类型决定，C51 语言共有以下几种数据类型：

数据类型
- 基本类型
  - 位型：bit
  - 字符型：char
  - 整型：int
  - 长整型：long
  - 浮点型：float
  - 双精度浮点型：double
- 构造类型
  - 数组类型：array
  - 结构体类型：struct
  - 共用体：union
  - 枚举：enum
- 指针类型
- 空类型

单片机中，基本类型使用较多，本处仅介绍部分常用数据类型，其他数据类型在后面介绍。Keil C51 所支持的基本数据类型说明如表 2-1-2。

**表 2-1-2  Keil C51 所支持的基本数据类型**

| 数 据 类 型 | 长度（bit） | 长度（Byte） | 值 域 范 围 |
|---|---|---|---|
| bit | 1 | | 0，1 |
| unsigned char | 8 | 1 | 0～255 |
| signed char | 8 | 1 | −128～127 |
| unsigned int | 16 | 2 | 0～65 535 |
| signed int | 16 | 2 | −32 768～32 767 |
| unsigned long | 32 | 4 | 0～4 294 967 295 |
| signed long | 32 | 4 | −2 147 483 648～2 147 483 647 |
| float | 32 | 4 | ±1.176E−38～±3.40E+38 |
| double | 64 | 8 | ±1.176E−38～±3.40E+38 |
| ＊一般指针 | 24 | 3 | 存储类型（1字节）偏移量（2字节） |

**1. bit 定义位变量**

bit 是 C51 编译器的一种扩充数据类型，利用它可定义一个位变量，但不能定义位指针，也不能定义位数组。它的值是一个二进制位，不是"0"就是"1"。

例如：bit  flag；    定义一个位变量 flag

**2. char 字符类型定义**

分无符号字符类型"unsigned char"和有符号字符类型"signed char"，默认值为"signed char"类型（通常用 char 表示），用于存放 1 字节数据。"unsigned char"类型可以表达的数值范围是 0～255，常用于处理 ASCII 字符或用于处理小于或等于 255 的整型数。"signed char"类型用字节中最高位表示数据的符号，"0"表示正数，"1"表示负数，用补码格式表示。

例如：unsigned char num；　　//定义无符号字符类型变量"num"，其数据范围0～255。

　　　　char c；　　　　　　//定义有符号字符类型变量"c"，其数据范围-128～127。

### 3. int 整型类型定义

分无符号整型数"unsigned int"和有符号整型数"signed int"，默认值为"signed int"类型（通常用int表示），长度为2字节。符号表示与"signed char"相同。

例如：unsigned int a；　　//定义无符号整型类型变量"a"，其数据范围0～65 535。

　　　　int b；　　　　　　//定义有符号整型类型变量"b"，其数据范围-32 768～32 767。

（1）在编程时应按照变量可能的取值范围、精度要求去选择恰当的数据类型。这样不仅节省了存储空间，而且还可以提高程序的运行速度。

（2）如果不涉及负数运算，尽量采用无符号类型，这样可提高编译后目标代码的效率。

### 4. C 语言常量定义

（1）常量表示及定义。可分为"直接常量""标识符常量"和"符号常量"。

① 直接常量（字面常量）：

整型常量：12、0、-3；

实型常量：4.6、-1.23；

字符常量：'a'、'b'。

② 标识符常量：用来标识符号常量名、函数名、数组名、类型名和文件名等的有效字符序列。

③ 符号常量：用标识符代表一个常量。符号常量在使用之前必须先定义，其一般形式为 #define 标识符 常量。一经定义，以后在程序中所有出现该标识符的地方均代之以该常量值。

【例2-1-1】符号常量的使用。

```
#define PRICE 30         /* 定义常量, 大写表示 */
main()
{
    int num, total;      /*定义两个有符号整型变量,小写表示*/
    num =10;             /*赋值语句*/
    total =num * PRICE;  /* total =10 ×30 =300 */
    while(1);
}
```

（2）常量数据类型说明：

① 整型常量以十进制表示，例如：123，0，-89等。

② 整型常量以十六进制表示，则以0x开头，例如：0x34，-0x3B等。

③ 浮点型常量可分为定点数十进制和指数表示形式。十进制由数字和小数点组成，例如：0.888，3 345.345，0.0等。指数表示形式可参考相关书籍，此处不介绍。

④ 字符型常量是单引号内的字符，如a，d等。

⑤ 不可以显示的控制字符，可以在该字符前面加一个反斜杠"\"组成专用转义字符。常用转义字符表见表2-1-3。转义字符主要用来表示那些用一般字符不便于表示的控制代码。

⑥ 字符串型常量由双引号内的字符组成，如"test""OK"等。当引号内没有字符时，为空字符串。在使用特殊字符时同样要使用转义字符，例如：双引号。

表 2-1-3　常用转义字符表

| 转义字符 | 含　义 | 对应 ASCII 码（十六进制/十进制） |
|---|---|---|
| \ 0 | 空字符（NULL） | 00H/0 |
| \ n | 换行符（LF） | 0AH/10 |
| \ r | 回车符（CR） | 0DH/13 |
| \ t | 水平制表符（HT） | 09H/9 |
| \ b | 退格符（BS） | 08H/8 |
| \ f | 换页符（FF） | 0CH/12 |
| \ ' | 单引号 | 27H/39 |
| \ " | 双引号 | 22H/34 |
| \\ | 反斜杠 | 5CH/92 |

### 5. C 语言变量定义

值可以改变的量称为变量。一个变量必须要定义一个对应的名字（标识符），在内存中占据一定的存储单元，变量一般用小写字母表示。使用中要区分变量名、变量值和变量地址这 3 个不同的概念，变量名和变量地址为一个变量的两种表示方式，在 C51 语言中一般使用变量名。例如：

2000H　　　0x56　　　a

变量地址　　变量值　　变量名

（1）变量定义。变量定义的一般形式为

类型说明符　变量名标识符，变量名标识符，…；

例如：

```
int      a, b, c;           //(a,b,c 为有符号整型变量)
char     x, y;              //(x,y 为有符号字符型变量)
unsignedint p, q;          //(p,q 为无符号整型变量)
```

在书写变量定义时，应注意以下几点：

① 允许在一个类型说明符后，定义多个相同类型的变量，各变量名之间用逗号间隔。

② 最后一个变量名之后必须以 " ; " 号结尾。

③ 变量必须先定义后使用。变量定义一般放在函数体的开头部分。

（2）变量的初始化。在作变量定义的同时给变量赋以初始值（也可以不赋值），这种方法称为变量初始化。在变量定义中赋初值的一般形式为

类型说明符　变量 1 = 值 1，变量 2 = 值 2，…；

例如：

```
int    a =3;
int    b,c =5;
float  x =3.2,y =35,z =0.75;
char   ch1 ='K',ch2 ='P';
```

① 在定义中不允许连续赋值，如 "char a = b = c = 5;" 是不合法的。

② 习惯上符号常量的标识符用大写字母，变量标识符用小写字母，以示区别。

### 6. 各类数值型数据之间的混合运算

变量的数据类型可以相互转换，转换的方法有两种：自动转换和强制转换。自动转换发

生在不同数据类型的量混合运算时，由编译系统自动完成。

（1）自动转换遵循以下规则：

① 若参与运算量的类型不同，则先转换成同一类型，然后进行运算。转换按数据长度增加的方向进行，以保证精度不降低。

② 所有的浮点运算都是以双精度进行的，即使仅含 float 单精度量运算的表达式，也要先转换成 double 型，再作运算。

③ 在赋值运算中，赋值号两边量的数据类型不同时，赋值号右边量的类型将转换为左边量的类型。如果右边量的数据类型长度比左边长时，将丢失一部分数据，这样会降低精度，丢失的部分按四舍五入向前舍入。

下面表示了类型自动转换的规则。

bit → char → short → int → unsigned → long → double

（2）强制类型转换。强制类型转换是通过类型转换运算来实现的。其一般形式为

（类型说明符）（表达式）

功能：把表达式的运算结果强制转换成类型说明符所表示的类型。

例如：

```
(float)a        把 a 转换为实型
(int)(x + y)    把 x + y 的结果转换为整型
```

**【例 2-1-2】** 已知：x = 3.14，y = 3，执行语句"z = (int)(x * y * 2);"后，z = 18。

在使用强制转换时应注意类型说明符和表达式都必须加括号（单个变量可以不加括号），如把（int）（x + y）写成（int）x + y 则成了把 x 转换成 int 型之后再与 y 相加了。

### （四）C 语言语句分类

C 语言语句可分为简单语句和复合语句两种。简单语句以";"结束，可分为说明语句和执行语句。复合语句用括号"{"和"}"括起来组成的一个语句。

**1. 说明语句**

说明语句用来说明变量的类型和初值，即对变量进行定义。要求先定义后使用。

例如：int sum = 0;　　// 说明一个有符号整型变量 sum，其初始值为 0，以";"结束

**2. 执行语句**

执行语句用来完成一定的功能，可分为以下 4 类：

（1）表达式语句：由表达式加上分号";"组成。

（2）函数调用语句：由函数名、实际参数加上分号";"组成。

（3）控制语句：控制语句用于控制程序的流程，以实现程序的各种结构方式。它们由特定的语句定义符组成。C 语言有 9 种控制语句。可分成以下 3 类：

① 条件判断语句：if 语句、switch 语句；

② 循环执行语句：do while 语句、while 语句、for 语句；

③ 转向语句：break 语句、goto 语句、continue 语句、return 语句。

（4）空语句：只有分号";"组成的语句称为空语句。空语句是什么也不执行的语句。在程序中空语句可用来作空循环体。

**3. 复合语句**

在程序中应把复合语句看成是单条语句，而不是多条语句。复合语句内的各条语句都必

项目 ② 基于供料站的单片机技术应用

47

须以分号";"结尾，在括号"}"外不能加分号，可以嵌套使用。

### （五）初步了解语句应用和函数

下面是单片机的一段程序。通过程序练习，学习一些相关语句应用。

```
#include <reg52.h>              //预处理命令，reg52.h定义了单片机的SFR
sbit P1_0 = P1^0;
void main( )                    //主函数名为main
{
    unsigned int a;             //定义变量a为无符号整形数据类型，数据范围：0～65535
    while(1)                    //条件为真，无限循环复合语句
    {
        for(a = 0;a < 50000;a ++);   //延时
        P1_0 = 0;                    //P1.0 口为低电平
        for(a = 50000;a > 0;a --);   //延时
        P1_0 = 1;                    //P1.0 口为高电平
                                //返回while语句
    }                           //返回main
}
```

### 1. #include 命令

预处理命令中的包含命令，在源程序中这些命令都放在函数之外，而且一般都放在源文件的前面，称为预处理部分。

所谓预处理是指在进行编译的第一遍扫描（词法扫描和语法分析）之前所做的工作。当对一个源文件进行编译时，系统将自动引用预处理程序对源程序中的预处理部分作处理，处理完毕自动进入对源程序的编译。包含命令的一般形式为

#include < 文件名 > 或#include"文件名"　　　// 此处无";"

功能：加载预先编好的库函数、头文件。即把指定的文件插入该命令行位置取代该命令行，从而把指定的文件和当前的源程序文件连成一个源文件。

例：#include < REG52. H >　　　//加载预先编好的包含51单片机SFR的头文件

#include < 文件名 > 表示在包含文件目录中去查找（通常是Keil目录中的include子目录），而不在源文件目录去查找；#include"文件名"表示首先在当前的源文件目录中查找，若未找到才到包含目录中去查找。

（1）一个#include命令只能指定一个被包含文件，若有多个文件要包含，则需用多个#include命令。不是真正语句，结束无";"

（2）文件包含允许嵌套。如果文件1包含了文件2，而文件2要用到文件3的内容，则在文件1中用两个#include分别包含文件2和文件3，并且文件3包含要写在文件2的包含之前，即在file1. c中定义：

```
#include <file3.c>
#include <file2.c>
```

### 2. 赋值语句 ( = )

赋值语句的一般形式为

$$变量 = 表达式;$$

功能：将右边表达式值赋值给左边变量。以分号";"结束。赋值运算符具有右结合性。

例：P1_0 = 0;　　　// 将0值赋值给P1_0

**3. sbit 语句**

功能：位标量名的替换。

例：sbit　P1_0 = P1^0；　　　// 将 P1_0 替换 P1.0。注意区分大小写

**4. while 循环语句**

while 语句为循环语句，特点：先判断后运行。while 语句的一般形式为：

while（条件表达式）　语句；

其中条件表达式是循环条件，语句为循环体。执行过程如图 2-1-2 所示。

功能：先判断条件表达式的值。为真（非 0）时执行循环体语句，为假时跳出循环。

使用 while 语句应注意以下几点：

（1）while 语句中的表达式一般是关系表达式或逻辑表达式，只要表达式的值为真（非 0）即可继续循环。

（2）循环体如包括有一个以上的语句，则必须用"｛ ｝"括起来，组成复合语句。如果不加大括号，则 while 语句的范围只到 while 后面的第一个"；"处。

例：while(1)；　　　　　// 条件为"1"，表示真，无限原地循环

　　while(1) ｛…；｝　　// 条件为"1"，无限循环｛ ｝里的语句

**5. 自增和自减语句**

C 语言有两个很有用的运算符：自增" ++ "和自减" -- "。

运算符" ++ "是操作数自身加 1，" -- "是操作数自身减 1。换句话说："a = a + 1"等同于"a ++"，"a = a - 1"等同于"a --"。其他表示方式见项目 2 任务 2 算术运算符部分。

**6. for 循环语句**

在应用中，往往需要判断循环的次数，这时就可以采用 for 语句。它的一般形式为

for（循环变量赋初值；循环条件；循环变量增/减量）　语句；

其执行过程可用图 2-1-3 表示。

项目<br>2<br>基于供料站的单片机技术应用

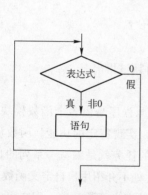

图 2-1-2　while 语句工作流程图

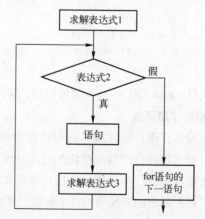

图 2-1-3　for 语句执行过程工作流程图

循环变量赋初值（表达式 1）总是一个赋值语句，它用来给循环控制变量赋初值；循环条件（表达式 2）是一个关系表达式，它决定什么时候退出循环；循环变量增量（表达式 3），定义循环控制变量每循环一次后按什么方式变化。这 3 个部分之间用"；"分开。例如：

```
for(i =1, sum =0;i <=100;i ++)
sum = sum + i;
P1_0 = 0;
```

for 语句的执行过程以上述举例介绍如下：

（1）第 1 步：先求解表达式 1。（赋变量初始值 i =1，sum =0。// 两个初始条件）

（2）第 2 步：求解表达式 2，若其值为真，则执行 for 语句中指定的内嵌语句，然后执行下面第 3 步；若其值为假，则结束循环，转到第 5 步。（i =1，即 i <=100，条件为真，执行"sum = sum + i;"语句；直到 i 累计到 i =101，i >100，条件为假，结束循环，转到第 5 步，执行"P1_0 =0;"语句。）

（3）第 3 步：求解表达式 3。（执行"i ++;"语句）

（4）第 4 步：转回上面第 2 步继续执行条件判断。

（5）第 5 步：循环结束，执行 for 语句下面的一个语句。（执行"P1_0 =0;"语句。）

通过上述分析，程序完成：（0 +1 +2 +…+100）的和运算，结果送变量 sum。

注意：

（1）for 循环中的"表达式 1（循环变量赋初值）""表达式 2（循环条件）"和"表达式 3（循环变量增量）"都是可选择项，即可以省略，但";"不能省略。

（2）省略了"表达式 1（循环变量赋初值）"，表示不对循环控制变量赋初值。

（3）省略了"表达式 2（循环条件）"，则不做其他处理时，默认条件为真，死循环。

（4）省略了"表达式 3（循环变量增量）"，则不对循环控制变量进行操作，这时可在语句体中加入修改循环控制变量的语句。

（5）3 个表达式都可以省略。即 for(；  ；  )，相当于：while(1)语句。

【例 2-1-3】for 语句循环的嵌套（延时程序设计）。

```
void delay()                          //定义延时函数
{
    unsigned int i, j;                //定义无符号整形变量 i 和 j，注意";"的位置
    for(i =0; i <100; i ++)
        for(j =0; j <100; j ++);      //注意";"的位置
}
```

共执行 i×j =100 ×100 次延时时间，延时时间通过软件调试得出。

**7. 初步了解函数**

用汇编语言或 C 语言编写的程序称为源程序。C 语言源程序是由多个函数模块组成的。函数是 C 语言源程序的基本模块，通过对函数模块的调用，实现特定的功能。函数从用户角度上分为标准函数（库函数）和用户自定义函数。程序员的任务就是编写一系列的自定义函数模块，并在适当的时候调用这个函数，完成程序功能，此处不介绍用户自定义函数。

（1）标准函数（库函数）。C51 运行库提供了 100 多个预定义函数和宏，用户可以在自己的 C 语言程序中使用这些函数和宏。标准函数已由编译器软件商编写定义，使用者直接调用就行了，而无需定义。这些函数通常又称内部函数，存放在不同的头文件"∗.h"中，使用中以预处理命令#include < ∗.h >或#include "∗.h"加载后才能使用。

例如：

```
#include <reg51.h>          //加载单片机定义函数
#include <math.h>           //加载算术库函数
```

（2）main()函数。main()函数为程序的主函数，其他若干个函数可以理解为是一些子程序。程序中必须有且只能有一个名为main()的主函数，C语言程序总是从main()函数开始执行。

### （六）信号指示发光器件

#### 1. 信号灯

工业控制中使用指示灯来指示系统工作的状态，以指示某个工作状态的到来或对异常情况发出警报灯光信号。按照使用方式可以分为一般指示灯和柱灯，指示灯又称信号灯，型号种类都很多，按照使用电压主要分为220 V和24 V两种。具体的选型主要是根据现场指示的需要来对指示灯的形状、大小、颜色及安装方式进行选择。图2-1-4所示为信号灯和发光二极管的实物图。

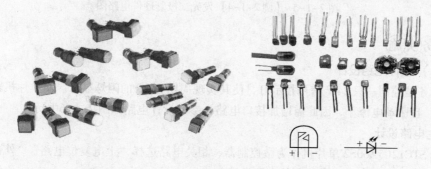

图2-1-4　信号灯和发光二极管的实物图

#### 2. 发光二极管

发光二极管（LED）在显示中最为灵巧、方便。市面上出售种类很多，大体上按照以下几种方式进行分类。

（1）从发光颜色数量上分，有单色、三色和全色。

（2）从亮度上分，有普通亮度、高亮度和超高亮度。

（3）从尺寸上（直径单位为mm），常用的有φ3、φ5等。

发光二极管与普通二极管的使用方法基本相同，遵循着"正向导通，反向截止"的原理。只不过使用中它的正向导通电压较大，普通亮度发光二极管一般为1.5 V左右。在实际应用中，应接一限流电阻器，以保护LED，限流电阻器阻值可按公式：$R = (V_{CC} - V_d)/I_d$ 计算 $V_d$ 为发光二极管的正向导通电压，为1.5 V，$I_d$ 等于流过发光二极管的工作电流。

通常情况下，发光二极管的工作电流设定在5～30 mA之间，电流值越大，亮度相应也越高，但并不完全呈线性关系，因此常常选用PWM方式改变流过发光二极管的工作电流，就可调节发光二极管的亮度。随着发光材料的改进，现在大部分的发光二极管可以工作在较小的电流下，如1～5 mA，甚至更小。对于使用者来说，在满足发光亮度的前提下，可以大大降低发光二极管的功耗。

LED的发光颜色通常有红、绿、黄、白，其外形和图形符号如图2-1-4所示。

【例2-1-4】设计一个单片机控制一只LED发光的应用电路。

解：（1）选择单片机型号，完成最小工作系统设计。

（2）尽管单片机对应口线既可以作输入也可以作输出，但尽可能选择灌电流，由于发光二极管正常工作电流取 10 mA 左右，导通压降取 2 V，单片机完全可以驱动，设计中不需要放大电流。具体硬件电路如图 2-1-5 所示。

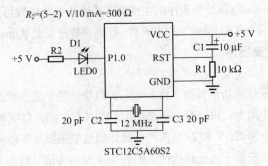

$R_2=(5-2)\ V/10\ mA=300\ \Omega$

图 2-1-5 【例 2-1-4】发光二极管硬件电路图

任务实施

### （一）硬件电路设计

本任务是控制一只 24 V 信号指示灯，使其实现周期为 1 s 的闪烁显示。而单片机输出电压只有 5 V，且驱动电流小，因此需增加接口电路。参考设计电路如图 2-1-6 所示。

**1. 主电路设计**

选择 STC12C5A60S2 单片机作为微控制器，相关电路选择"上电复位电路""外部晶振时钟电路"，完成单片机最小系统硬件电路设计。

**2. 输出通道设计**

选择通用 5 V 继电器作为单片机和信号指示灯之间的接口电路。

### （二）程序设计

**1. 参考程序流程图**（如图 2-1-7 所示）

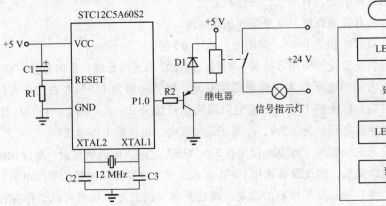

图 2-1-6 单片机驱动信号指示灯参考设计电路

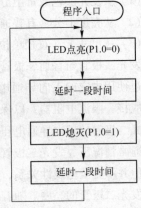

图 2-1-7 任务参考流程图

**2. 参考程序**

```
#include < reg52.h >
sbit P1_0 = P1^0;
void main()
{
```

```
unsigned int a;                        //定义变量 a 为无符号整形数据类型, 数据范围:0~65 535
while(1)
{
    for(a = 0;a < 50000;a ++);    //延时
    P1_0 = 0;                          //P1.0 口为低电平
    for(a = 50000;a > 0;a --);    //延时
    P1_0 = 1;                          //P1.0 口为高电平
}                                         //返回 while 语句
```

**知识拓展**

### （一）单片机 I/O 口其他 3 种工作模式

#### 1. 强推挽工作模式

强推挽输出配置的下拉结构与开漏输出以及准双向口的下拉结构相同, 但当锁存器为"1"时提供持续的强上拉。推挽模式一般用于需要更大驱动电流的情况。当从端口引脚上输入数据时, 先使锁存器为"1", 关闭 T2 场效应管。强推挽引脚内部结构如图 2-1-8 所示。

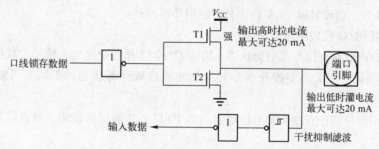

图 2-1-8　强推挽工作模式 I/O 口内部结构图

#### 2. 仅为输入（高阻）工作模式

输入口配置如图 2-1-9 所示。在此模式下, 可直接从端口读入数据, 而不需要先对端口锁存器置"1"。

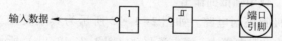

图 2-1-9　高阻工作模式 I/O 口内部结构图

#### 3. 开漏工作模式

当口线锁存器为 0 时, 开漏输出关闭上拉场效应管。作开漏输出应用时, 必须外接上拉电阻, 此时配置还可作为输入 I/O 口。输出口线内部结构如图 2-1-10 所示。

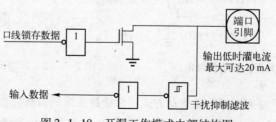

图 2-1-10　开漏工作模式内部结构图

### （二）STC12C5A60S2 单片机新增 P4 口的使用

对单片机 P4 口的访问，如同访问常规的 P1/P2/P3 口，并且均可位寻址。由 P4SW 寄存器设置（NA/P4.4，ALE/P4.5，EX_LVD/P4.6）3 个端口的第二功能，各位定义如下：

| 名称 | D7 | D6 | D5 | D4 | D3 | D2 | D1 | D0 | 复位值 |
|---|---|---|---|---|---|---|---|---|---|
| P4SW | — | LVD_P4.6 | ALE_P4.5 | NA_P4.4 | — | — | — | — | x000, xxxx |

（1）NA/P4.4：=0，NA/P4.4 引脚是弱上拉，无任何功能。

=1，将 NA/P4.4 引脚设置成 I/O 口（P4.4）。

（2）ALE/P4.5：=0，ALE/P4.5 引脚是 ALE 信号。

=1，将 ALE/P4.5 引脚设置成 I/O 口（P4.5）。

（3）EX_LVD/P4.6：=0，EX_LVD/P4.6 是外部低压检测引脚，可使用查询方式或设置成中断来检测。

=1，将 EX_LVD/P4.6 引脚设置成 I/O 口（P4.6）。

在 ISP 烧录程序时设置 RST/P4.7 的第二功能。在 ISP 烧录程序时选择 RST/P4.7 是复位引脚还是 P4.7 口，如设置成 P4.7 口，必须使用外部时钟。

### （三）并行 I/O 口应用注意事项

（1）I/O 口由低变高读外部引脚状态。因为 1T 的 51 单片机速度太快了，软件执行由低变高指令后，必须加 1 或 2 个空操作指令延时后才能读取外部状态，否则有可能读不到正确数据。

（2）I/O 引脚使用中有些需加上拉电阻（如 P0 口）才能正确使用，或者将该 I/O 口设置为强推挽输出。

（3）做行列矩阵按钮扫描电路时，在电路的两侧各加 1 kΩ 限流电阻器。软件设计中应避免出现按钮两侧的 I/O 口同时为低电平的情况，因为 CMOS 电路的两个输出端不能直接短接。

（4）单片机 I/O 引脚本身的驱动能力有限，若需要驱动较大功率的器件，可以在它们之间增加电流驱动电路。图 2-1-11 所示为典型三极管驱动控制电路。

如果用弱上拉控制，建议加上拉电阻 R1（3.3～10 kΩ），如果不加上拉电阻 R1，建议 R2 的值在 15 kΩ 以上，或用强推挽输出。

（5）典型发光二极管控制电路。如图 2-1-12 所示为典型发光二极管驱动控制电路。图 2-1-12（a）所示为准双向模式，灌电流驱动；图 2-1-12（b）所示为推挽输出模式，拉电流驱动。

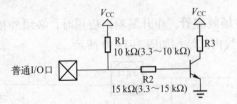

图 2-1-11　典型三极管控制电路　　　图 2-1-12　典型发光二极管控制电路

实际使用中，应尽量采用灌电流驱动方式，以提高系统的负载能力和可靠性。

【例 2-1-5】如图 2-1-13 和图 2-1-14 所示，P1 口控制 8 个发光二极管 LED0～LED7，

使其实现周期为 1 s 的整体交替闪烁显示。

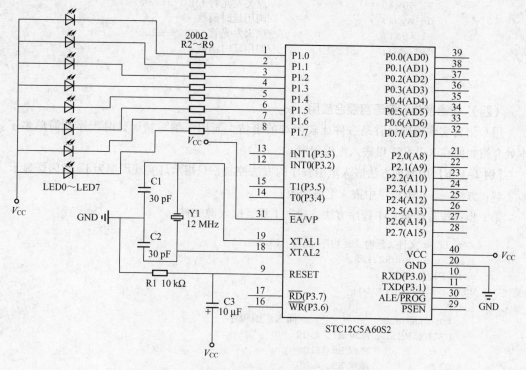

图 2-1-13 【例 2-1-5】8 路 LED 显示硬件电路

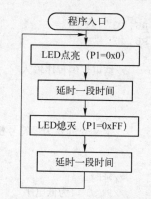

图 2-1-14 【例 2-1-5】参考流程图

解：参考程序如下。

```
#include <reg52.h>            //预处理命令，装载 C51 单片机头文件
void delay()                  //定义延时函数，无形式参数
{
    unsigned char i, j;       //定义无符号整形变量 i 和 j
    for(i = 0; i < 100; i ++)  //循环总次数为：i(=100)×j(=100)=10 000 次
        for(j = 0; j < 100; j ++);
}
void main()                   //主函数
{
    while(1)                  //无限循环
```

```
    {
        P1 = 0x00;                    //点亮发光管 LED1～LED8
        delay();                      //调用延时函数
        P1 = 0xff;                    //熄灭发光管 LED1～LED8
        delay();                      //调用延时函数
    }
}
```

## （四）C 语言与汇编语言混合应用

用 C 语言实现精确延时是一件比较困难的事情，而用汇编写精确延时程序就简单多了。本处介绍如何在 Keil C51 里嵌入汇编程序。

【例 2-1-6】用两种方法嵌入汇编程序的方法控制一只指示灯实现周期为 1 s 的闪烁显示。

解：方法一，C51 程序中嵌入汇编函数。

第 1 步：按写普通 C51 程序方法，建立工程，输入源文件。

```
//main.c 文件，延时 1 s 程序 晶振：12 MHz
#include < reg52.h >
sbit P1_0 = P1^0;
void delay_1s(void)
{
    #pragma asm                //插入汇编程序
    DELAY1MS:     MOV R7, #100
    D1:           MOV R6, #10
    D2:           MOV R5, #250
    D3:           NOP
                  NOP
                  DJNZ   R5, D3
                  DJNZ   R6, D2
                  DJNZ   R7, D1
    #pragma endasm             //结束汇编程序输入
}
void main()
{
    unsigned int a;           //定义变量 a 为无符号整形数据类型，数据范围：0～65535
    while(1)
    {
        delay_1s();           //延时 1 s
        P1_0 = 0;             //P1.0 口为低电平
        delay_1s();           //延时 1 s
        P1_0 = 1;             //P1.0 口为高电平
        delay_1s();           //延时 1 s
                              //返回 while 语句
    }
}
```

第 2 步：在 Project 窗口中包含汇编代码的 C 文件上右击（此处为 main.c），选择"Options for …"，单击右边的"Generate Assembler SRC File"和"Assemble SRC File"，使检查框由灰色变成黑色（有效）状态，如图 2-1-15 所示。

第 3 步：根据选择的编译模式，把相应的库文件像导入"XX.c"文件一样添加到工程中并放在工程的最后面，如 Small 模式时，是 Keil\C51\Lib\C51S.Lib。

第 4 步：编译，即可生成目标代码。

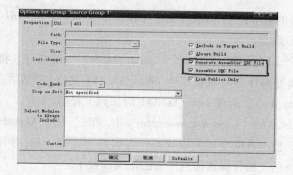

图 2-1-15　修改检查框

方法二，C51 程序调用汇编函数。

第 1 步：按写普通 C51 程序方法，建立工程，输入并加载两个源文件 main. c 和 delay_1s. c。

（1）// delay_1s. c 文件。

```
void delay_1s(void)
{
    #pragma asm
    DELAY1MS: MOV R7,#100
    D1:        MOV R6,#10
    D2:        MOV R5,#250
    D3:        NOP
               NOP
               DJNZ R5, D3
               DJNZ R6, D2
               DJNZ R7, D1
    #pragma endasm
}
```

（2）// main. c 文件。

```
#include < reg52.h >
sbit P1_0 = P1^0;
extern delay_1s();          //说明函数 delay_1s()为外部函数，此处引用
void main()
{
    unsigned int a;         //定义变量 a 为无符号整形数据类型，数据范围：0～65 535
    while(1)
    {
        delay_1s();         //延时 1 s
        P1_0 = 0;           //P1.0 口为低电平
        delay_1s();         //延时 1 s
        P1_0 = 1;           //P1.0 口为高电平
        delay_1s();         //延时 1 s
    }                       //返回 while 语句
}
```

第 2 步：在 Project 窗口中包含汇编代码的 C 文件上右击（此处为 delay_1s. c），选择 "Options for…"，单击右边的 "Generate Assembler SRC File" 和 "Assemble SRC File"，使检查框由灰色变成黑色（有效）状态，参考方法一。

项目 2　基于供料站的单片机技术应用

第 3 步：根据选择的编译模式，加载库文件（如 Small 模式时，是 Keil\C51\Lib\C51S. Lib）到工程中并放在工程的最后面。

第 4 步：建立这个工程后将会产生一个 "delay_1s. SRC" 的文件，将这个文件改名为 de-lay_1s. A51（也可以通过编译选项直接产生 delay_1s. A51 文件），然后在工程里去掉库文件（如 C51S. Lib）和 delay_1s. c，而将 delay_1s. A51 添加到工程里。

第 5 步：检查 main. c 的 "Generate Assembler SRC File" 和 "Assemble SRC File" 是否有效，若是有效则单击，使检查框变成无效状态；再次建立这个工程，到此已经得到汇编函数的主体，修改函数里面的汇编代码就得到所需的汇编函数了。

## 思考与练习

### （一）简答题

（1）简述 STC12C5A60S2 单片机的 4 种工作模式。

（2）标识符的作用是什么？简述标识符的命名规则。

（3）C51 语言的基本数据类型有哪些？

（4）简述并行 I/O 口应用的注意事项。

### （二）填空题

（1）标识符由_____、_____和_____等组成，其中第 1 个字符不能是_____。

（2）一个变量必须要定义一个对应的_____，在内存中占据一定的存储单元，变量一般用_____写表示。常量一般用_____写表示，可通过_____来定义。

（3）条件判断语句有_____语句和_____语句；循环执行语句有_____语句、_____语句和_____语句。什么也不执行的语句是_____，在程序中可用来作空循环体。

（4）while 语句的特点是_____，do while 语句的特点是_____，其条件表达式是循环条件，非 0 值表示_____，0 值表示_____。判断循环的次数时往往采用_____语句。

（5）_____是 C 源程序的基本模块，程序中有且只能有一个_____函数，C 程序总是从它开始执行。

（6）在赋值运算中，赋值号_____边量的类型将转换为_____边量的类型。$(int)(x+y)$ 的功能是_____。

（7）unsigned char num;　　// num 的数据范围 0 ～_____。

　　unsigned int a;　　// a 的数据范围 0 ～_____。

（8）C 程序中，每条语句都以_____结尾，C 语言区分_____写。

（9）Keil C51 软件中，可以通过关键字_____来定义 8 位特殊功能寄存器，通过关键字_____来定义特殊功能寄存器中的可寻址位。

（10）在 Keil C51 编译器中，若采用的 CPU 为 AT89C51，则需使用的头文件为_____，程序编译时，不对注释作任何处理。因此，注释可出现在程序中的_____位置。

（11）在 C 语言中使用到的变量，都应先_____，后_____。

（12）设 i，j，k 均为 int 型变量，则执行完下面的 for 循环后，k 的值是_____。for( i = 0, j = 10; i <= j; i ++, j -- )　k = i + j;

（13）在单片机的 C 语言程序设计中，_____类型数据经常用于处理 ASCII 字符或用于处理小于等于 255 的整型数。

（14）C51 中定义一个可位寻址的位变量 FLAG 访问 P3 口的 P3. 1 引脚的方法是_____。

### （三）名词解释

（1）Keil C51、标识符、关键字、源程序、强推挽工作模式。

（2）bit、char、int、float

### （四）实践题

控制两只 24 V 指示灯，使其实现周期为 2 s 的交替闪烁显示。要求设计硬件和软件。

# 任务2　开关量信号检测与应用

**学习目标**

（1）会依据任务要求绘制程序流程图，并依据流程图编写单片机控制程序。

（2）了解开关量信号的工作原理，会编写相应开关量判断程序。

（3）了解接近开关原理与应用，了解堆栈的功能及实现方式。

（4）了解数据存储类型及新增特殊功能寄存器的定义方法。熟练应用 C51 运算符。

（5）掌握 if 条件语句和 do…while 语句的具体应用。

**任务描述**

用 1 只按钮控制 8 路 LED 的点亮循环个数。具体任务要求如下：

（1）上电后，默认 8 路 LED 实现周期为 1 s 的交替闪烁。

（2）第 1 次操作按钮后，1 路 LED 实现周期为 1 s 的交替闪烁；第 2 次操作按钮后，相邻两路 LED 实现周期为 1 s 的交替闪烁。以此类推，每次增加 1 路闪烁，当 8 路 LED 实现周期为 1 s 的交替闪烁时，操作按钮后返回到 1 路交替闪烁，如此循环。

**相关知识**

### （一）流程图说明

所谓程序流程图就是用各种规定的图形、流向线及必要的文字符号来表达解题步骤、算法及程序结构。它直观、清晰地体现了程序设计思路，是程序设计的一种常用工具。

在本书中每个任务都给出流程图作为参考。3 种基本程序结构流程图的画法如图 2-2-1 所示：

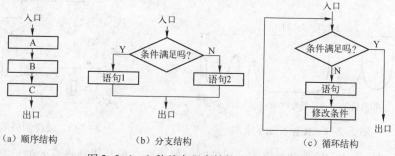

图 2-2-1　3 种基本程序结构流程图的画法

### （二）键盘分类及消抖方式

**1. 键盘分类**

键盘是人机交互中的重要的输入设备，是由一组常开按钮组成的开关矩阵，用户可以通过键盘向单片机输入指令、地址或数据。使用中每个按钮都被赋予了一个代码，此代码称为键码。常用键盘分类如下：

（1）按钮值编码方式分为：编码键盘和非编码键盘。

① 编码键盘：键盘上闭合键的识别由专用的硬件编码器实现。如 BCD 码键盘。

特点：增加了硬件开销，编码固定，编程简单。适用于规模大的键盘。

② 非编码键盘：闭合键的识别靠软件来识别。单片机系统多采用此类键盘。

特点：编码灵活，适用于小规模的键盘。编程较复杂，占 CPU 时间，须软件"消抖"。

（2）按非编码键盘按钮组合连接方式分为：独立式非编码键盘和行列式非编码键盘。

① 独立式非编码键盘：每键相互独立，各自与一条 I/O 口线相连，CPU 可直接读取该 I/O 口线的高电平或低电平状态。

特点：占 I/O 口线多，判断键码速度快，适用于键数少的场合。

② 行列式非编码键盘：键盘按矩阵排列，各键处于矩阵行线和列线的结点处，CPU 通过对行（列）线的 I/O 口线送已知电平的信号，然后读取列（行）线的状态信息。

特点：逐线扫描，得出键码，占用 I/O 口线少，判键速度慢，适用于键数多的场合。

**2. 抖动产生原因及消抖方式**

（1）按钮抖动产生原因。键盘中的每一个按钮均为常开状态。由于按钮机械触点的弹性振动，当按钮按下或松开时，不会马上稳定地接通或断开，因而在按钮闭合和断开的瞬间会出现一连串的抖动，其产生的波形如图 2-2-2 所示。这种抖动对于人来说感觉不到，但对单片机来说，是完全可以感应到的。因为单片机处理的速度是微秒级，而机械抖动的时间至少是毫秒级（通常认为抖动时间为 5 ～ 10 ms）。这就会导致一次按钮操作会连续发出了多个信号给单片机，即产生多次连续的错误动作，实际使用中必须避免这种情况发生。

（2）消抖方式。为了克服按钮触点机械抖动所致的检测误判，必须采取消除抖动措施。消除抖动是为了防止产生误动作，保证按钮闭合一次只能做一次处理。消除抖动有硬件消抖和软件消抖两种方法。在键数较少时，可采用硬件消抖；而当键数较多时，应采用软件消抖。

① 硬件消抖方式。在硬件上可采用在键输出端加 R－S 触发器（双稳态触发器）或单稳态触发器构成消抖电路。如图 2-2-3 所示是一种由 R－S 触发器构成的消抖电路，当触发器一旦翻转，触点抖动不会对其产生任何影响（高电平具有保持功能）。

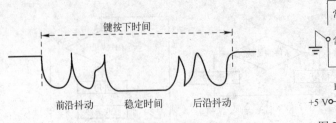
图 2-2-2　按钮抖动示意图

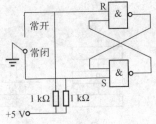
图 2-2-3　硬件消抖电路

② 软件消抖方式。软件消抖方式采用延时消抖，即在单片机获得有效的信息后，不是立即认定按钮已被按下，而是延时 10 ms 或更长一些时间后（避开按钮按下时的抖动时间）再次检测口线电平，如果仍有效，说明按钮确实按下了。而在检测到按钮释放后再延时 5 ～ 10 ms，消除后沿的抖动，然后再对键值处理。不过一般情况下，通常不对按钮释放的后沿进行处理。单片机中常用软件延时消抖方式。

（3）键盘处理步骤。键盘处理程序通常设计成函数的形式。键盘处理过程一般包括以下几个部分：

① 判断是否有键按下。无键操作，退出；有键操作，执行②～⑥。

② 按钮消抖。

③ 键盘扫描，获得键码值。

④ 判别按钮是否释放。

⑤ 执行键码值操作功能。

⑥ 退出键盘扫描函数。

### （三）独立式按钮连接

如图 2-2-4 所示，为独立式按钮连接。其中独立式按钮的各个按钮之间彼此独立，每一个按钮都用一根 I/O 口线连接。这种独立式键盘方式电路简单，软件设计也比较方便，一般用于按钮数目较少的场合。

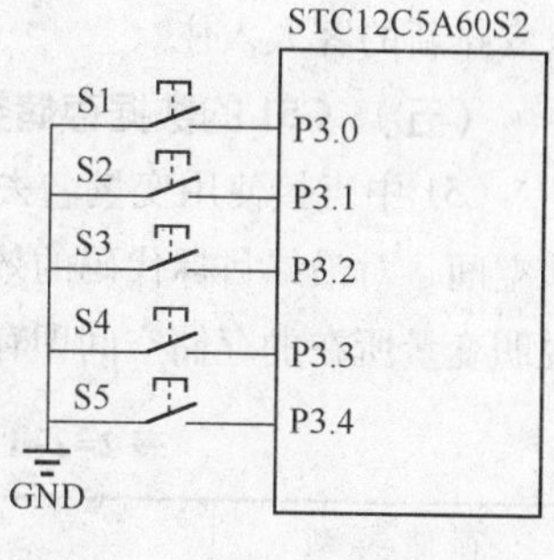

图 2-2-4 独立式按钮连接图

### （四）堆栈操作

**1. 概念**

单片机中除了有固定功能的寄存器外，还需要有可以公共使用的寄存器。如同宾馆里旅客住宿一样，可以把一些房间长期出租给一些单位作为办公房间（包房，固定功能用户），也可以安排一些房间为流动客人服务（客房，公共使用），把这类可以公共使用的房间（寄存器）称为客房区（栈区），把客人住宿的规则（如何分配房间），称为"堆栈"。把数据写入栈区（客人入住）称为入栈，数据从栈区中读出（客人退房）称为出栈。

**2. 堆栈指针 SP**

栈区的大小不固定，用户可以根据程序的需要来调整。一般将栈区安排在片内低 128 字节的用户区 30H ～ 7FH 的范围内。为了准确指明栈区的所在位置，CPU 安排一个特殊功能寄存器 SP 存放当前的栈顶地址，在单片机中把 SP 称为堆栈指针，里面存放的是栈顶单元地址。单片机复位后，SP 的值为 07H。由于默认栈区地址与工作寄存器区 1 相冲突。因此，上电后一般都修改堆栈指针，让它指向用户区。

**3. 堆栈操作规则**

堆栈共分两种操作：进栈和出栈。需要将断点和现场的数据压栈保存，即进栈，需要恢复断点和现场的数据，即出栈。堆栈的操作规则，用一句话来概括就是："先进后出，后进先出"。其过程如下：进栈操作为先 SP + 1，后写入数据；出栈操作为先读数据，后 SP − 1。

**4. 堆栈功能**

堆栈主要是为函数调用和中断操作而设立的。其具体功能有两个：保护断点和保护现场。

**5. 堆栈使用方式**

在调用函数或中断时，下一条运行指令地址（断点）自动进栈。程序返回时，断点再自动弹回 PC。

堆栈操作的形象描述：以客人投宿为例认识堆栈操作。客房部有若干个房间（个数不固定）供客人住宿（称为栈区），客人住宿从第一个房间（以房间地址为准）开始按照递增的方式依次安排住宿。由于要了解当前客人（目前最后住宿的客人）已住到哪一个房间（该房间地址称为栈顶地址），即还有哪些空房间可安排入住，总台把最后一个住宿客人的房间地址

项目 2 基于供料站的单片机技术应用

放在一个固定地方（SP 寄存器，即堆栈指针）。这个固定地方（SP 寄存器）存放的总是最后住宿客人的房间地址。

当有客人投宿时，固定地方（SP 寄存器）的房间地址先加 1，指向下一个可以入住房间，然后安排客人入住（数据入栈，存放物品）。客人退房时，先把存放物品取走（出栈），到总台办理退房手续。总台然后把固定地方（SP 寄存器）的房间地址减 1，指明客人已退房，可以安排新的客人入住。

**（五） C51 的数据存储类型**

C51 中直接使用变量名去访问存储单元，无需关心变量的存放地址。但变量放在哪一个存储空间，对最终目标代码的效率影响很大。因此在编程时除了说明变量的数据类型外，还应说明变量所在的存储空间即存储类型。具体对应关系如表 2-2-1 所示。

**表 2-2-1　C51 存储类型与 51 单片机存储空间的对应关系**

| 存 储 类 型 | 与存储空间的对应关系 |
|---|---|
| data | 片内数据存储区（00H～7FH），直接寻址，速度快 |
| bdata | 可位寻址片内数据存储区（20H～2FH），允许位与字节混合访问 |
| idata | 片内数据存储区（00H～FFH），间接寻址访问由 MOV @Ri 访问 |
| pdata | 分页寻址片外数据存储区（256 B），用 MOVX @Ri 访问 |
| xdata | 片外数据存储区（64 B），用 MOVX @DPTR 访问 |
| code | ROM 区代码存储区（64 KB），由 MOVC 访问 |

C51 中变量定义的格式：

　　　数据类型　　［存储类型］　　变量名 1［，变量名 2］……［，变量名 n］；

例如：

```
char data temp;          //定义有符号字符变量 temp，定位于片内数存储区(00H～7FH)
bit bdata flags;         //定义位变量 flags，位于位寻址区(20H～2FH)
uchar bdata speed;       //无符号字符变量 speed，位于位寻址区(20H～2FH)
uchar idata len;         //无符号字符变量 len，定位在片内(00H～FFH)，用间接寻址方式
uchar code seg[]={0x3f,0x06,0x5b,0x4f,0x66,0x6d,0x7d};
                         //定义无符号字符型数组 seg，存放在程序存储器(ROM)中
```

说明：选择变量的存储类型时，可按以下原则：

（1）通常将一些固定不变的参数或表格放在 ROM 中，即存储类型设为 code。

（2）访问片内数据存储器（存储类型为 data、bdata、idata）比访问片外数据存储器的速度要快，因此对一些使用频率较高的变量或者对速度要求较高的程序中的变量可选择片内数据存储器，而将一些不常使用的变量存放在片外数据存储器（存储类型为 pdata/ xdata）中。

（3）对片内高 128 字节的数据存储器空间进行读写，可以将变量的存储类型定义为 idata。

（4）通常将位变量或希望位与字节混合访问的变量的存储类型设置为 bdata。

（5）如果变量定义时省去存储类型说明，编译时会自动选择默认的存储类型，而默认的存储类型由存储模式确定。

C51 有 SMALL、COMPACT、LARGE 3 种存储模式。在 Keil 环境中，可以通过目标工具选项设置选择所需的存储模式。存储模式作为编译选项如表 2-2-2 所示。

表 2-2-2　C51 存储模式

| 存储模式 | 说　　明 |
|---|---|
| SMALL | 参数和局部变量放入可直接寻址的内部数据存储器（最大 128B，默认的存储类型为 DA-TA），速度快，访问方便。所用堆栈在片内 RAM |
| CPMPACT | 参数和局部变量放入分页外部数据存储器（最大 256 B，默认的存储类型为 PDATA），通过 MOVX @Ri 指令间接寻址，所用堆栈在片内 RAM |
| LARGE | 参数和局部变量直接放入外部数据存储器（最大 64 KB，默认的存储类型为 XDATA），通过 MOVX @DPTR 指令进行访问，所形成的目标代码效率低 |

### （六）　对特殊功能寄存器的 C51 定义

#### 1. 对 8 位特殊功能寄存器的定义

单片机的特殊功能寄存器（SFR），分散在片内 RAM（80H ～ 0FFH）区间，对它们的操作，只能用直接寻址方式。对 8 位特殊功能寄存器的定义格式为

sfr　SFR 名称 = SFR 地址；

例如：

```
sfr TMOD = 0x89；//定时器方式寄存器 TMOD 的地址是 89H
sfr TL0 = 0x8A；  //定时器 TL0 的地址是 8AH
```

在 C51 程序中，对所有特殊功能寄存器的定义已放在一个头文件"REG51. h"等中。因此只要在程序的开始处加上#include < REG51. h > 语句，即可在 C51 程序中按名称访问所有的特殊功能寄存器，无需用户再用 sfr 定义。即"sfr"用于定义没有命名的新特殊功能寄存器。

#### 2. 对 16 位 SFR 的定义

16 位寄存器的高 8 位地址位于低 8 位地址之后，为了有效地访问这类寄存器，可使用如下格式定义：

sfr16　　16 位 SFR 名称 = 低 8 位 SFR 地址；

例如：

```
sfr16 DPTR = 0x82；
```

DPTR 由 DPH、DPL 两个寄存器组成，其中 DPL 的地址为 82H，DPH 的地址为 83H。

#### 3. 具有位寻址能力 SFR 的位定义

单片机的特殊功能寄存器中，地址为 8 的倍数的寄存器具有位寻址能力。通过使用 sbit 定义，可以实现对这些特殊位直接进行访问。可使用如下格式定义：

sbit SFR 位名称 = SFR 名^i；（i = 0 ～ 7）

例如：

```
sfr TCON = 0x88；    //定义 TCON 寄存器的地址为 0x88
sbit TR0 = TCON^4；  //定义 TR0 位为 TCON.4,地址为 0x8c
sbit TR1 = TCON^6；  //定义 TR1 位为 TCON.6,地址为 0x8e
```

有了以上定义，在随后的程序中就可以像访问位变量一样方便，例如：

```
TR0 = 1；  //启动定时器 0
TR1 = 0；  //停止定时器 1
```

#### 4. 位寻址区对象的位定义

位寻址对象是指既可以字节寻址，又可以位寻址的对象，位于片内 RAM 的 20H ～ 2FH

项目 2　基于供料站的单片机技术应用

中。一般先定义变量的数据类型，数据类型可以是字符型、整型、长整型等，其存储器类型必须定义为 bdata，然后使用 sbit 定义该变量中可单独寻址访问的位。

例如：

```
unsigned char bdata flag;
sbit flag_0 = flag^0;
```

### （七）51 单片机并行接口及其定义

**1. 片内并行端口定义**

51 单片机带有 4 个 8 位并行端口，对它的定义在 "REG51. h" 已存在，即

```
sfr P0 = 0x80;
sfr P1 = 0x90;
sfr P2 = 0xA0;
sfr P3 = 0xB0;
```

对它们可直接对其引用，例如：

```
P2 = 0xfe;        //将数据 0xfe 输出到 P2 口
key = P1;         //从 P1 口输入数据到变量 key
```

如果要单独对并行端口的某一位进行操作，可在程序的开头加上位寄存器定义，例如：

```
sbit P1_0 = P1^0;   //定义 P1_0 为 P1 口的第 0 位
sbit P1_1 = P1^1;   //同上
sbit P1_2 = P1^2;
```

**2. 片外并行端口定义**

对于 51 单片机外扩的 I/O 口，需要使用数据总线（P0 口）、地址总线（P2 口、P0 口）和控制总线（$\overline{WR}$、$\overline{RD}$、ALE）。根据硬件译码地址，将片外并行端口视为片外数据存储器的一个单元，使用 XBYTE［I/O 口地址］格式来表示，也可以另起一个替代名称，用#define 语句来定义。其格式如下：

#define    I/O 口名称    XBYTE［I/O 口地址］

其中，XBYTE（大写）表示片外并行端口绝对存储器访问的宏，方括号中［I/O 口地址］是存储器的绝对地址，XBYTE 在文件 "absacc. h" 中定义。因此在使用这种格式定义之前，应加上语句：#include < absacc. h >。例如：

```
#include < absacc.h >
#define 8155PORTA XBYTE[0xffc0]
/* 将 8155PORTA 定义为片外并行端口，地址为 0xffc0，长度为 8 位 */
```

注意：区分大小写和 "；"。

**3. 绝对存储器访问宏**

在 "absacc. h" 头文件中，除了 XBYTE［I/O 口地址］外，还有以下几种宏定义：

（1）CBYTE 允许用户访问程序存储器（CODE 区）中指定地址单元。例如：

```
ID = CBYTE[0X200];读取 ROM 地址为 0x200 单元的内容到变量 ID.
```

（2）XBYTE 允许用户访问外部数据存储器（XDATA 区）中指定地址单元。例如：

```
XBYTE[0X100] = D;将变量 D 存入外部数据存储器地址为 0x100 的单元.
```

（3）DBYTE 允许用户访问片内数据存储器（DATA 区）中指定地址单元。例如：

```
DBYTE[0x20]=0;      将片内20H单元的内容清零.
```

**【例2-2-1】** 将片内 RAM 30H 单元开始的 10 字节传送到片外数据存储器 100H 开始的区域。

```
#include < reg52.h >
#include < absacc.h >
main()
{
    unsigned char n;
    for(n = 0;n < 10;n + + )
    XBYTE[0x100 + n] = DBYTE[0x30 + n];
  while(1);
}
```

#### 4. C51 扩展关键字_at_

单片机中增加了_at_功能。使用_at_对指定的存储器空间的绝对地址进行访问，一般格式如下：

［存储器类型］　数据类型说明符　变量名　_at_　地址常数；

其中，存储器类型为 data，bdata，idata，pdata 等 C51 能识别的数据类型，如省略则按存储模式规定的默认存储器类型确定变量的存储器区域；数据类型为 C51 支持的数据类型。地址常数用于指定变量的绝对地址，必须位于有效的存储器空间之内，使用_at_定义的变量必须为全局变量。

**【例2-2-2】** 使用 C51 扩展关键字_at_，将片内 RAM 40H 单元的内容清零。

```
#include < reg52.h >
#define uchar unsigned char    /*定义符号 uchar 为数据类型符 unsigned char */
uchar data a _at_ 0x40;        /*在 data 区中定义字节变量 a，它的地址为 40H */
main()
{
    a = 0;
    while(1);
}
```

### （八）C 语言运算符

C 语言的运算符在表达式中，各运算量参与运算的先后顺序不仅要遵守运算符优先级别的规定，还要受运算符结合性的制约，以便确定是自左向右进行运算还是自右向左进行运算。表 2-2-3 给出了运算符优先级和结合性。

表 2-2-3　运算符优先级和结合性

| 级　　别 | 运　算　符 | 结　合　性 |
|---|---|---|
| 1（高） | （ ）（小括号）、[ ]（数组下标）、.（结构成员） | 右结合 |
| 2 | !（逻辑非）、~（按位取反）、++（加1）、--（减1）、&（取变量地址）、*（取指针所指内容）、-（负号）　　单目运算符 | 右结合 |
| 3 | *（乘）、/（除）、%（求余） | 左结合 |
| 4 | +（加）、-（减） | 左结合 |
| 5 | <<（位左移）、>>（位右移） | 左结合 |
| 6 | <（小于）、<=（小于等于）、>（大于）、>=（大于等于） | 左结合 |
| 7 | ==（等于）、!=（不等于） | 左结合 |
| 8 | &（位与） | 左结合 |

| 级　别 | 运　算　符 | 结合性 |
|---|---|---|
| 9 | ^（位异或） | 左结合 |
| 10 | │ （位或） | 左结合 |
| 11 | && （逻辑与） | 左结合 |
| 12 | ‖ （逻辑或） | 左结合 |
| 13 | ?: （条件运算） | 左结合 |
| 14 | = 、 += 、 -= 、 * = 、 /= 、% = 、 & = 、│= 、 ^ = 、 <<= 、 >>= | 左结合 |
| 15 （低） | , （逗号运算） | 右结合 |

**1. 算术运算符及算术表达式**

（1）算术运算符：

① 加法运算符 " + "：双目运算符。例如：" a + b "，" 4 + 8 " 等。具有左结合性。

② 减法运算符 " - "：双目运算符。但 " - " 也可作负值运算符，此时为单目运算，例如：" - x "，" - 5 " 等具有左结合性。

③ 乘法运算符 " * "：双目运算符，具有左结合性。

④ 除法运算符 " / "：双目运算符，具有左结合性。参与运算量均为整型时，结果也为整型，舍去小数。如果运算量中有一个是实型，则结果为双精度实型。

⑤ 求余运算符（模运算符）" % "：双目运算符，具有左结合性。要求参与运算的量均为整型。求余运算的结果等于两数相除后的余数。例如：" 9 % 5 " 的余数结果为 4。

（2）算术表达式和运算符的优先级和结合性：

① 算术表达式：用算术运算符和括号将运算对象（又称操作数）连接起来的、符合 C 语法规则的式子。以下是算术表达式的例子：

$a + b, ( a * 2 ) / c, ( x + r ) * 8 - ( a + b ) / 7, + + i, \sin ( x ) + \sin ( y ), ( + + i ) - ( j + + ) + ( k - - )$

② 运算符的优先级：C 语言中，运算符的运算优先级共分为 15 级。1 级最高，15 级最低。在表达式中，优先级较高的先于优先级较低的进行运算。而在一个运算量两侧的运算符优先级相同时，则按运算符的结合性所规定的结合方向处理。

③ 运算符的结合性：算术运算符采用左结合性（自左至右）。

（3）自增、自减运算符。自增 1，自减 1 运算符：自增 1 运算符记为 " + + "，其功能是使变量的值自增 1。自减 1 运算符记为 " - - "，其功能是使变量值自减 1。

自增 1，自减 1 运算符均为单目运算，都具有右结合性。可有以下几种形式：

① + + i 　　i 自增 1 后再参与其他运算。

② - - i 　　i 自减 1 后再参与其他运算。

③ i + + 　　i 参与运算后，i 的值再自增 1。

④ i - - 　　i 参与运算后，i 的值再自减 1。

**2. 关系运算符及表达式**

在程序中经常需要比较两个量的大小关系，以决定程序下一步的工作。比较两个量的运算符称为关系运算符。

（1）关系运算符及其优先次序。在 C 语言中有以下关系运算符：< 、 <= 、 > 、 >= 、 == 、! = 。关系运算符的特点：

① 关系运算符都是双目运算符，其结合性均为左结合。

② 关系运算符的优先级低于算术运算符，高于赋值运算符。在 6 个关系运算符中，<、<=、>、>= 的优先级相同，高于 == 和! =，== 和! =的优先级相同。

③ 关系表达式的结果是"真"和"假"，用"1"和"0"表示。

**【例 2-2-3】** 若 a = 4，b = 3，c = 1，判断下列表达式的值。

```
a > b              //4 > 3 为真，表达式值为 1.
b + c < a          //3 + 1 < 4 为假，表达式的值为 0.
a > b == c         //(a > b 表达式值为 1，与 c 相等)表达式值为 1.
d = a > b          //表达式值为 1.
f = a > b > c      //表达式值为 0
(a = 3) > (b = 5)  //由于 3 > 5 不成立，故其值为假，即为 0.
a == b == c + 5    //根据运算符的左结合性，先计算 a == b，该式不成立，其值为 0，再计算
                   //0 == c + 5，也不成立，故表达式值为 0.
```

（2）关系表达式。关系表达式的一般形式为

表达式 关系运算符 表达式

例如：a + b > c - d，x > 3/2，'a' + 1 < c，- i - 5 * j == k + 1 都是合法的关系表达式。

**3. 逻辑运算符和表达式**

（1）逻辑运算符及其优先次序。逻辑表达式的一般形式为

表达式 逻辑运算符 表达式

C 语言中提供了 3 种逻辑运算符：&& 与运算、‖ 或运算、! 非运算

与运算符 &&、或运算符 ‖ 均为双目运算符，具有左结合性。非运算符! 为单目运算符，具有右结合性。逻辑运算符和其他运算符优先级的关系如表 2-2-3 所示。

按照表 2-2-3 所示运算符的优先顺序可以得出：

```
a > b && c > d         等价于    (a > b)&&(c > d)
b == c ‖ d < a         等价于    ((b) == c) ‖ (d < a)
a + b > c&&x + y < b   等价于    ((a + b) > c)&&((x + y) < b)
(a&&b)&&c              等价于    a&&b&&c
```

（2）逻辑运算的值。逻辑运算的值也为"真"和"假"两种，用"1"和"0"来表示。其求值规则如下：

① 与运算 &&：参与运算的两个量都为真时，结果才为真，否则为假。例如：

```
5 > 0 && 4 > 2   //由于 5 > 0 为真，4 > 2 也为真，相与的结果也为真.
5&&3             //由于 5 和 3 均为非"0"值为"真"，即为 1，相与的结果也为真.
```

② 或运算 ‖：参与运算的两个量只要有一个为真，结果就为真。两个量都为假时，结果为假。例如：

```
5 > 0 ‖ 5 > 8    //由于 5 > 0 为真，相或的结果也就为真.
```

③ 非运算!：参与运算量为真时，结果为假；参与运算量为假时，结果为真。例如：

```
!(5 > 0)         //结果为假.
```

④ 在由多个逻辑运算符构成的逻辑表达式中，并不是所有逻辑运算符都被执行，只是在必须执行下一个逻辑运算符后才能求出表达式的值时，才执行该运算符。

例如：

a=1,b=2,c=3,d=4,m=1,n=1.则表达式：

(m=a>b)&&(n=c>d)

因为 a>b 为假,m=0,故不运算(n=c>d),表达式为假(0).

(m=a>b)‖(n=c>d)

因为 a>b 为假,m=0,需运算(n=c>d)为假(0),故表达式为假(0).

### 4. 位操作及其表达式

位运算符的作用是按位对变量进行运算，但是并不改变参与运算的变量的值。位运算符只能是整型或字符数，不能用来对浮点型数据进行操作。C51 语言中共有 6 种位运算符。位运算一般的表达形式如下：

变量1　　位运算符　　变量2

位运算符也有优先级，从高到低依次是："～"（按位取反）→"<<"（左移）→">>"（右移）→"&"（按位与）→"^"（按位异或）→"｜"（按位或）。

（1）位取反运算符"～"（按位取反）。例如：若 a=0xF0，则表达式：a=～a 的为 0x0F。

（2）位左移运算符"<<"和位右移运算符">>"：

① 位左移运算符"<<"用来将一个数的各二进制位的全部左移或移动若干位；移位后，空白位补 0，而移出的位舍弃。

② 位右移运算符">>"用来将一个数的各二进制位的全部右移或移动若干位；移位后，无符号数空白位补 0，而移出的位舍弃。有符号位空白位补符号位，而移出的位舍弃。

例如：若 a=E2H=1110 0010B，则表达式：

```
a=a<<2    //a 值左移 2 位,其结果为 a=1000 1000B=88H
a=a>>2    //a 值右移 2 位,a 若为无符号数,其结果：a=0011 1000B=38H
          //a 值右移 2 位,a 若为有符号数,其结果：a=1111 1000B=F8H
```

（3）按位与运算符"&"。例如：若 a=F0H=1111 0000B，b=3BH=0011 1011B，则表达式 c=a&b 的值为 c=30H。

（4）按位异或运算符"^"。例如：若 a=F0H=1111 0000B，b=3BH=0011 1011B，则表达式 c=a^b 的值为 c=C4H。

（5）按位或运算符"｜"。例如：若 a=F0H=1111 0000B，b=3BH=0011 1011B，则表达式 c=a｜b 的值为 c=FBH。

【例 2-2-4】参考图 2-2-9，完成 8 路 LED 右移两位的流水灯程序设计。

```
#include<reg52.h>               //预处理命令,装载 C51 单片机头文件
void delay(unsigned int t)      //定义延时函数
{ unsigned int i,j;             //定义无符号整形变量 i 和 j
    for(i=0;i<t;i++)
        for(j=0;j<t;j++);
}
void main()                     //主函数
{ unsigned char led,i;          //无限循环
    while(1)
    { led=0x3f;                 //初始状态只点亮发光管 LED7、LED6
        for(i=0;i<4;i++)        //4 次循环
```

```
        {   P1 = led;
            delay(200);                    //调用延时函数
            led = (led >> 2) | 0xc0;       //变量循环移位合并
        }
    }
}
```

### 5. 复合赋值运算符

复合赋值运算符就是在赋值运算符 " = " 的前面加上其他运算符。构成复合赋值表达式。以下是 C 语言中的复合赋值运算符：

$$+=、-=、*=、/=、\%=、<<=、>>=、\&=、\hat{}=、|=$$

凡是双目运算都能用复合赋值运算符去简化表达。例如：

| a += 56 | 等价于 a = a + 56 | a -= 56 | 等价于 a = a - 56 |
|---|---|---|---|
| y * = x | 等价于 y = y * x | y /= x + 9 | 等价于 y = y/(x + 9) |

很明显，采用复合赋值运算符会降低程序的可读性，但这样却能使程序代码简单化，并能提高编译的效率。

### 6. 逗号运算符和逗号表达式

在 C 语言中逗号 "，" 也是一种运算符，称为逗号运算符。其功能是把两个表达式连接起来组成一个表达式，称为逗号表达式。其一般形式为：

表达式 1，表达式 2

其求值过程是分别求两个表达式的值，并以表达式 2（最后一个）的值作为整个逗号表达式的值。

【例 2-2-5】阅读并分析程序。

```
void main()
{
    int a = 2,b = 4,c = 6,x,y;
    y = (x = a + b),(b + c);           //x = a + b = 6, y = (b + c) = 10
    while(1);
}
```

本例中，y 等于整个逗号表达式的值，也就是表达式 2 的值，x 是第一个表达式的值。

### 7. 条件运算符（三目运算符）

单片机 C 语言中有一个三目运算符，它就是 "？:" 条件运算符，它要求有 3 个运算对象。条件表达式的一般形式如下：

逻辑表达式? 表达式 1：表达式 2

当逻辑表达式的值为真时（非 0 值）时，整个表达式的值为表达式 1 的值；当逻辑表达式的值为假（值为 0）时，整个表达式的值为表达式 2 的值。

例如：有两个变量 a、b，要求取 a、b 两数中的较小的值放入 min 变量中，语句为

min = a < b? a：b;

### （九）任务关联语句

#### 1. do…while 语句

do…while 语句的一般形式如下：

```
    do
        循环体语句；
    while(表达式)；
```

这个循环与 while 循环的不同在于：它先执行循环中的语句，然后再判断表达式是否为真，如果为真则继续循环；如果为假，则终止循环。因此，do…while 循环至少要执行一次循环语句。其执行过程可用图 2-2-5 表示。

同样当有许多语句参加循环时，要用"{"和"}"把它们括起来。

**2. if 条件语句**

在 C 语言中，选择结构程序设计一般用 if 语句或 switch 语句来实现。if 语句有 3 种基本形式：if、if…else 和 if…else…if。

（1）if 语句的第一种形式如下：

if 语句为基本形式：　　　if（表达式）{语句组；}

其语义是：如果表达式的值为真，则执行其后的语句组；为假，不执行该语句组。其过程如图 2-2-6 所示。如果语句是简单语句，可以不使用"{ }"。

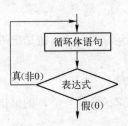

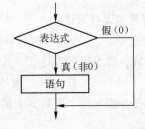

图 2-2-5　do…while 语句工作流程图　　　图 2-2-6　if 语句执行流程

**【例 2-2-6】** 取出 P1、P2 口的大数送 P3 口。

```
#include < reg52.h >
void main( )
{
    unsigned char a,b,max;
    do
    {
        a = P1;b = P2;
        max = a;                //设定 a 为最大数
        if (max < b)
            max = b;            //a < b，大数送 max
        P3 = max;
    }while(1);
}
```

（2）if 语句的第二种形式：if…else 语句。

```
if(表达式)
{ 语句组1;}
else
{ 语句组2;}
```

其语义是：如果表达式的值为真，则执行语句组 1，否则执行语句组 2 。语句使用场合：

需要两个并列分支。其执行过程可表示为如图 2-2-7 所示。

【例 2-2-7】采用 if 语句的第二种形式，取出 P1、P2 口的大数送 P3 口。

```c
#include <reg52.h>
void main()
{
    unsigned char a,b;
    do
    {
        a = P1;b = P2;
        if (a > b)
            P3 = a;
        else
            P3 = b;
    }while(1);
}
```

（3）if 语句的第三种形式：if…else…if 形式。

当有多个并列分支选择时，可采用 if…else…if 语句，其一般形式如下：

```c
if(表达式1)
        语句1;
else if(表达式2)
        语句2;
    else if(表达式3)
            语句3;
            ⋮
            else if(表达式m)
                    语句m;
                else
                    语句n;
```

其语义是：依次判断表达式的值，当出现某个值为真时，则执行其对应的语句，然后跳到整个 if 语句之外继续执行程序。如果所有的表达式均为假，则执行语句 n，然后继续执行后续程序。if…else…if 语句的执行过程如图 2-2-8 所示。

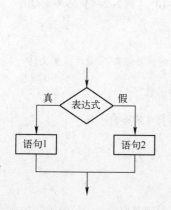

图 2-2-7　if…else 语句执行流程

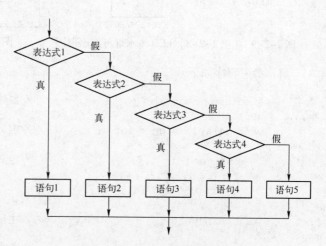

图 2-2-8　if…else…if 语句执行流程

在使用 if 语句中还应注意以下问题：

（1）在 if 语句中，条件判断表达式必须用括号括起来。

（2）在 if 语句的 3 种形式中，所有的语句应为单个语句，如果要想在满足条件时执行一组（多个）语句，则必须把这一组语句用"{}"括起来组成一个复合语句。但要注意的是在"}"之后不能再加分号。

例如：

```
if(a > b)
{   a ++;b ++;}
else
{   a = 0;b = 10;}
```

（3）if 语句的嵌套。当 if 语句中的执行语句又是 if 语句时，则构成了 if 语句嵌套的情形。在嵌套内的 if 语句可能又是 if…else 型的，这将会出现多个 if 和多个 else 重叠的情况，这时要特别注意 if 和 else 的配对问题。C 语言规定：else 总是与它前面最近的 if 配对。

【例 2-2-8】如图 2-2-9 和图 2-2-10 所示，实现开关 S1 闭合，LED 从上往下实现流水灯循环控制，开关 S1 打开，LED 从下往上实现流水灯循环控制的功能。运行中间操作单搣开关 S1，从当前彩灯原地改变循环方向。

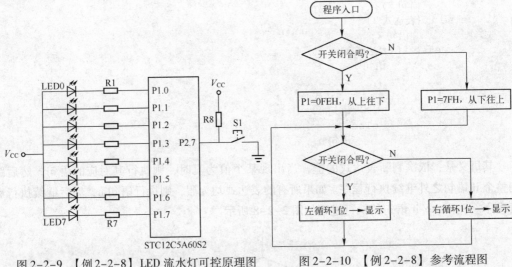

图 2-2-9 【例 2-2-8】LED 流水灯可控原理图　　　图 2-2-10 【例 2-2-8】参考流程图

解：参考程序如下。

```
#include < reg52.h >           //预处理命令，装载 C51 单片机头文件
sbit K1_0 = P2^7;
void delay(unsigned int t)    //定义延时函数
{
    unsigned int i,j;          //定义无符号整形变量 i 和 j
    for(i = 0;i < t;i ++)
        for(j = 0;j < t;j ++);
}
void main(void)               //主函数
{
    unsigned char led;        //定义无符号字符变量 led 位于片内 RAM
    if(K1_0 != 0)             //初始化判断开关状态赋值
```

```
            led = 0xfe;
        else
            led = 0x7f;
    while(1)                              //无限循环
    {
        if(K1_0!=0)                       //判断开关
        { // =1，打开，从上到下循环
            P1 = led;    delay(200);      //调用延时函数
            led = (led << 1) | 1;         //变量循环左移一位
            if(led == 0xff)               //判显示界限
                led = 0xfe;
        }
        else
        { //=0，闭合，从下到上循环
            P1 = led;    delay(200);      //调用延时函数
            led = (led >> 1) | 0x80;      //变量循环右移一位
            if(led == 0xff)
                led = 0x7f;
        }
    }
}
```

### 📋 任务实施

本任务是用 1 个按钮开关控制 8 路 LED 的点亮循环个数，使其实现周期为 1 s 的交替闪烁。

#### （一）硬件电路设计

**1. 主电路设计**

选择 STC12C5A60S2 单片机作为微控制器，相关电路选择"上电复位电路""外部晶振时钟电路"，完成单片机最小系统硬件电路设计（此处默认最小系统连接正确）。

**2. 输入/输出通道设计**

按钮开关 S1 接 P2.7 引脚。开关的闭合或松开可通过判断 P2.7 的电平变化而得出。参考设计电路原理图如图 2-2-11 所示。

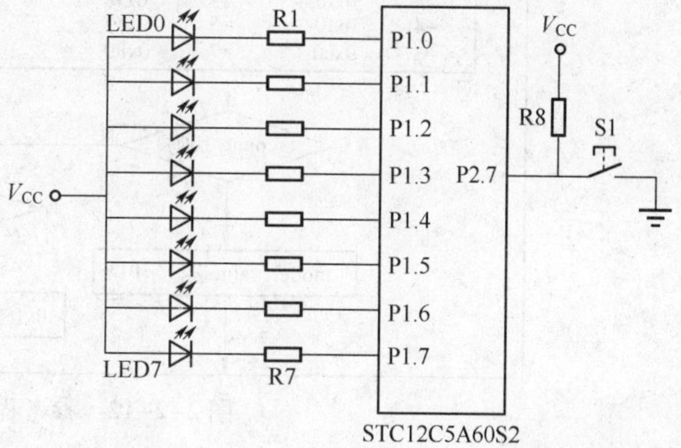

图 2-2-11　LED 流水灯设计电路原理图

#### （二）程序设计

**1. 变量设置**

任务中要完成 1 路～ 8 路 LED 的闪烁。因此设置一个变量存放显示模式。如表 2-2-4 所示。本任务参考程序流程图如图 2-2-12 所示。

表 2-2-4　按钮次数 KEY_COUNT 对应设置值

| 模　式 | 按钮开关操作 | 效　　果 | 点亮数值 | 熄灭数值 |
|---|---|---|---|---|
| 0 | 上电或 8 次的倍数 | 八路全部闪烁 | 0x00 | 0xff |
| 1 | 1 次 | P1.0 路闪烁 | 0xfe | 0xff |

续表

| 模　　式 | 按钮开关操作 | 效　　果 | 点 亮 数 值 | 熄 灭 数 值 |
|---|---|---|---|---|
| 2 | 2 次 | P1.1~P1.0 路闪烁 | 0xfc | 0xff |
| 3 | 3 次 | P1.2~P1.0 路闪烁 | 0xf8 | 0xff |
| 4 | 4 次 | P1.3~P1.0 路闪烁 | 0xf0 | 0xff |
| 5 | 5 次 | P1.4~P1.0 路闪烁 | 0xe0 | 0xff |
| 6 | 6 次 | P1.5~P1.0 路闪烁 | 0xc0 | 0xff |
| 7 | 7 次 | P1.6~P1.0 路闪烁 | 0x80 | 0xff |

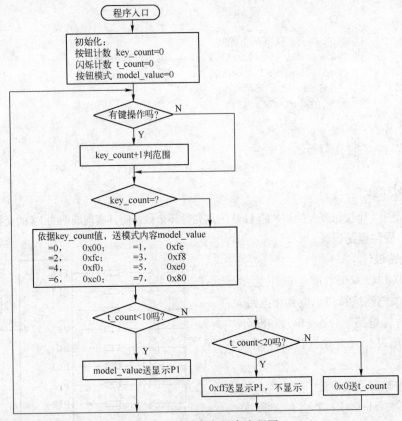

图 2-2-12　参考程序流程图

## 2. 参考程序

在按钮程序判断中要考虑按钮开关去抖动，参考程序如下：

```c
#include <reg51.h>
sbit K1 = P2^7;                    //按钮信号
/* 延时程序，n:入口参数,单位:1毫秒 */
void delay(unsigned char n)        //延时 1 毫秒函数
{
    unsigned char i;
    while(n--)
        for(i=0;i<123;i++);
}
void main(void)
{
```

```
unsigned char key_count = 0,model_value = 0,t_count = 0;
while(1)
{
    if(K1 == 0)                         //判断按钮闭合
    {
        delay(10);                      //延时 10 毫秒, 去抖动
        if(K1 == 0)
        {
            while(K1 == 0);             //判断按钮松开
            if(key_count ++ >= 8)
                key_count = 0;          //按钮计数单元计数清零
        }
    }
    if(key_count == 0)                  //判断按钮模式
        model_value = 0x00;
    else if(key_count == 1)
        model_value = 0xfe;
        else if(key_count == 2)
            model_value = 0xfc;
            else if(key_count == 3)
                model_value = 0xf8;
                else if(key_count == 4)
                    model_value = 0xf0;
                    else if(key_count == 5)
                        model_value = 0xe0;
                        else if(key_count == 6)
                            model_value = 0xc0;
                            else
                            model_value = 0x80;
    if(t_count ++ < 50)
        P1 = model_value;               //显示
    else if(t_count < 100)
        P1 = 0xff;                      //熄灭
        else
        t_count = 0;
    delay(10);
}
}
```

### 知识拓展

### （一） 接近传感器简介

接近传感器又称无触点接近传感器，是理想的电子开关量传感器，具有使用寿命长、工作可靠、重复定位精度高、无机械磨损、无火花、无噪声、抗振能力强等特点，在日常生活、工业生产中都得到了广泛应用，如宾馆、饭店、车库的自动门，安全防盗装置，长度、位置、位移、速度、加速度的测量和控制等都大量使用接近传感器。

### 1. 接近传感器技术指标检测

利用位移类传感器对接近物体的敏感特性达到控制开关接通或断开，这就是接近开关。当有物体移向接近开关，并接近到一定距离时，位移传感器才有"感知"，开关才会动作。通常把这个距离称为"检出距离"。不同的接近开关检出距离也不同。不同的接近开关，对检测

对象的响应能力是不同的。这种响应特性称为"响应频率"。

（1）动作距离的测定：当动作片由正面靠近接近传感器的感应面时，使接近传感器动作的距离为接近传感器的最大动作距离，测得的数据应在产品的参数范围内。

（2）释放距离的测定：当动作片由正面离开接近传感器的感应面，开关由动作转为释放时，测定动作片离开感应面的最大距离。

（3）回差 H 的测定：最大动作距离和释放距离之差的绝对值。

**2. 种类**

因为位移传感器可以根据不同的原理和不同的方法制成，而不同的位移传感器对物体的"感知"方法也不同，所以常见的接近开关有以下几种：

（1）涡流式接近开关。这种开关有时又称电感式接近开关。它是利用导电物体在接近这个能产生电磁场的接近开关时，使物体内部产生涡流。这个涡流反作用到接近开关，使开关内部电路参数发生变化，由此识别出有无导电物体移近，进而控制开关的通或断。这种接近开关所能检测的物体必须是导电物体或可以固定在一块金属物上的物体。

（2）电容式接近开关。这种开关的测量通常是构成电容器的一个极板，而另一个极板是开关的外壳。这个外壳在测量过程中通常是接地或与设备的机壳相连接。当有物体移向接近开关时，不论它是否为导体，由于它的接近，总要使电容器的介电常数发生变化，从而使电容量发生变化，使得和测量头相连的电路状态也随之发生变化，由此便可控制开关的接通或断开。这种接近开关检测的对象，不限于导体，可以是绝缘的液体或粉状物等。

（3）霍尔接近开关。霍尔元件是一种磁敏元件。利用霍尔元件制成的开关，称为霍尔接近开关。当磁性物件移近霍尔开关时，开关检测面上的霍尔元件因产生霍尔效应而使开关内部电路状态发生变化，由此识别附近有磁性物体存在，进而控制开关的通或断。这种接近开关的检测对象必须是磁性物体。

（4）光电式接近开关。利用光电效应制成的开关称为光电开关。将发光器件与光电器件按一定方向装在同一个检测头内。当有反光面（被检测物体）接近时，光电器件接收到反射光后便在信号输出，由此便可"感知"有物体接近。

（5）热释电式接近开关。用能感知温度变化的元件制成的开关称为热释电式接近开关。这种开关是将热释电器件安装在开关的检测面上，当有与环境温度不同的物体接近时，热释电器件的输出便变化，由此便可检测出有物体接近。

（6）其他形式的接近开关。当观察者或系统对波源的距离发生改变时，接近到的波的频率会发生偏移，这种现象称为多普勒效应。声呐和雷达就是利用这个效应的原理制成的。利用多普勒效应可制成超声波接近开关、微波接近开关等。当有物体移近时，接近开关接收到的反射信号会产生多普勒频移，由此可以识别出有无物体接近。

**（二）接近传感器的选择**

在一般的工业生产场所，通常都选用涡流式接近开关和电容式接近开关。因为这两种接近开关对环境的要求条件较低。

（1）当被测对象是导电物体或可以固定在一块金属物上的物体时，一般都选用涡流式高频振荡型接近传感器接近开关，因为它的响应频率高、抗环境干扰性能好、应用范围广、价格较低。

（2）若所测对象是非金属（或金属）、液位高度、粉状物高度、塑料材料等，则应选用电容式接近开关。因为这种开关的响应频率低，但稳定性好。

（3）若被测物为导磁材料或者为了区别和它在一同运动的物体而把磁钢埋在被测物体内时，应选用霍尔接近开关，因为它的价格最低。

（4）在环境条件比较好、无粉尘污染的场合，可采用光电接近开关。光电接近开关工作时对被测对象几乎无任何影响。因此，广泛应用在要求较高的传真机上。

（5）在防盗系统中，自动门通常使用热释电接近开关、超声波接近开关、微波接近开关。有时为了提高识别的可靠性，上述几种接近开关往往联合使用。

无论选用哪种接近开关，都应注意对工作电压、负载电流、响应频率、检测距离等各项指标的要求。

### （三）接近传感器的分类

#### 1. 两线制接近传感器

两线制接近传感器安装简单，接线方便，因此应用比较广泛，但却有残余电压和漏电流大的缺点。

#### 2. 直流三线式接近传感器

直流三线式接近传感器的输出型有 NPN 和 PNP 两种。PNP 输出接近传感器一般多应用在PLC 或计算机中作为控制指令，NPN 输出接近传感器多用于控制直流继电器，在实际应用中要根据控制电路的特性选择其输出形式。接线时可以根据线的颜色区分，棕色或者红色接电源正极，蓝色接电源负极，黑色接输入信号。

### （四）C51 头文件 < intrins. h > 内部函数介绍

C51 编译器支持许多内部库函数，内部函数产生的在线嵌入代码与调用函数产生的代码相比，执行速度快，效率高。常用的内部函数分成几个部分在所用项目中单独描述。

本任务介绍 < intrins. h > 头文件内部函数。其描述如下：

_crol_（v,n）；将无符号字符变量 v 循环左移 n 位。

_cror_（v,n）；将无符号字符变量 v 循环右移 n 位。

_irol_（v,n）；将无符号整型变量 v 循环左移 n 位。

_iror_（v,n）；将无符号整型变量 v 循环右移 n 位。

_lrol_（v,n）；将无符号长整型变量 v 循环左移 n 位。

_lror_（v,n）；将无符号长整型变量 v 循环右移 n 位。

_nop_（ ）；延时一个机器周期，相当于 NOP 指令。

_testbit_（bit）；测试位判断，测试位为 1 返回。

_push_（SFR）；进栈保护

_pop_（SFR）；出栈还原

【例 2-2-9】用库函数的方式完成 P1 口控制 8 个发光二极管 LED1 ～ LED8，使 8 个指示灯每隔一段时间循环右移一位，依次从上到下顺序循环闪动。设晶振频率为 12 MHz。

解：

```
#include < reg52.h >          //预处理命令,装载 C51 单片机头文件
#include < intrins.h >
void delay(unsigned int t)    //定义延时函数
{
    unsigned int i,j;         //定义无符号整形变量 i 和 j
    for(i = 0;i < t;i ++)
```

```
        for(j = 0;j < t;j ++);
    }
void main(void)                    //主函数
{
    unsigned char led = 0x7f;      //初始状态从点亮 LED7(P1.7)开始循环
    while(1)                       //无限循环
    {
        P1 = led;
        delay(200);                //调用延时函数
        led = _cror_(led,1);       //将无符号字符变量 led 循环左移 1 位.
    }
}
```

## 思考与练习

### （一）简答题

(1) 按钮为什么要消抖？简述单片机采用的消抖方法及按钮扫描步骤。

(2) 为什么要设置堆栈？简述堆栈操作规则及使用场合。

(3) 为什么单片机按钮要消抖而按钮消抖电路却没有抖动？

(4) 单片机如何识别开关量信号？开关量信号要不要消抖？

### （二）填空题

(1) 单片机系统中使用的键盘按钮组合连接方式分_____和_____两种；消除键盘抖动常用两种方法，一是采用硬件消抖，二是采用_____，即测试有键输入时需延时_____ms 后再测试是否有键输入，此方法可避开键抖动的时间。

(2) 51 单片机的位寻址区通常设置在____RAM 中，其存储类型是____。若将字库放在程序存储器中，则存储类型是____。若需要使用高 128 B 的内部 RAM，则定义时的存储类型是____。若定义的变量需要使用外部 64 KB 的存储区，则定义时的存储类型是____。

(3) 一个单片机正常工作应用系统中，用万用表测量相关单片机引脚的电压。测量第 40 引脚的电压为____V。测量第 20 引脚的电压为____V。测量第 9 引脚的电压为____V。P1.0 引脚接一只按钮开关，按钮开关松开时测量电压为 4.9 V，表明该引脚对应的电平为____电平，按下按钮开关测量电压为 0 V，表明该引脚对应的电平为____电平。

(4) 在 "absacc. h" 头文件中，XBYTE 允许访问_____指定地址单元；DBYTE 允许用户访问_____中指定地址单元；CBYTE 允许访问_____中指定地址单元。

(5) 在 SMALL 存储模式下，默认的存储类型为_____；在 COMPACT 存储模式下，默认的存储类型为_____；在 LARGE 存储模式下，默认的存储类型为_____。

(6) 执行整型除法时，结果为_____。求余运算要求参与运算的量均为_____。

(7) 关系表达式、逻辑运算的结果为 "真" 和 "假" 两种，用_____和_____表示。

(8) 位左移移位后，空白位补____，移出的位____。无符号数右移移位后，空白位补____，移出的位_____，有符号位右移移位后空白位补_____，移出的位_____。

(9) "按位取反" 具有取反功能，"按位与" 具有保持和_____功能，"按位异或" 具有保持和_____功能，"按位或" 具有保持和_____功能。

(10) 检测导电物体一般采用_____和_____接近开关，检测绝缘的液体或粉状物一般采用_____，检测磁性物质采用____接近开关。光电式接近开关主要检测_____。

(11) 已知 a = 6；b = 7；c = 15；则： a < b 的结果是_____。

$a+b>c$ 的结果是_____。

$c-b==a$ 的结果是_____。

（12）设 $a$ 和 $b$ 是无符号字符型变量，且 $a=0xAB$, $b=0x78$，则 $a\&\&b$ 的值为_____，$a\&b$ 的值为____，$a\|b$ 的值为____，$a|b$ 的值为____。$!a$ 的值为_____。

（13）C51 头文件 <intrins.h> 中，将无符号字符变量左移的函数是_____，将无符号整型变量循环右移的函数是_____。

### （三）实践题

（1）编程实现将片内 RAM 30H 单元开始的 10 字节清零。

（2）用移位库函数实现 16 路流水灯设计。

# 任务3  供料站单片机技术综合应用

 **学习目标**

（1）了解供料站的结构和工作过程。

（2）熟悉供料站气动元件及控制回路组成及应用。

（3）掌握磁性开关、光电开关等开关量位移传感器的应用。

（4）初步熟悉单片机综合系统的应用。

 **任务描述**

本任务是供料站控制单元的综合设计。具体的任务描述如下：

（1）设备上电和气源接通后，进行系统自检：若工作站的两个气缸均处于缩回位置，料仓内有足够的待加工工件，则按钮指示灯模块"正常工作"指示灯 HL1（黄灯）常亮，表示设备准备好。否则，该指示灯以 1 Hz 频率闪烁，指示供料站不正常。

（2）若设备准备好，操作启动按钮 SB1（参见图 2-3-12）后，工作站启动，按钮指示灯模块"设备运行"指示灯 HL2（绿灯）常亮。启动后，若出料台上没有工件，则应把工件推到出料台上。出料台上的工件被人工取出后，若没有停止信号，则进行下一次推出工件操作。

（3）若在运行中按下停止按钮 SB2，则在完成本推料工作周期任务后，各工作站停止工作，HL2 指示灯熄灭。

（4）若在运行中料仓内工件不足，则工作站继续工作，但"正常工作"指示灯 HL1 以 1 Hz 的频率闪烁，"设备运行"指示灯 HL2 保持常亮。若料仓内没有工件，则 HL1 指示灯和 HL2 指示灯均以 2 Hz 频率闪烁。工作站在完成本周期任务后停止。

（5）向料仓补充足够的工件后，回到任务描述2操作。

 **相关知识**

### （一）供料站结构和工作过程

**1. 供料站主要结构**

供料站主要结构为工件装料管，工件推出装置，支撑架，阀组，端子排组件等。其中，管形料仓用于储存工件原料，工件推出装置将料仓中最下层的工件推出到出料台上。图 2-3-1 所示为供料站结构与示意图。

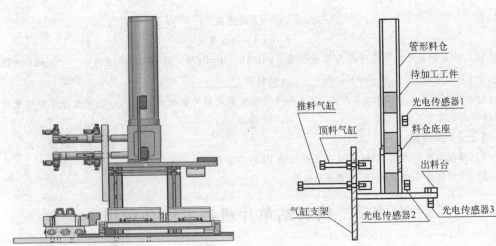

图 2-3-1　供料站结构与示意图

**2. 储料检测**

在底层和管形料仓第 4 层工件位置，分别安装一个漫射式光电接近开关，用于检测料仓中有无储料或储料是否足够。若该部分机构内没有工件，则处于底层和第 4 层位置的两个漫射式光电接近开关均处于常开状态；若仅在底层起有 3 个工件，则底层处光电接近开关动作而第 4 层处光电接近开关常开态，表明工件已经快用完了。这样，料仓中有无储料或储料是否足够，就可用这两个光电接近开关的信号状态反映出来。

**3. 推料过程**

工件垂直叠放在料仓中，推料气缸处于管形料仓的底层并且其活塞杆可从料仓的底部通过。当活塞杆在退回位置时，它与最下层工件处于同一水平位置，而顶料气缸则与次下层工件处于同一水平位置。

需要将工件推出到物料台上时，若有多只工件，首先使顶料气缸的活塞杆推出，压住次下层工件；然后使推料气缸活塞杆推出，从而把最下层工件推到物料台上。在推料气缸返回并从料仓底部抽出后，再使顶料气缸返回，松开次下层工件。这样，料仓中的工件在重力的作用下，就自动向下移动一个工件，为下一次推出工件做好准备。

**4. 推料检测**

推料气缸把工件推出到出料台上。出料台面开有小孔，出料台下面设有一个圆柱形漫射式光电接近开关，工作时向上发出光线，从而透过小孔检测是否有工件存在，以便向系统提供本站出料台有无工件的信号。

**（二）供料站气动元件及控制回路**

**1. 标准双作用直线气缸**

双作用气缸是指活塞的往复运动均由压缩空气来推动。气缸的两个端盖上都设有进气、排气通口，从无杆侧端盖气口进气时，推动活塞向前运动；反之，从杆侧端盖气口进气时，推动活塞向后运动。

双作用气缸结构简单、输出力稳定、行程可自由选择。回缩时压缩空气的有效作用面积较小，所以产生的力要小于伸出时产生的推力。为了使气缸的动作平稳可靠，应对气缸的运动速度加以控制，常用的方法是使用单向节流阀来实现。

### 2. 单向节流阀

单向节流阀是由单向阀和节流阀并联而成的流量控制阀，常用于控制气缸的运动速度，所以又称速度控制阀。

图 2-3-2 给出了在双作用气缸装上两个单向节流阀的连接示意图，这种连接方式称为排气节流方式，即当压缩空气从 A 端进气、从 B 端排气时，节流阀 A 的单向阀开启，向气缸无杆腔快速充气，由于节流阀 B 的单向阀关闭，有杆腔的气体只能经节流阀排气，调节节流阀 B 的开度，便可改变气缸伸出时的运动速度。反之，调节节流阀 A 的开度则可改变气缸缩回时的运动速度。这种控制方式，活塞运行稳定，是最常用的方式。

节流阀上带有气管的快速接头，只要将合适外径的气管往快速接头上一插就可以将管连接好了，使用时十分方便。图 2-3-3 是安装了节流阀的气缸外形图。

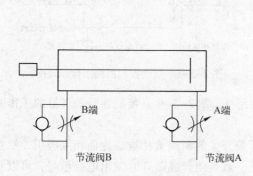

图 2-3-2　双作用气缸与单向节流阀连接示意图

接气管　　节流阀

紧定螺栓

棕色表示"+"　　　蓝色表示"–"
气缸缩回到位检测　　气缸伸出到位检测

图 2-3-3　安装了节流阀的气缸外形图

### 3. 单电控电磁换向阀

顶料或推料气缸，其活塞气体流动方向的改变由方向控制阀加以控制。在自动控制中，方向控制阀常采用电磁控制方式实现方向控制，称为电磁换向阀。电磁换向阀是利用其电磁线圈通电时，静铁心对动铁心产生电磁吸力使阀芯切换，达到改变气流方向的目的。

自动化生产线所有工作站的执行气缸都是双作用气缸，因此控制它们工作的电磁阀需要有两个工作口和两个排气口以及一个供气口，故使用的电磁阀均为二位五通电磁阀。供料站用了两个二位五通的单电控电磁阀。

将两个电磁阀与消声器、汇流板等集中在一起构成的一组控制阀的集成称为阀组，而每个阀的功能是彼此独立的。阀组的结构如图 2-3-4 所示。

### 4. 气动控制回路

气动控制回路是执行机构。气动控制回路的工作原理如图 2-3-5 所示。图中 1A 和 2A 分别为推料气缸和顶料气缸。1B1、1B2、2B1 和 2B2 为安装在气缸的两个极限工作位置的磁感应接近开关。1Y1 和 2Y1 分别为控制推料缸和顶料缸的电磁阀的电磁控制端。通常，这两个气缸的初始位置均设定在缩回状态。

### （三）供料站中使用的接近开关

接近传感器对所接近的物体具有敏感特性，能识别物体的接近，并输出相应开关信号。在供料站中使用了以下接近开关：

项目 2　基于供料站的单片机技术应用

### 1. 磁性开关

生产线上使用了带磁性开关的气缸。这些气缸的缸筒采用导磁性弱、隔磁性强的材料。在非磁性体的活塞上安装一个永久磁铁的磁环，这样就提供了一个反映气缸活塞位置的磁场。而安装在气缸外侧的磁性开关则用来检测气缸活塞位置。

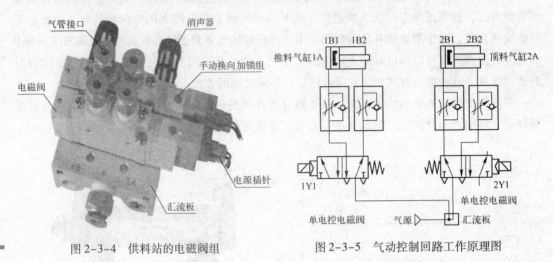

图 2-3-4　供料站的电磁阀组　　　　　图 2-3-5　气动控制回路工作原理图

有触点式的磁性开关用舌簧开关作磁场检测元件。图 2-3-6 是带磁性开关气缸的工作原理图。

当气缸中随活塞移动的磁环靠近开关时，舌簧开关的两根簧片被磁化而相互吸引，触点闭合；当磁环移开开关后，簧片失磁，触点断开。触点闭合或断开时发出电控信号，可以利用该信号判断推料及顶料气缸的运动状态或所处的位置，以确定工件是否被推出或气缸是否返回。

在磁性开关上设置的 LED 用于显示其信号状态，磁性开关动作时，输出信号"1"，LED 亮；磁性开关不动作时，输出信号"0"，LED 不亮。磁性开关内部电路如图 2-3-7 中点画线框内所示。

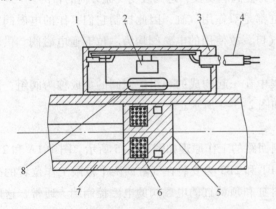

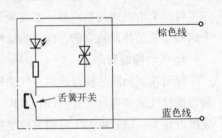

图 2-3-6　带磁性开关气缸的工作原理图　　　　图 2-3-7　磁性开关内部电路

1—动作指示灯；2—保护电路；3—开关外壳；4—导线；5—活塞；

6—磁环（永久磁铁）；7—缸筒；8—舌簧开关

**2. 光电接近开关原理与应用**

（1）光电接近开关概念。"光电传感器"是利用光的各种性质，检测有无物体或物体表面状态变化等的传感器。其中输出形式为开关量的传感器称为光电接近开关。

光电接近开关主要由光发射器和光接收器构成。如果光发射器发射的光线因检测物体不同而被遮掩或反射，到达光接收器的光强度将会发生变化。光接收器的敏感元件将检测出这种变化，并转换为电信号，进行输出。

按照接收器接收光的方式的不同，光电接近开关可分为对射式、漫射式和反射式这3种，如图2-3-8所示。

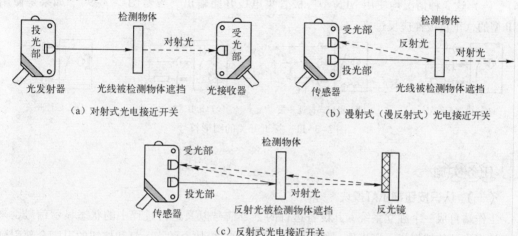

（a）对射式光电接近开关　　　　　（b）漫射式（漫反射式）光电接近开关

（c）反射式光电接近开关

图2-3-8　3种类型光电接近开关

（2）漫射式光电接近开关。漫射式光电接近开关是利用光照射到被测物体上后反射回来的光线而工作的，由于物体反射的光线为漫射光，故称为漫射式光电接近开关。它的光发射器与光接收器处于同一侧位置，且为一体化结构。在工作时，光发射器始终发射检测光，若接近开关前方一定距离内没有物体，则没有光被反射到接收器，接近开关处于常态而不动作；反之若接近开关的前方一定距离内出现物体，只要反射回来的光强度足够，则接收器接收到足够的漫射光就会使接近开关动作而改变输出的状态。图2-3-8（b）为漫射式光电接近开关的工作原理示意图。图2-3-9所示为 OMRON 公司 E3Z-L61 型光电接近开关内部电路原理图。放大器内置型光电接近开关（细小光束型，NPN 型晶体管集电极开路输出）。

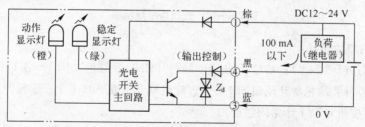

图2-3-9　E3Z-L61型光电接近开关内部电路原理图

用来检测物料台上有无物料的光电接近开关是一个圆柱形漫射式光电接近开关，工作时向上发出光线，从而透过小孔检测是否有工件存在，该光电接近开关选用 SICK 公司生产的 MHT15-N2317 型，其外形如图2-3-10所示。

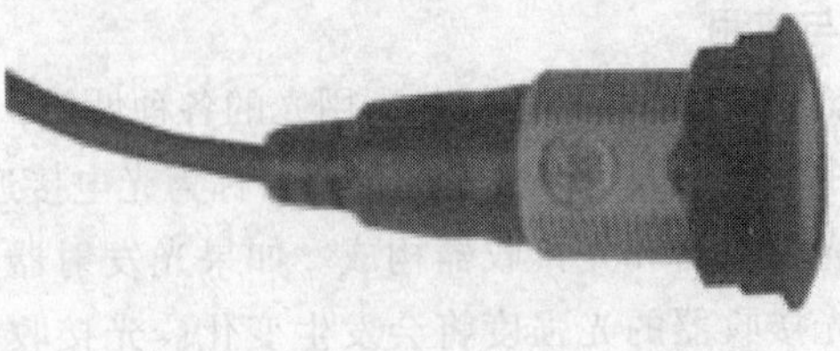

图 2-3-10　MHT15-N2317 光电接近开关外形

（3）接近开关的图形符号。部分接近开关的图形符号如图 2-3-11 所示。图 2-3-11（a）、
（b）、（c）这 3 种情况均使用 NPN 型三极管集电极开路输出（参考图 2-3-9）。如果是使用
PNP 型的，正负极性应反过来。

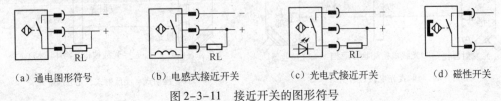

（a）通电图形符号　　　（b）电感式接近开关　　　（c）光电式接近开关　　　（d）磁性开关

图 2-3-11　接近开关的图形符号

## 任务实施

### （一）认识按钮指示灯模块

工作站自成一个独立系统，其设备运行的主令信号以及运行过程中的状态显示信号，来
源于该工作站的按钮指示灯模块，如图 2-3-12 所示。模块上的指示灯和按钮的引脚全部引到
端子排上。

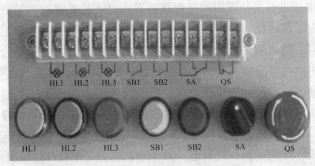

图 2-3-12　按钮指示灯模块

按钮指示灯模块包括：

（1）指示灯（DC 24 V）：黄色（HL1）、绿色（HL2）、红色（HL3）各 1 个。

（2）主令器件：绿色常开按钮 SB1 1 个；红色常开按钮 SB2 1 个；选择开关 SA（1 对转
换触点）；急停按钮 QS（1 个常闭触点）。

### （二）主机主控板和 I/O 口电平隔离板介绍

工业自动化生产线单站单片机控制系统由两块 PCB 功能板组成，分为主机主控板和 I/O
口电平隔离板。

主机主控板包括单片机最小系统、单片机 I/O 的扩展和数据传输通信口，其中 I/O 的扩
展实现 24 路的开关量输出和 24 路的开关量输入，通过第 2 通信口实现 RS-485 通信和扩展的

RS-232 通信口，通过第 1 通信口实现程序下载和基本 RS-232 通信口功能。

I/O 口电平隔离板主要实现对外部传感器状态的读入和各种执行机构的输出控制，以及实现 DC 5 V 和 DC 24 V 之间的隔离和转换，由输入/输出状态指示灯、继电器、驱动芯片和光耦合隔离芯片以及 24 路的开关量输出端子和 24 路的开关量输入端子组成。具体结构如图 2-3-13 所示。

图 2-3-13　单片机系统主机主控板和 I/O 口电平隔离板

### （三）　供料站参考单片机硬件电路

在供料站单片机系统中，只用到顶料气缸、推料气缸位置检测和控制，物料有无检测、系统运行控制和信号指示等参数。其对应硬件电路图如图 2-3-14 所示。供料站单片机 I/O 口信号对照表如表 2-3-1 所示。

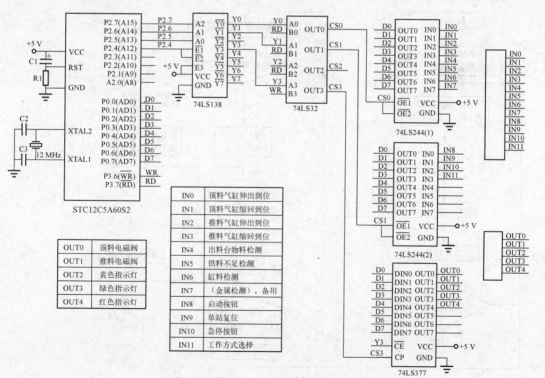

图 2-3-14　供料站单片机对应硬件电路图

### 表 2-3-1　供料站单片机 I/O 口信号对照表

| 输入信号 | | | | 输出信号 | | | |
|---|---|---|---|---|---|---|---|
| 序号 | 单片机输入点 | 信号名称 | 信号来源 | 序号 | 单片机输出点 | 信号名称 | 信号来源 |
| 1 | IN0 | 顶料气缸伸出到位 | 装置侧 | 1 | OUT0 | 顶料电磁阀 | 装置侧 |
| 2 | IN1 | 顶料气缸缩回到位 | | 2 | OUT1 | 推料电磁阀 | |
| 3 | IN2 | 推料气缸伸出到位 | | 3 | OUT2 | 黄色指示灯 | 按钮/指示灯模块 |
| 4 | IN3 | 推料气缸缩回到位 | | 4 | OUT3 | 绿色指示灯 | |
| 5 | IN4 | 出料台物料检测 | | 5 | OUT4 | 红色指示灯 | |
| 6 | IN5 | 供料不足检测 | | 6 | | | |
| 7 | IN6 | 缺料检测 | | 7 | | · | |
| 8 | IN7 | （金属检测），备用 | | 8 | | | |
| 9 | IN8 | 启动按钮 | 按钮/指示灯模块 | 9 | | | |
| 10 | IN9 | 单站复位 | | 10 | | | |
| 11 | IN10 | 急停按钮 | | | | | |
| 12 | IN11 | 工作方式选择 | | | | | |

## （四）系统软件设计

### 1. 设计要求

在任务中相关指示灯要完成 3 种显示情况：常亮、1 Hz 频率闪烁和 2 Hz 频率闪烁。使用中用到启动按钮、停止按钮操作，通过传感器完成对工件的检测和判断，最后通过顶料和推料气缸完成供料输出。设计中需要考虑消抖。

### 2. 参考流程图

供料站单片机应用参考流程图如图 2-3-15 所示。

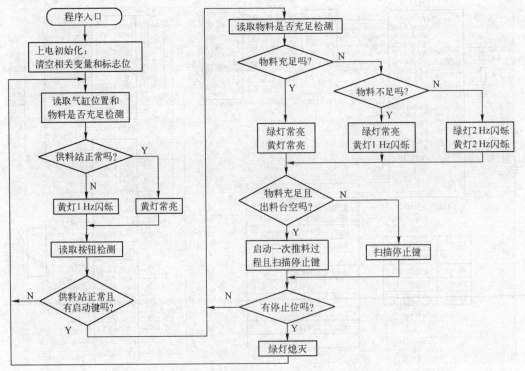

图 2-3-15　供料站单片机应用参考流程图

## 3. 参考程序

```
/* ---------------------------------------------------------------
访问外部 IN0 ~ IN7 的地址为        0X0FFF
访问外部 IN8 ~ IN15 的地址为       0X2FFF
访问外部 IN16 ~ IN23 的地址为      0X4FFF
访问外部 OUT0 ~ OUT7 的地址为      0X6FFF
访问外部 OUT8 ~ OUT15 的地址为     0X8FFF
访问外部 OUT16 ~ OUT23 的地址为    0XAFFF
------------------------------------------------------------- */
#include < REG52.h >              //预处理命令, REG52.h 定义了单片机的 SFR
#include < ABSACC.h >
#define uint unsigned int
#define uchar unsigned char
/* ------------------延时程序, n: 入口参数, 单位: 1 毫秒 -------------- */
void delay(uint n)
{
    uchar i;
    while(n --)
        for(i = 0; i < 123; i ++);
}
uchar bdata data1 = 0xff;
uchar bdata data2 = 0xff;
/* --------------------------------------------------------------- */
sbit IN0 = data1^0;     //顶料到位, = 0, 到位
sbit IN1 = data1^1;     //顶料缩回到位, = 0, 到位
sbit IN2 = data1^2;     //推料到位, = 0, 到位
sbit IN3 = data1^3;     //推料缩回到位, = 0, 到位
sbit IN4 = data1^4;     //出料台检测, = 0, 有料
sbit IN5 = data1^5;     //物料不足检测, = 0, 充足
sbit IN6 = data1^6;     //物料没有检测, = 0, 有料
sbit IN7 = data1^7;     //金属检测, 备用
/* --------------------------------------------------------------- */
sbit IN8 = data2^0;     //启动, = 0, 有启动键
sbit IN9 = data2^1;     //复位,
sbit IN10 = data2^2;    //急停
sbit IN11 = data2^3;    //工作方式选择
sbit IN12 = data2^4;
sbit IN13 = data2^5;
sbit IN14 = data2^6;
sbit IN15 = data2^7;
/* --------------------------------------------------------------- */
uchar bdata data4 = 0xff;
sbit OUT0 = data4^0;    //= 0, 顶料驱动
sbit OUT1 = data4^1;    //= 0, 推料驱动
sbit OUT2 = data4^2;    //= 0, 点亮黄灯
sbit OUT3 = data4^3;    //= 0, 点亮绿灯
sbit OUT4 = data4^4;
sbit OUT5 = data4^5;
sbit OUT6 = data4^6;
sbit OUT7 = data4^7;
/* --------------------------------------------------------------- */
uint t_count;
bit stop_key = 0;
```

项目 ② 基于供料站的单片机技术应用

```c
bit start_key = 0;
bit reset_key = 0;
bit modal_key = 0;
/* ------------------信号指示灯黄灯 1 Hz 闪烁函数 ------------------------ */
void led_shan(unsigned int j)
{
    uchar i;
    if(t_count ++ < j)
        {OUT2 = 0;XBYTE[0x6fff] = data4;}
    else if(t_count < 2 * j)
            {OUT2 = 1;XBYTE[0x6fff] = data4;}
        else t_count = 0;
    for(i = 0;i < 123;i ++);      //延时 1 ms
}
/* -------------------信号指示灯黄灯、绿灯 2 Hz 闪烁函数 ---------------- */
void led_shan_2(unsigned int j)
{
    uchar i;
    if(t_count ++ < j)
        {OUT2 = 0;OUT3 = 0;XBYTE[0x6fff] = data4;}
    else if(t_count < 2 * j)
            {OUT2 = 1;OUT3 = 0;XBYTE[0x6fff] = data4;}
        else t_count = 0;
    for(i = 0;i < 123;i ++);      //延时 1 ms
}
/* ------------------------------------------------------------------ */
void key_check()
{
    data2 = XBYTE[0X2FFF];
    if((stop_key ==0)&& ((data2&0x0f)!=0x0f))        //按过停止键不进行按钮判断
    {//没有操作过停止键，有按钮操作
        delay(10);         //延时去抖动
        data2 = XBYTE[0X2FFF];
        if((data2&0x0f)!=0x0f)
        {
            if(IN8 ==0)
                start_key =1;
            else if(IN9 ==0)
                    reset_key =1;
                else if(IN9 ==0)
                        stop_key =1;
                    else modal_key =1;
        }
        do
        {
            data2 = XBYTE[0X2FFF];
        }while((data2&0x0f)!=0x0f);            //判断按钮松开
    }
}
    /* ------------------------------------------------------------ */
void tui_liao()
{
    do
    {
```

```
        OUT0 = 0;XBYTE[0x6fff] = data4;key_check();      //顶料驱动
        data1 = XBYTE[0x0fff];
    }while(IN0 ==1);        //判顶料到位，没到位，继续循环
    do
    {
        OUT1 = 0;XBYTE[0x6fff] = data4;key_check();      //推料驱动
        data1 = XBYTE[0x0fff];
    }while(IN2 ==1);        //判推料到位，没到位，继续循环
    do
    {
        OUT1 = 1;XBYTE[0x6fff] = data4;key_check();      //推料缩回
        data1 = XBYTE[0x0fff];
    }while(IN3 ==1);         //判推料气缸缩回到位
    do
    {
        OUT0 = 1;XBYTE[0x6fff] = data4;key_check();      //顶料缩回驱动
        data1 = XBYTE[0x0fff];
    }while(IN1 ==1);        //判顶料气缸缩回到位
}
/* -------------------------------------------------------------- */
void main()                   //主函数名
{
    while(1)                        //条件为真，无限循环"{……}"里的语句
    {
        do
        {
            data1 = XBYTE[0x0fff];   //
            if((IN1 ==1)‖(IN3 ==1)‖(IN5 ==1))      //判断供料站是否正常
                led_shan(500);      //黄灯1 s闪烁
            else
            {
                OUT2 = 0;           //黄灯常亮
                XBYTE[0x6fff] = data4;
            }
            key_check();             //读取按钮值
        }while(!((IN1 ==0)&&(IN3 ==0)&&(IN5 ==0)&&(start_key ==1)));
        //供料站正常且有启动
        do
        {
            data1 = XBYTE[0x0fff];    //读取气缸位置和物料充足检测
            if(IN5 ==0)      //判物料不足
                {OUT2 = 0;  OUT3 = 0;  XBYTE[0x6fff] = data4;}   //绿灯、黄灯常亮
            else  if((IN5 ==1)&&(IN6 ==0))   //判物料有无
                {
                    OUT3 = 0;led_shan(500);//物料不充足，黄灯1 Hz闪烁，绿灯亮
                }
                else
                    led_shan_2(250);         //料仓空，绿灯、黄灯2 Hz闪烁
            if((IN6 ==0)&&(IN4 ==1))
                tui_liao();     //物料有且出料台空，启动推料
            else
                key_check();    //扫描按钮
        }while(stop_key ==0);    //没有停止功能，继续
        OUT3 = 1;                //绿灯熄灭
```

```
        XBYTE[0x6fff]=data4;
    }
}
```

## 思考与练习

### （一）简答题

(1) 简述供料站的运作过程。

(2) 单向节流阀的作用是什么？

(3) 如何检测管形料仓物料？

(4) 简述气缸磁性开关作用。

(5) 单片机能否直接驱动电磁阀？应如何解决这个问题的？

### （二）实践题

(1) 编程实现 HL1、HL2 和 HL3 这 3 只信号灯循环显示各 1 s 的应用程序。

(2) 编程实现用开关 SB1 控制 HL1 的交替显示，用开关 SB2 控制 HL2 的交替显示。

项目 ③

➡ 基于加工站的单片机技术应用

## 任务 1　密码输入设定及显示实践与应用

### 学习目标

（1）进一步掌握单片机 I/O 口电路应用。

（2）会键盘行列式硬件电路设计，熟悉键盘识别方法，掌握 C51 程序键盘编程技巧。

（3）会数码管显示电路设计，熟悉其显示原理，掌握相应程序编写步骤。

（4）能区分 C51 函数及一维数组的定义、说明和调用的差异，掌握函数和数组应用。

（5）熟练应用多分支选择结构 switch/case 开关与跳转语句。

### 任务描述

设计一个密码锁电路。要求用户通过一个"4×4"矩阵键盘输入密码，并在 4 只共阳数码管上显示输入状态，用发光二极管模拟输出开门信号。具体过程如下：

（1）等待状态：数码管显示"－－－－"，锁关闭；

（2）密码输入（0～9）：显示"P－－+按钮输入的次数"。密码正在输入过程中长时间不操作按钮（约 3 s），自动回到等待状态。

（3）密码确认（"#"键）：密码正确，显示字符"OPEn"，并通过模拟信号将锁打开，约 3 s 后回到等待状态；密码输入不正确，显示字符"Errr"，不开锁，约 3 s 后回到等待状态。（设原始固定密码为"1234"，本例不修改原始密码）。

（4）输入过程中，当按下"＊"键后，对显示内容清零，回到等待状态，重新输入密码。

### 相关知识

#### （一）行列式键盘应用

**1. 行列式非编码键盘连接**

行列式键盘又称矩阵式键盘，是将 I/O 线的一部分作为行线，另一部分作为列线，按钮设置在行线和列线的交叉点上，因此，在行列式键盘中，最大按钮数目等于列线×行线。图 3-1-1 所示为 4 行×4 列非编码键盘连接原理图，共有 4 行×4 列计 16 个键码，编码定义为 0～F。

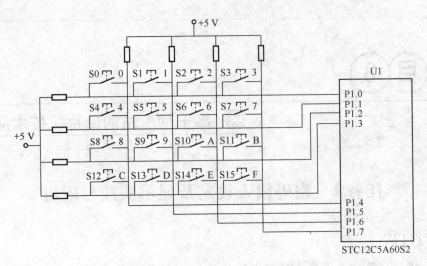

图 3-1-1　4 行 × 4 列非编码键盘连接原理图

行列式键盘的接法比独立式键盘的接法复杂，编程实现上也会复杂很多。但是，在占用相同的 I/O 端口的情况下，行列式键盘的接法会比独立式键盘的接法按钮数量多。因此行列式键盘适合于按钮数目较多的场合。

**2. 行列式键盘识别方法**

行列式键盘识别按钮的常用方法有两种：行扫描法和线反转法。

（1）行扫描法。行扫描法的特点是逐行（或逐列）扫描查询，这时相应行（或列）线应有上拉电阻接高电平。行列式键盘扫描程序就是采用扫描法来确定哪个键按下，图 3-1-1 中行线（P1.0 ～ P1.3）接上拉电阻到 +5 V，列线逐列扫描。键盘中哪一个键按下可由列线逐列置低电平后，检查行输入状态来判断，其方法是依次给列线送低电平，然后检查所有行线状态，如果全为 1，则所按下的键不在此列，如果不全为 1，则所按下的键必在此列，而且是在与 0 电平线相交的交点上的那个键。

① 行扫描法工作过程具体描述如下：

a. 将行线设置为输入方式。所有列线输出 0。

b. 读行线的按钮状态。若全为 1，则无键按下，退出扫描；不全为 1，有键按下。

c. 有键按下后延时 10 ～ 20 ms，即按钮消抖。

d. 逐列扫描。先让第 0 列输出为 0，其他列输出均为 1。读行线，若不全为 1，则闭合键在该列与行线为 0 的交点上；若全都为 1，说明闭合键不在该列，修改为下一列为 0，其他列输出均为 1，重复该步直到所有列都被扫描完毕。

e. 若扫描完毕所有列，读行线全都为 1，则说明键已经被释放，没有找到有效的按钮，退出。

② 行扫描法流程图如图 3-1-2 所示。

（2）反转法。行扫描法要逐列（行）扫描查询，当按下的键在最后行（列），要经过多次扫描才能获得键值/键号，程序运行时间较长。而反转法只要经过两个步骤就可获得键值，方法简单。反转法使用时要求所有行和列均接上拉电阻，即构成了反转键盘，如图 3-1-1 所示。

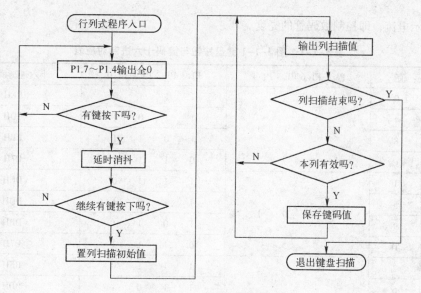

图 3-1-2　行扫描法流程图

① 反转法流程图如图 3-1-3 所示。

② 反转法工作过程。以图 3-1-1 为例描述反转法的扫描步骤。

第 1 步：行线 I/O P1.7 ～ P1.4 = 0000，列线 I/O P1.0 ～ P1.3 = 1111。设数字 "6" 键按下，那么对应 P1.1 = 0，读 P1 口后，P1 = 00001101B。

第 2 步：行线 I/O P1.7 ～ P1.4 = 1111，列线 I/O P1.0 ～ P1.3 = 0000。则 P1.6 = 0，读 P1 口后，P1 = 1011 0000B。

两个 P1 有效 4 位相加，得到新数据：10111101B（表示第 2 行、第 3 列键操作）。

每按一个键都得到不同的字节数据，比对字节数据是什么就可以知道键值是什么了，由于每个按钮的行号或列号不相同，所以每个按钮都按行、列线赋予了唯一一个键码。依据图 3-1-1 所示，列出扫描合并后的键码对应数据，如表 3-1-1 所示，将其十六进制编码存放在 ROM 中，通过软件查表并与扫描值相比较，可得出该键的键码。

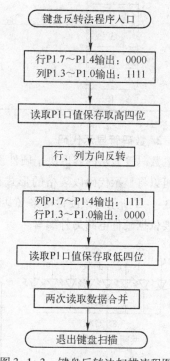

图 3-1-3　键盘反转法扫描流程图

## （二）数码管显示

### 1. 数码管结构

在设计中常选用数码管作为简单字符和数字的显示。数码管由多只发光二极管组成，按其位选信号连接方式可分为共阴极与共阳极两种，如图 3-1-4 所示。显示中只要控制某几段发光二极管点亮，就能显示某个数码或字符，通常每个段笔画要串一个数百欧的限流电阻，以控制显示电流，即控制数码管的亮度。

表 3-1-1　图 3-1-1 键盘按钮与键码十六进制对应表

| 键 码 值 | | P1.7 P1.6 P1.5 P1.4 | P1.3 P1.2 P1.1 P1.0 | 十六进制编码值 |
|---|---|---|---|---|
| 有键按下 | 0 | 1 1 1 0 | 1 1 1 0 | EEH |
| | 4 | | 1 1 0 1 | EDH |
| | 8 | | 1 0 1 1 | EBH |
| | C | | 0 1 1 1 | E7H |
| | 1 | 1 1 0 1 | 1 1 1 0 | DEH |
| | 5 | | 1 1 0 1 | DDH |
| | 9 | | 1 0 1 1 | DBH |
| | D | | 0 1 1 1 | D7H |
| | 2 | 1 0 1 1 | 1 1 1 0 | BEH |
| | 6 | | 1 1 0 1 | BDH |
| | A | | 1 0 1 1 | BBH |
| | E | | 0 1 1 1 | B7H |
| | 3 | 0 1 1 1 | 1 1 1 0 | 7EH |
| | 7 | | 1 1 0 1 | 7DH |
| | B | | 1 0 1 1 | 7BH |
| | F | | 0 1 1 1 | 77H |

**2. 数码管显示代码**

数码管显示内容取决于硬件设计，一般硬件电路设计完毕后，其显示代码不再变化，因此可以将显示代码以表格的形式存放在 ROM 中，图 3-1-5 为常用数码管硬件设计电路图，表 3-1-2 所示为该硬件电路（共阳极数码管）的显示代码。不在表 3-1-2 中的显示代码，则需要依据硬件电路另外编写。

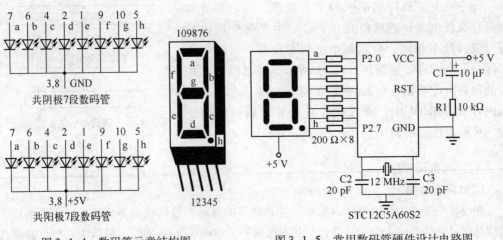

图 3-1-4　数码管示意结构图　　　　图 3-1-5　常用数码管硬件设计电路图

表 3-1-2　硬件电路的显示代码

| 显示字符 | 共阴极字码段 | 共阳极字码段 | 显示字符 | 共阴极字码段 | 共阳极字码段 |
|---|---|---|---|---|---|
| 0 | 3FH | C0H | 9 | 6FH | 90H |
| 1 | 06H | F9H | A | 77H | 88H |
| 2 | 5BH | A4H | B | 7CH | 83H |
| 3 | 4FH | B0H | C | 39H | C6H |
| 4 | 66H | 99H | D | 5EH | A1H |
| 5 | 6DH | 92H | E | 79H | 86H |
| 6 | 7DH | 82H | F | 71H | 8EH |
| 7 | 07H | F8H | P | 73H | 8CH |
| 8 | 7FH | 80H | 熄灭 | 00H | FFH |
| 注：硬件连接格式 | D7　D6　D5　D4　D3　D2　D1　D0 | | | | |
| | dp　g　f　e　d　c　b　a | | | | |

### 3. 数码管显示过程

一般，把要显示的代码制成表格，存放在 ROM 中，使用查表指令查找显示代码送显示。因此，其显示过程为：依据数码管对应显示内容→查表→寻找对应显示代码→送对应数码管显示。

### 4. 数码管静态显示

单片机应用系统中常使用多只 LED 显示器构成。$N$ 位 LED 显示器有 $N$ 根位选线和 $8 \times N$ 根段选线。依据位选线和段选线的不同连接方式，LED 显示器有静态显示与动态显示两种方式。

将位选线（共阴极或共阳极）连接在一起接地或 +5 V，a ~ h 段选信号分开，这种连接方式称为静态显示。由于每一位显示器的字段控制线是独立的，当显示某一字符时，该位的各字段线和字位线的电平不变，也就是各字段的亮灭状态不变；各数码管在显示过程中持续得到送显信号，与各数码管接口的 I/O 口线是专用的。

静态显示特点：无闪烁、用元器件多、无须扫描、节省 CPU 时间、编程简单，但占用I/O 口线多，适合于显示器位数较少的场合。

【例 3-1-1】如图 3-1-6 所示。按钮 S2 为加 1 计数键，实现 00 ~ 99 顺序。初始值显示"00"。

解：

参考程序如下：

```c
#include < reg51.h >
#define uchar unsigned char
sbit K2 = P3^4;
uchar code segtab[ ] = {0xc0,0xf9,0xa4,0xb0,0x99,0x92,0x82,0xf8,0x80,0x90,
                        0x88,0x83,0xc6,0xa1,0x86,0x8e};
void delay(unsigned char n)
{
    unsigned char i;
    while(n --)
        for(i = 0;i < 123;i ++);
}
```

```
void main(void)
{   uchar key_count = 0;
    while(1)
    {   P2 = segtab[key_count /10];          //显示十位
        P1 = segtab[key_count %10];          //显示各位
        while(K2 ==1);                        //等待按钮操作
        delay(10);
        if(K2 ==0)
        {
            if(++key_count >=100)
                key_count =0;                 //判断范围
            while(K2 ==0);                     //等待按钮松开
        }
    }
}
```

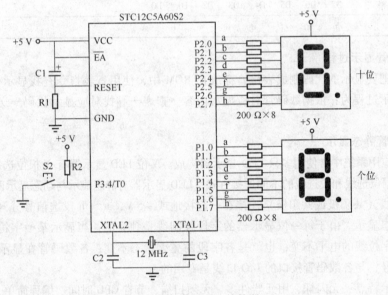

图 3-1-6　00～99 计数器

## 5. 数码管动态显示

动态显示是指各数码管在显示过程中轮流得到送显信号，即将所有数码管的段选线并联在一起，由一个 8 位 I/O 口控制；位选信号分开，由相应的 I/O 线控制。图 3-1-7 为一种动态连接硬件图。段选线由 P2 口提供，位选信号由 P3.0 ～ P3.3 提供。

段选线控制 I/O 口输出相应字符位，位选线控制 I/O 口在该显示位送入选通电平（共阴极送低电平、共阳极送高电平）以保证该位显示相应字符，使每位显示对应字符，并保持延时一段时间。不断循环送出相应的段选码、位选码，就可以获得视觉稳定的显示状态。

动态显示特点：有闪烁、选用元器件少、占 I/O 线少，但必须扫描、花费 CPU 时间、编程复杂。

【例 3-1-2】参考图 3-1-7 所示动态连接硬件图，编程用 4 个按钮开关 S1 ～ S4 分别去控制 4 位数码管的显示数据实现 0 ～ F 循环，每次按钮，LED 显示器对应位的数值加 1。

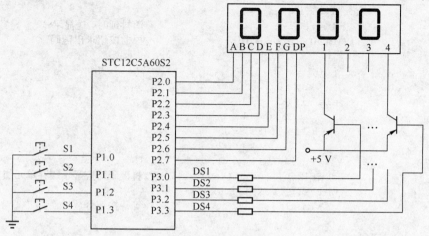

图 3-1-7　动态连接硬件图

解：

```
#include < reg51.h >
#define uchar unsigned char
sbit K1 = P1^0;
sbit K2 = P1^1;
sbit K3 = P1^2;
sbit K4 = P1^3;
uchar code segtab[ ] = {0xc0,0xf9,0xa4,0xb0,0x99,0x92,0x82,0xf8,0x80,0x90,
                        0x88,0x83,0xc6,0xa1,0x86,0x8e};
uchar dbuf[4] = {0,0,0,0};        //显示初始值为 0
void delay(unsigned char n)
{
    unsigned char i;
    while(n --)
        for(i = 0;i < 123;i ++);
}
/*四位数码管显示函数*/
void disp(void)
{
    uchar n,bsel;
    bsel = 0xfe;                      //最初点亮最低位,共阳数码管
    for(n = 0;n < 4;n ++)
    {   P3 = bsel;                    //位选口
        P2 = segtab[dbuf[n]];         //显示缓冲单元的数据查出字段码表
        bsel = (bsel <<1)|1;          //准备显示下一位
        delay(1);                     //每位显示约 1 ms
        P2 = 0xff;                    //熄灭数码管
    }
}
void main(void)
{ uchar key,i;
    while(1)
    {
        disp();
        while((P1&0x0f)!=0x0f)
        {
```

```
    for(i =0;i <5;i ++)
        disp();                     //消抖延时，送显示
    if((P1&0x0f)! =0x0f)            //根据按钮求出键码
    {
        if(K1 ==0)
            key =0;
        else if(K2 ==0)
                key =1;
            else if(K3 ==0)
                    key =2;
                else key =3;
        dbuf[key] = (dbuf[key] +1)&0x0f;//将键码对应显示缓存单元加 1
        while((P1&0x0f)! =0x0f)
            disp();                 //等待按钮释放
    }
}
}
}
```

### （三）一维数组应用

在例 3-1-2 中，需要 4 个相同类型的变量存放按钮的次数，如果分开设计比较麻烦，因此可以将这些相同类型的变量组合在一起，用数组的形式来描述。

#### 1. 一维数组的定义方式

一维数组是只有 1 个下标的数组，一维数组的定义方式为

  数据类型  存储类型  数组名 [常量表达式]；    // 注意 ";" 的位置

说明：

（1）数据类型是指数组元素的数据类型。可为基本数据类型或构造数据类型。

（2）存储类型是指数组位于什么位置。无存储类型，选择默认存储器区。

（3）数组名是用户定义的数组标识符。数组名中存放的是一个地址常量，它代表整个数组的首地址。

（4）方括号中的常量表达式表示数据元素的个数，又称数组的长度。例如：

```
int a[10];              //说明整型数组 a，有 10 个元素，位于默认存储器区.
float b[10],c[20];      //说明实型数组 b，有 10 个元素，实型数组 c，有 20 个元素.
char ch[20];            //说明字符数组 ch，有 20 个元素.
```

对于数组类型说明应注意以下几点：

（1）对于同一个数组，其所有元素的数据类型都是相同的。

（2）数组名的书写规则应符合标识符的书写规定。数组名不能与其他变量名相同。

（3）方括号中常量表达式表示数组元素的个数，如 "a[5]" 表示数组 a 有 5 个元素。

（4）定义数组时方括号中必须是常数。可以是符号常数或常量表达式。

（5）允许在同一个类型说明中，说明多个数组和多个变量。

（6）同一数组中的所有元素，按其下标的顺序占用一段连续的存储单元。例如：

unsigned  int  a[5];

| a | 1 | 12 | 34 | 45 | 56 |
|---|---|----|----|----|----|
| 数组名 | a[0] | a[1] | a[2] | a[3] | a[4] |

**2. 一维数组元素的引用**

数组元素是组成数组的基本单元。数组元素内容可以变化，所以数组元素也是一种变量，其标识方法为数组名后跟一个下标。在 C 语言中只能逐个地使用下标变量，而不能一次引用整个数组。使用中必须先定义、后引用。引用数组中的任意一个数组元素的一般形式为

数组名 ［下标表达式］

其中下标表达式只能为整型常量或整型表达式。下标表示了元素在数组中的顺序号，取值范围是 0 ～（元素个数 − 1）。如为小数时，C 编译将自动取整。例如：

　　a[5]、a[i + j]、a[i ++] 都是合法的数组元素.

**3. 一维数组的初始化**

数组初始化赋值是指在数组定义时给数组元素赋予初值。初始化赋值的一般形式为

类型说明符　数组名［常量表达式］= ｛值，值……值｝；

其中在 ｛｝ 中的各数据值即为各元素的初值，各值之间用逗号间隔。例如：

　int　a[10] = ｛0,1,2,3,4,5,6,7,8,9｝；　// 相当于 a[0] = 0;a[1] = 1;... ;a[9] = 9；

C 语言对数组的初始化赋值还有以下几点规定：

（1）可以只给部分元素赋初值。当 ｛｝ 中值的个数少于元素个数时，只给前面部分元素赋值。例如：int　a［10］= ｛0，1，2，3，4｝；表示只给 a［0］～ a［4］5 个元素赋值，而后 5 个元素自动赋 0 值。

（2）只能给元素逐个赋值，不能给数组整体赋值。例如：

　　　int a［10］= ｛1,1,1,1,1,1,1,1,1,1｝；而不能写为：int a［10］= 1；

（3）如给全部元素赋值，则在数组说明中，可以不给出数组元素的个数。

例如：int　a［5］= ｛1,2,3,4,5｝；　　可写为:int　a［ ］= ｛1,2,3,4,5｝；

**4. 查表应用**

数组的一个非常有用的功能是查表。对于数码管显示代码、点阵代码、传感器的非线性校正，人们更愿意采用代码表格而不是采用数学公式计算。使用表格查找执行起来速度更快，所用较少。表格可以事先计算好后装入 ROM 中。

【例 3-1-3】P1 口接 8 只发光二极管，用数组法完成流水灯从上到下顺序显示。

解：

```
#include < reg51.h >
void main()
{
    unsigned char code a[8] = {0xfe,0xfd,0xfb,0xf7,0xef,0xdf,0xbf,0x7f};
    unsigned int j;
    unsigned char i;
    while(1)
    {
        for(i = 0;i < 8;i ++)
        {
            P1 = a[i];
            for(j = 0;j < 3000;j ++);
        }
    }
}
```

### （四）函数

C 语言源程序是由函数组成的，函数是 C 源程序的基本模块，程序中必须有且只能有一个名为 main( ) 的主函数，C 语言程序的执行总是从 main( ) 函数开始，在 main( ) 函数中结束。函数不能嵌套定义，可以嵌套调用。

**1. 函数分类**

从结构上：分为主函数和普通函数。

从用户角度：分为标准函数（库函数）和用户自定义函数。

从函数定义的形式：分为无参函数、有参函数和空函数。

**2. 函数定义**

有参函数有两种定义形式：

（1）返回值类型说明符　函数名（数据类型　参数 1，数据类型　参数 2……）

```
    {
        函数体;
    }
```

（2）返回值类型说明符　函数名（形式参数表）

```
    形式参数类型说明;
    {
        函数体;
    }
```

有参函数中的（ ）内没有内容就称为无参函数，没有函数体的函数称为空函数。调用有参函数时，调用函数将赋予这些参数实际的值。为了与调用函数提供的实际参数区别开，将函数定义中的参数表称为形式参数表，调用函数中的参数称为实际参数。

【例 3-1-4】用两种方式定义一个可调的延时函数。

解：

方法一：

```
    void delay(int m,int n)    //注意：若写成 delay(int m,n)为错误格式
    {
        int i,j;
        for(i =0;i <m;i ++)
            for(j =0;j <n;j ++);
    }
```

方法二：

```
    void delay(m,n)         //函数名为 delay,形式变量参数 m, n;类型另起一行说明
    int m,n;                //形式变量说明语句
    {
        int i,j;            //
        for(i =0;i <m;i ++)
            for(j =0;j <n;j ++);
    }
```

**3. 函数说明**

没有函数体的函数定义称为函数说明。一般形式为

函数类型　　　函数名（形参类型　　［形参名], …)；　　　　　　　　　　// 此处有 ";"
或　　　　　　　　函数类型　　　函数名 ()；

作用：告诉编译系统函数类型、参数个数及类型，以便检验。

有两种情况，可以省去对被调用函数的说明，其他必须先说明、后使用：

① 当被调用函数的函数定义出现在调用函数之前时。

② 如果在所有函数定义之前，在函数外部（例如：文件开始处）预先对各个函数进行了说明，则在调用函数中可省略对被调用函数的说明。

（1）被调用函数出现在主调用函数之后，必须先说明后调用。

【例3-1-5】阅读并分析程序。

```
#include < reg51.h >
void main()
{   char max(char x,char y);      /* 在主函数中对被调用函数进行说明 */
    char a = 60,b = 55;
    P1 = max(a,b);
    while(1);
}
char max(char x,char y)
{
    return(x > y?x:y);
}
```

（2）被调用函数出现在主调用函数之前，直接使用。

【例3-1-6】阅读并分析程序。

```
#include < reg51.h >
char max(char x,char y)
{
    return(x > y?x:y);
}
void main()
{   char a = 60,b = 55;
    P1 = max(a,b);
    while(1);
}
```

（3）所有函数定义前（文件开头处）说明，直接使用。

【例3-1-7】阅读并分析程序。

```
#include < reg51.h >
char max(char x,char y);
void main( )
{   char a = 60,b = 55;
    P1 = max(a,b);
    while(1);
}
char max(char x,char y)
{
    return(x > y?x:y);
}
```

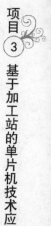

项目 3 基于加工站的单片机技术应用

#### 4. 函数的调用

可以采用 3 种方式完成函数的调用。C 语言中，函数调用的一般形式为

函数名（实际参数表）

注意：实际参数的个数、类型和顺序，应该与被调用函数所要求的参数个数、类型和顺序一致，才能正确地进行数据传递。

（1）函数语句。将函数调用作为一条语句。例如：delay（1000）；　　　//调用延时函数

（2）函数表达式。函数调用作为一个运算对象直接应用。例如：m = fun1(a,b) + fun2(x,y)；

（3）函数参数。函数调用作为另一个函数的参数应用。例如：m = fun3(fun1(a,b),y)；

#### 5. 函数的参数

（1）形参与实参：

形式参数：定义函数时函数名后面括号中的变量名，简称形参。

实际参数：调用函数时函数名后面括号中的表达式，简称实参。

（2）值传递方式。函数参数传递有两种方式：值传递方式和地址传递方式。本处仅介绍值传递方式，地址传递方式留到指针部分介绍。

值传递方式描述为：函数调用时，为形参分配单元，并将实参的值复制到形参中；调用结束，形参单元被释放，实参单元仍保留并维持原值。

值传递方式特点：形参与实参占用不同的内存单元、单向传递。

**【例 3-1-8】** 将单片机 P1、P2 口的内容相互交换后送对方口。

解：

```
#include < reg51.h >
void swap(char a,char b)      //a,b 为形式参数
{ char temp;
    temp = a;a = b;b = temp;
    P1 = a;P2 = b;
}
void main()                    //无参函数
{ unsigned x = 0x56,y = 0x78;
    P1 = x;P2 = y;
    swap(x,y);        //x、y 为实际参数,x 对应形参 a,y 对应形参 b.
    while(1);
}
```

说明：

（1）实参必须有确定的值；形参必须指定类型；形参与实参类型一致，个数相同，按顺序分配。若形参与实参类型不一致，自动按形参类型转换。

（2）形参在函数被调用前不占内存；函数调用时为形参分配内存；调用结束，释放内存。

（3）实参和形参占用不同的内存单元，即使同名也互不影响。

#### 6. 函数返回值

有参函数的返回值，是通过函数中的 return 语句来获得的。

返回语句形式：

return（表达式）；

或　　　　　　　return　表达式；

或　　　　　　　return;

功能：使程序控制从被调用函数返回到调用函数中，同时把返回值带给调用函数。

说明：

（1）函数中可有多个 return 语句。若无 return 语句，遇"｝"时，自动返回调用函数。

（2）若函数类型与 return 语句中表达式值的类型不一致，按前者为准，自动转换。

（3）如果缺省函数类型，则系统一律按整型处理。

注意：调用函数中无 return 语句，并不是不返回一个值，而是一个不确定的值。为了明确表示不返回值，可以用 void 定义成"无（空）类型"。

### （五）变量的作用域

变量说明的方式不同，其作用域也不同。C 语言中的变量作用域范围可分为两种：局部变量和全局变量。

**1. 局部变量**

（1）概念：函数内部的变量称为局部变量，又称内部变量。

（2）特点：在函数内作定义说明。

（3）作用域：仅限于函数内或复合语句内，离开该函数后再使用这种变量是非法的。

例如：

```
main()
{
    char s,a;        /*main()内定义变量s、a,作用域为主函数内*/
        ⋮
        {
            char b;      /*b作用域内定义变量b,作用域为复合语句内使用*/
            s = a + b;
            ⋮
        }
        ⋮
}
```

**2. 全局变量**

（1）概念：函数外部定义的变量，又称外部变量。

（2）特点：在函数外作定义说明。

（3）作用域：整个源程序。它不属于哪一个函数，它属于一个源程序文件。

一般，定义全局变量时都在源程序的开始部分加以定义，以便所有函数都可使用。

例如：

```
char a,b;            /*外部变量*/
void f1()            /*函数f1*/
{
    ⋮
}
float x,y;           /*外部变量*/
char f2()            /*函数f2*/
{
    ⋮
}
main()               /*主函数*/
```

```
        {
         ⋮
        }
```

从上例可以看出 a、b、x、y 都是在函数外部定义的外部变量，都是全局变量。但 x、y 定义在函数 f1 之后，而在 f1 内又无对 x、y 的说明，所以 x、y 在 f1 内无效。a、b 定义在源程序最前面，因此在 f1、f2 及 main 内不加说明也可使用。

### 3. 变量的存储类别

从变量的作用域（即从空间）角度来分，可以分为全局变量和局部变量。从变量值存在的时间（即生存期）角度来分，可以分为静态存储方式和动态存储方式。

静态存储方式：是指在程序运行期间分配固定的存储空间的方式。

动态存储方式：是在程序运行期间根据需要进行动态的分配存储空间的方式。

因此，用户存储空间可以分为 3 个部分：程序区、静态存储区、动态存储区。

静态存储区存放全局变量。

动态存储区存放函数形参、自动变量（未加 static 声明的局部变量）、函数调用现场保护和返回地址。在 C 语言中，每个变量和函数有两个属性：数据类型和数据的存储类别。

（1）auto 变量（自动变量）：

① 复合语句中定义的变量、函数中的局部变量及形参（如不专门声明为 static 存储类别），属于动态存储区。

② 关键字 auto 可以省略，即默认存储类别方式。

③ 属于动态存储类别，占动态存储空间，函数调用结束后即释放。

④ 自动变量赋初值是在函数调用时进行，每调用一次函数重新给一次初值，相当于执行一次赋值语句。不赋初值则它的值是一个不确定的值。例如：

```
char a;                /* 默认存储类别方式 auto */
auto char b,c =3;      /* 定义 b、c 为自动字符型变量 */
```

（2）用 static 声明静态局部变量。静态局部变量：是指函数中的局部变量在函数调用结束后不消失而保留原值，用关键字 static 进行声明。

① static 变量属于静态存储类别，位于静态存储区。在程序整个运行期间都不释放。

② 静态局部变量在编译时赋初值，即只赋初值一次。

③ 在定义局部变量时不赋初值，则对 static 静态局部变量来说，编译时自动赋初值 0（对数值型变量）或空字符（对字符变量）。

（3）register 变量。为了提高效率，C 语言允许将局部变量的值放在 CPU 中的寄存器中，这种变量称为"寄存器变量"，用关键字 register 作声明。

① 只有局部自动变量和形式参数可以作为寄存器变量。

② 一个计算机系统中的寄存器数目有限，不能定义任意多个寄存器变量。

③ 静态局部变量不能定义为寄存器变量。

（4）用 extern 声明外部变量。外部变量（即全局变量）是在函数的外部定义的，它的作用域为从变量定义处开始，到本程序文件的末尾。

如果外部变量不在文件的开头定义，其有效的作用范围只限于定义处到文件终了。如果在定义点之前的函数想引用该外部变量，则应该在引用之前用关键字 extern 对该变量作"外

部变量声明"。表示该变量是一个已经定义的外部变量。有了此声明，就可以从"声明"处起，合法地使用该外部变量

### （六） 多分支选择结构 switch/case 开关与跳转语句应用

**1. 开关语句**

C 语言还提供了另一种用于多分支选择的 switch 语句，其一般形式为

```
switch(表达式)
{
    case 常量表达式1： 语句1;break;
    case 常量表达式2： 语句2;break;
        ⋮
    case   常量表达式 n： 语句 n;break;
    default         ： 语句 n+1;break;
}
```

其语义是：计算表达式的值，并逐个与其后的常量表达式值相比较，当表达式的值与某个常量表达式的值相等时，即执行其后的语句，然后不再进行判断，继续执行后面所有 case 后的语句。如表达式的值与所有 case 后的常量表达式均不相同时，则执行 default 后的语句。其多分支选择结构示意图如图 3-1-8 所示。

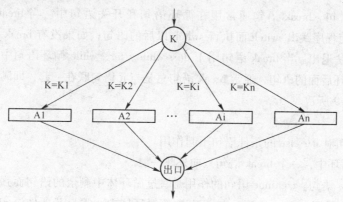

图 3-1-8　多分支选择结构示意图

在使用 switch 语句时还应注意以下几点：

（1） 在 case 后的各常量表达式的值不能相同，否则会出现错误。

（2） 在 case 后，允许有多个语句，可以不用 {} 括起来。

（3） 各 case 和 default 语句的先后顺序可以变动，而不会影响程序执行结果。

（4） default 子句可以省略不用。

【例 3-1-9】计算器程序。用户输入运算数和四则运算符，输出计算结果。

```
#include <REG51.H>
#include <STDIO.H>
void main(void)
{
    float a,b;char c;
    SCON = 0x50;    //串口方式1，允许接收
    TMOD = 0x20;    //定时器1定时方式2
    TCON = 0x40;    //设定定时器1开始计数
```

```
TH1 = 0xE8;      //11.059 2 MHz 1 200 比特率
TL1 = 0xE8;
TI = 1;TR1 = 1;
while(1)
{
    printf("input expression: a + (-,*,/)b \n");
    scanf("% f % c % f",&a,&c,&b);
    switch(c)
    {
        case '+':  printf("% f \n",a + b);break;
        case '-':  printf("% f \n",a - b);break;
        case '*':  printf("% f \n",a * b);break;
        case '/':  printf("% f \n",a /b);break;
        default:   printf("input error \n");
    }
}
}
```

本例可用于四则运算求值。switch 语句用于判断运算符，然后输出运算值。当输入运算符不是 + 、 - 、 * 、/时给出错误提示。

**2. 跳转语句**

（1）break 语句。break 语句通常用在循环语句和开关语句中。当 break 用于开关语句 switch 中时，可使程序跳出 switch 而执行 switch 以后的语句；如果没有 break 语句，则将成为一个死循环而无法退出。当 break 语句用于 do…while、for、while 循环语句中时，可使程序终止循环而执行循环后面的语句，通常 break 语句总是与 if 语句联在一起，即满足条件时便跳出循环。如图 3-1-9 所示。

注意：

① break 语句对 if…else 的条件语句不起作用。

② 在多层循环中，一个 break 语句只向外跳一层。

（2）continue 语句。continue 语句的作用是跳过循环体中剩余的语句而强行执行下一次循环。continue 语句只用在 for、while、do…while 等循环体中，常与 if 条件语句一起使用，用来加速循环。其执行过程如图 3-1-10 所示。

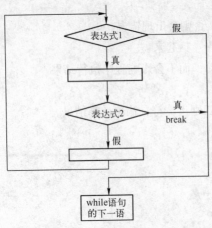

图 3-1-9  break 跳转语句示意图

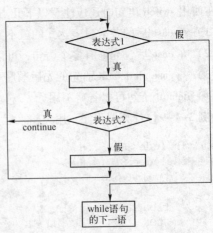

图 3-1-10  continue 语句示意图

（3）goto 语句。goto 语句是一种无条件转移语句，goto 语句的使用格式为

$$goto \quad 语句标号；$$

其中标号是一个有效的标识符，这个标识符加上一个 ":" 一起出现在函数内某处，执行 goto 语句后，程序将跳转到该标号处并执行其后的语句。

标号必须与 goto 语句同处于一个函数中，但可以不在一个循环层中。在多层嵌套退出时，用 goto 语句比较合理。

【例 3-1-10】用 goto 语句和 if 语句构成循环。

解：

```c
#include <STDIO.H>
#include <REG52.H>
main()
{
    int i =1,sum =0;
    SCON =0x50;     //串口方式1，允许接收
    TMOD =0x20;   //定时器1定时方式2
    TCON =0x40;   //设定时器1开始计数
    TH1 =0xE8;     //11.059 2 MHz 1 200 比特率
    TL1 =0xE8;
    TI =1;TR1 =1;
loop:
    if(i <=100)
    {
        sum = sum + i;
        i ++;
        goto loop;
    }
    printf("% d \n",sum);
    while(1);
}
```

【例 3-1-11】电路连接如图 3-1-11 所示。上电的时候，发光二极管 L1 闪烁，当第一次按下按钮开关 SB1 的时候，发光二极管 L2 闪烁，再次按下按钮开关 SB1 的时候，发光二极管 L3 闪烁，再次按下按钮开关 SB1 的时候，发光二极管 L4 闪烁，再次按下按钮开关 SB1 的时候，又回到 L1 闪烁，如此轮流下去，每次只有一只发光二极管闪烁。

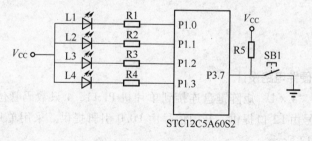

STC12C5A60S2

图 3-1-11　电路连接

解：

```c
#include <REG51.H>
unsigned char ID;
```

```
sbit L1 = P1^0;
sbit L2 = P1^1;
sbit L3 = P1^2;
sbit L4 = P1^3;
sbit SP1 = P3^7;
void delay10ms(void)
{
    unsigned char i,j;
    for(i =20;i >0;i --)
        for(j =248;j >0;j --);
}
void delay200ms(void)
{
    unsigned char i;
    for(i =20;i >0;i --)
        delay10ms();
}
void main(void)
{
    while(1)
    {
        if(SP1 ==0)
        {
            delay10ms();
            if(SP1 ==0)
            {
                ID ++;
                if(ID ==4)
                    ID =0;
                while(SP1 ==0);
            }
        }
        switch(ID)
        {  case 0:L1 =~L1;L2 =1;L3 =1;L4 =1;delay200ms();break;
           case 1:L2 =~L2;L1 =1;L3 =1;L4 =1;delay200ms();break;
           case 2:L3 =~L3;L1 =1;L2 =1;L4 =1;delay200ms();break;
           case 3:L4 =~L4;L1 =1;L2 =1;L3 =1;delay200ms();break;
        }
    }
}
```

### 任务实施

#### （一） 密码锁硬件电路设计

依据任务要求，"4×4"矩阵键盘连接到单片机 P1 口，4 只数码管位选信号由 P3.0 ～ P3.3 提供，段选信号由 P2 口提供，开门信号由 P0.0 引脚提供。采用单片机最小系统 $f_{osc}$ = 12 MHz。如图 3-1-12 所示。

#### （二） 软件参考设计

**1. 密码锁程序流程图**（如图 3-1-13 所示）

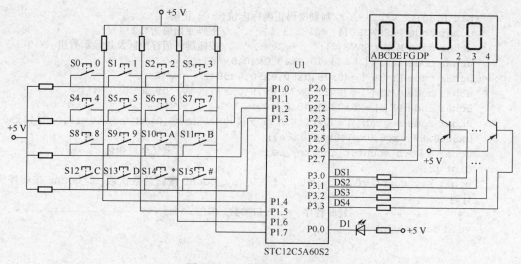

图 3-1-12　密码锁硬件电路

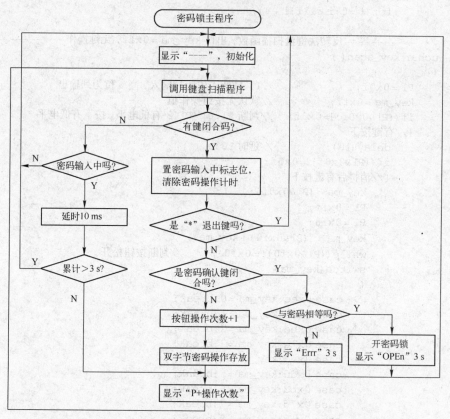

图 3-1-13　密码锁程序流程图

## 2. 参考程序

```c
#include < reg52.h >
#define uchar unsigned char
#define uint unsigned int
sbit kai_suo = P0^0;        //开锁位
bit key_bit;
```

```c
bit flag;                   //判别密码正确标志位；= 0，正确
uchar code PASSWORD[4] = {1,2,3,4};    //密码原始值为"1234"
uchar data MIMA_SAVE[4];               //按钮键码值存放区及送显示数组
uchar code start[ ] = {0x40,0x40,0x40,0x40};    //" ---- "
uchar code Errr[ ] = {0x79,0x50,0x50,0x50};     //"Errr"
uchar code OPEn[ ] = {0x3f,0x73,0x79,0x37};     //"OPEn"
uchar code PX[ ] = {0x73,0x40,0x40};            //"P -- "
uchar code segtab[ ] = {0xc0,0xf9,0xa4,0xb0,0x99,0x92,0x82,0xf8,0x80,0x90,
0x88,0x83,0xc6,0xa1,0x86,0x8e};
uchar a = 0,b,count,t_cnt,key_ma;               //定义全局变量
uint i;
uchar key_count = 0,t_count = 0;   // key_count 按钮计数次数, t_count 按钮停顿
计时
/* --------------延时程序, n：入口参数，单位：1 ms -------------------- */
void delay(uint n)
{
    uchar i;
    while(n --)
        for(i = 0;i < 121;i ++);
}
/* -----------反转法键盘扫描函数，出口 key_ma = 0xff，无键操作 ------------ */
uchar key_scan( )
{
    P1 = 0x0f;              //P1 口低 4 位为行输入，高 4 位为列输出
    key_ma = 0xff;         //默认无按钮操作值
    if((P1&0x0f)!= 0x0f)   //判断 P1.0 ～ P1.3 有低电平，按下有低电平
    {//有键按下
        delay(10);         //延时 10 ms
        if((P1&0x0f)!= 0x0f)
        {//消抖后有键按下
            key_ma = (P1&0x0f);
            P1 = 0xff;
            P1 = 0xf0;
            key_ma = ((P1&0xf0) | key_ma);
            while((P1&0xf0)!= 0xf0);       //判断按钮松开
            switch(key_ma)
            {
                case 0xee:key_ma = 0;break;
                case 0xde:key_ma = 1;break;
                case 0xbe:key_ma = 2;break;
                case 0x7e:key_ma = 3;break;
                case 0xed:key_ma = 4;break;
                case 0xdd:key_ma = 5;break;
                case 0xbd:key_ma = 6;break;
                case 0x7d:key_ma = 7;break;
                case 0xeb:key_ma = 8;break;
                case 0xdb:key_ma = 9;break;
                case 0xbb:key_ma = 10;break;
                case 0x7b:key_ma = 11;break;
                case 0xe7:key_ma = 12;break;
                case 0xd7:key_ma = 13;break;
                case 0xb7:key_ma = 14;break;
                case 0x77:key_ma = 15;break;
                default:key_ma = 0xff;break;
```

```
                }
            }
        }
        return key_ma;
}
/* ----------------4 位数码管显示函数 ------------------------------ */
void seg_disp(uchar a[ ])
{   uchar n,bsel;
    bsel = 0xfe;                    //最初点亮最低位
    for(n = 0;n < 4;n ++)
    {
        P3 = bsel;                  //位选口
        P2 = a[n];                  //显示缓冲单元的数据查出字段码表
        bsel = (bsel << 1) | 1;     //准备显示下一位
        delay(1);                   //每位显示约 1 ms
        P2 = 0xff;                  //熄灭数码管,
    }
}


void p_disp(uchar a[ ])
{   uchar n,bsel;
    bsel = 0xfe;                    //最初点亮最低位
    for(n = 0;n < 3;n ++)
    {
        P3 = bsel;                  //位选口
        P2 = a[n];                  //显示缓冲单元的数据查出字段码表
        bsel = (bsel << 1) | 1;     //准备显示下一位
        delay(1);                   //每位显示约 1 ms
        P2 = 0xff;                  //熄灭数码管,
    }
    P3 = bsel;                      //位选口
    P2 = segtab[key_count];         //显示缓冲单元的数据查出字段码表
    delay(1);
}
void main(void)
{
    while(1)
    {
loop:   key_bit = 0;
        seg_disp(start);           //显示" ---- "
loop1:
        key_scan();                //扫描键码
/* 判断确认键 ------------------- (1) ------------------------------- */
        if(key_ma == 0xff)         //判断有无按钮操作
        {//无按钮操作
            if(key_bit != 0)
            {//判断密码输入中
                delay(10);         //延时
                if(t_count ++ > 250)
                    goto loop;     //大于 3 s
                else
                {
                    p_disp(PX);
                    goto loop1;
```

```
                }
            }
            goto loop;
        }
        key_bit = 1;
        t_count = 0;
        if(key_ma == 15)                //= " * ", 退出 按下
        {   key_count = 0;
                goto loop;
        }
        if(key_ma != 14)                //= "#", 确认键 按下
        {
            MIMA_SAVE[key_count ++] = key_ma;
            p_disp(PX);
            goto loop1;
        }
        /* ---------------------=密码确认键-------------------- */
        key_count = 0;
        t_count = 0;
        flag = 0;
        for(i = 0; i < 4; i ++)          //判断输入密码是否正确, 共4次
        {
            if(MIMA_SAVE[i] != PASSWORD[i])
                flag = 1;                //不等于密码, 标志位置1
        }
        if(flag != 0)
        {
            for(i = 0; i < 750; i ++)
            {
                seg_disp(Errr);         //不等于密码, 显示"Errr"3 s
            }
        }
        else
        {
            kai_suo = 0;
            for(i = 0; i < 750; i ++)
            {
                seg_disp(OPEn);         //等于密码, 显示"OPEn"3 s
            }
            kai_suo = 1;
        }
    }
}
```

### 知识拓展

**数组作为函数参数**

变量可作为函数参数, 数组也可作为函数参数。数组用作函数参数有两种形式: 一种是把数组元素（又称下标变量）作为实参使用; 另一种是把数组名作为函数的形参和实参使用。

**1. 数组元素作为函数参数**

数组元素就是下标变量, 它与普通变量并无区别。数组元素只能用作函数实参, 其用法

与普通变量完全相同：在发生函数调用时，把数组元素的值传送给形参，实现单向值传送。

【例3-1-12】在如图3-1-12所示中，用数组元素作为函数参数方式轮流显示"----"、"Errr"和"OPEn"动态显示。

解：

```
#include<reg51.h>
#define uchar unsigned char
#define uint unsigned int
void delay(uint n)
{
    uchar i;
    while(n--)
        for(i=0;i<121;i++);
}
uchar code start[] = {0x40,0x40,0x40,0x40};      //"----"
uchar code Errr[] = {0x79,0x50,0x50,0x50};       //"Errr"
uchar code OPEn[] = {0x3f,0x73,0x79,0x37};       //"OPEn"
uchar a=0,i,m;
/*又一种方法编程4位数码管显示1位数字函数*/
void seg_disp(uchar c)
{
    P2=c;
    switch(a++)
    {
        case 0:P3=0xfe;break;
        case 1:P3=0xfd;break;
        case 2:P3=0xfb;break;
        case 3:P3=0xf7;a=0;break;
    }
    delay(1);
    P2=0xff;                    //熄灭数码管
}
void main()
{
    while(1)
    {
        for(m=0;m<250;m++)          //显示"----"
        {
            for(i=0;i<4;i++)
                seg_disp(start[i]);
        }
        for(m=0;m<250;m++)          //显示"Errr"
        {
            for(i=0;i<4;i++)
                seg_disp(Errr[i]);
        }
        for(m=0;m<250;m++)          //显示"OPEn"
        {
            for(i=0;i<4;i++)
                seg_disp(OPEn[i]);
        }
    }
}
```

说明：

（1）用数组元素作实参时，只要数组类型和函数的形参类型一致即可，并不要求函数的形参也是下标变量。换句话说，对数组元素的处理是按普通变量对待的。

（2）在普通变量或下标变量作函数参数时，形参变量和实参变量是由编译系统分配的两个不同的内存单元。在函数调用时发生的值传送，是把实参变量的值赋予形参变量。

**2. 数组名作为函数的形参和实参**

数组名作函数参数时，既可以作形参，也可以作实参。特点：

（1）地址传递。

（2）在主调函数与被调函数分别定义数组，且类型应一致。

（3）形参数组大小（多维数组第一维）可不指定。

（4）形参数组名是地址变量。

【例3-1-13】在如图3-1-12所示中，用数组名作为函数参数方式轮流显示"----"、"Errr"和"OPEn"动态显示。

解：

```c
#include <reg51.h>
#define uchar unsigned char
#define uint unsigned int
uchar code start[] = {0x40,0x40,0x40,0x40};      //"- - - -"
uchar code Errr[] = {0x79,0x50,0x50,0x50};       //"Errr"
uchar code OPEn[] = {0x3f,0x73,0x79,0x37};       //"OPEn
void delay(uint n)
{
    uchar i;
    while(n--)
        for(i=0;i<121;i++);
}
void seg_disp(uchar c[])
{
    uchar a,m,n;
    for(m=0;m<250;m++)                           //显示稳定时间
    {
        for(a=0,n=0xfe;a<4;a++)                  //4 个显示内容
        {
            P2=c[a];                             //显示一个
            P3=n;
            n=n<<1|1;
            delay(1);
            P2=0xff;
        }
    }
}
void main()
{
    while(1)
    {
        seg_disp(start);
        seg_disp(Errr);
        seg_disp(OPEn);
```

```
        }
    }
```

说明：

（1）用数组名作函数参数，应该在调用函数和被调用函数中分别定义数组，且数据类型必须一致，否则结果将出错。

（2）C 编译系统对形参数组大小不作检查，所以形参数组可以不指定大小。

如果指定形参数组的大小，则实参数组的大小必须大于或等于形参数组，否则会因形参数组的部分元素没有确定值而导致计算结果错误。

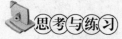 思考与练习

## （一）简答题

（1）独立式键盘和矩阵式键盘分别具有什么特点？适用于什么场合？

（2）行扫描法和线反转法在硬件设计上有什么不同？简述线反转法键盘扫描过程。

（3）简述单片机数码管显示过程。

（4）矩阵式键盘的连接与独立式键盘的连接有什么区别？

（5）键码表是如何确定的？

## （二）填空题

（1）行列式键盘识别按钮的常用方法有两种，即_____和_____。

（2）数码管显示代码一般制成表格，存放在_____中，其显示代码编制取决于_____。

（3）将位选线连接在一起，段选信号分开，这种连接方式称为_____。将位选线分开，段选信号连接在一起，这种连接方式称为_____。

（4）在多只 LED 数码管使用中，有静态显示和动态显示两种方式。其中，LED 依次轮流点亮属于_____显示方式。在 3×4 行列式键盘中，最多可连接的按钮数为_____。

（5）数组是具有固定_____和相同_____成分的有序集合。有 int a[10]；语句，则在语句中，a 代表_____，10 代表_____，每个数组元素需要_____单元存放。在 unsigned char code tab[ ] = {'A','B','C'}；中，关键字 "code" 是为了把数组存储在_____。

（6）在循环中，break 语句的作用是_____，continue 语句的作用是_____，goto 语句的作用是_____。

（7）在 C 程序中，函数使用遵循先声明、后_____的原则。函数的返回值是通过函数中的_____语句获得的。形参与实参必须_____一致，_____相同，按顺序分配。

（8）C 语言函数调用中，形参与实参之间的数据传递有两种方式，一种是_____，特点是单向传递；另一种是_____，特点是双向传递。数组元素作为函数参数进行传递属于_____，数组名作为函数的形参和实参进行传递属于_____。

（9）定义函数时括号中的变量名简称_____，调用函数时括号中的表达式简称_____。

（10）函数内部的变量称为_____，在源程序的开始部分定义的变量称为_____。

（11）_____语句一般用于单一条件或分支数目较少的场合，如果编写超过 3 个以上分支的程序，可用多分支选择的_____语句。

（12）一个函数由两部分组成，即_____定义和_____。

## （三）实践题

（1）在单片机 P1 口接一个 "4×4" 矩阵键盘，表示 "0" ～ "F" 数码，P2 口接一只数码管，操作按钮在数码管上显示对应按钮值。设开机口显示 "P"。

（2）选用数码管动态显示方式，使之显示 "PROG" 字符，请完成系统设计。

项目 3 基于加工站的单片机技术应用

# 任务 2　数据保存与存储器应用

## 学习目标

（1）了解单片机总线的扩展技术，会 6264 数据存储器扩展技术应用。

（2）了解 I²C 总线应用技术，熟悉片内 EEPROM 技术，会编写相应 C51 应用程序。

（3）熟悉二维数组及字符数组技术应用，了解指针技术应用。

（4）理解 SPI 总线概念，熟悉单片机内部扩展的 RAM 技术应用。

## 任务描述

有一个物料计数系统，要求对物料完成计数并显示，当计数到达设定值时能正确指示。要求通过一个"4×4"矩阵键盘输入参数，并在 4 只共阳数码管上显示。具体过程如下：

（1）开机后进入等待状态：数码管显示"－－－－"；按运行键直接进入第（3）步。

（2）按设定键后，显示："P001"，表示物料计数设定。按确定键进入计数设定，显示："0000"，表示从 0 开始计数。设定过程中数字依次前进一位，直到符合要求为止；再次按确定键保存设定值，回到第（1）步。

（3）显示实际物料计数，当计数值与设定值相等时，停止计数，显示"－－on"，按清除键回到第 1 步。

## 相关知识

### （一）单片机扩展片外 RAM 技术应用

在需要保存大批量数据时，一般要扩展片外 RAM。扩展时通过系统总线把各扩展部件连接起来，进行数据、地址和信号的传送，因此要实现扩展首先要构造系统总线。

#### 1. 系统总线简介

总线是指连接单片机系统各部件的一组公共信号线。按其功能通常把系统总线分为 3 组：地址总线、数据总线和控制总线。

（1）地址总线 AB（Address Bus）：A0 ～ A15。地址总线用来传送 CPU 发出的地址码，是单向总线。51 单片机地址总线的宽度（位数）为 16 位，其中高 8 位由 P2 口提供，低 8 位由 P0 口提供。实际应用中高位地址线并不固定为 8 位，需要用几位就从 P2 口中引出几条线。

（2）数据总线 DB（Data Bus）：D0 ～ D7。数据总线用于在单片机与存储器之间、I/O 端口之间传送数据和指令码，是双向总线。数据总线由 P0 口提供，因为 P0 口既用作地址线，又用作数据线（分时使用两种总线），因此，需要外加一个 8 位锁存器来锁存 P0 口低 8 位地址。

在应用时，先把低 8 位地址送锁存器暂存，后与 P2 口的高 8 位地址同时有效合成 16 位地址总线，给扩展组件提供地址，接着把 P0 口变为数据总线使用，以供 CPU 读/写数据。

（3）控制总线 CB（Control Bus）。控制总线用来传送 CPU 发出的控制信号、存储器或外围设备的状态信号和时序信号等。可分为 ALE、$\overline{WR}$、$\overline{RD}$ 这 3 个。实际应用中的常用控制信号如下：

① 使用 ALE 作为地址锁存的选通信号，以实现低 8 位地址的锁存。

② 以 $\overline{RD}$ 和 $\overline{WR}$ 作为扩展数据存储器和 I/O 端口的读、写选通信号。

总线与外部 I/O 等外围扩展设备实现一对一操作，因此在多外围扩展设备时，总线分时对不同的外设进行数据传送，即某一时刻只能选择其中一个外围扩展设备。

**2. 三总线的扩展方法**

P0 口线既作为低 8 位地址线使用又作为数据线使用，因此需采用复用技术，分时使用，对地址和数据进行分离，为此在构造地址总线时要增加一个 8 位锁存器。通常使用的锁存器有 74LS273 或 74LS373 等。总线扩展的编址技术有线选法和译码法两种。

（1）线选法：高位地址线直接连到存储器芯片的片选端。低位地址线实现片内寻址。

优点：连接简单。

缺点：芯片地址空间不连续；存在地址重叠现象。适用于扩展存储容量较小的场合。

（2）译码法：通过译码器将高位地址线转换为片选信号。低位地址线实现片内寻址。

优点：可充分利用存储空间，芯片地址空间连续，地址不重叠；若译码器输出端留有剩余端线未用时，便于继续扩展存储器或 I/O 端口接口电路。

缺点：硬件电路稍复杂，需要使用译码器。

**3. 总线扩展常用芯片简介**

（1）74LS138 译码器。74LS138 是用作地址译码的变量译码器，一般用于有多个外接数据存储器和 I/O 端口时作为芯片片选信号。74LS138 有两组输入信号：一组是地址输入端 A0，A1，A2；另一组是输入选通端 $\overline{E1}$、$\overline{E2}$、E3，Y0～Y7 是输出端。在同一时间内最多只有一个输出端被选中，被选中的输出端为低电平，其余为高电平。其芯片引脚排列图如图 3-2-1 所示。

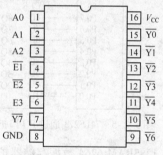

图 3-2-1 74LS138 引脚排列图

（2）用 74LS244 扩展并行输入口。74LS244 是单向的 8 位三态缓冲器，常用作 CPU 同外设之间的缓冲和驱动。其引脚功能如图 3-2-2 所示，具有 2 个三态门使能端 1$\overline{G}$、2$\overline{G}$；8 个输入端 1A1～1A4、2A1～2A4；8 个输出端 1Y1～1Y4、2Y1～2Y4。74LS244 与单片机的典型连接如图 3-2-3 所示。

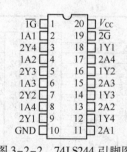

图 3-2-2 74LS244 引脚图

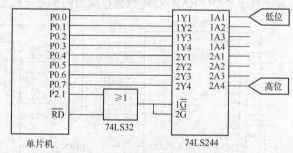

图 3-2-3 74LS244 与单片机的典型连接

（3）74LS273 输出锁存器。74LS273 是一个带清除端的 8D 触发器，其引脚排列图如图 3-2-4 所示。其中 1D～8D 为数据输入端，1Q～8Q 为数据输出端，CLK 为时钟信号，$\overline{CLR}$ 为清除端。74LS273 真值表见表 3-2-1。

图 3-2-5 是 74LS273 通过 P0 口扩展的 8 位并行输出接口，CLK 接 $\overline{WR}$，并在 $\overline{WR}$ 的上升沿锁存数据，$\overline{CLR}$ 与 P2.7 相连，P2.7 为 1 时选中 74LS273，故其地址可取为 8000H。

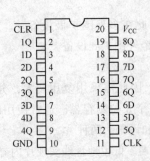

图 3-2-4 74LS273 引脚排列图

表 3-2-1 74LS273 真值表

| 输　入 | | | 输出 |
|---|---|---|---|
| $\overline{CLR}$ | CLK | D | Q |
| L | X | X | L |
| H | ↑ | H | H |
| H | ↑ | L | L |
| H | L | X | $Q_0$ |

**4. SRAM 6264 数据存储器扩展技术**

单片机系统中常使用 SRAM 6264 数据存储器用于扩展片外数据存储器，该器件主要特性如下：

（1）储存容量：8 KB × 8，CMOS 工艺制造，28DIP 封装，单电源 +5 V 供电，存储周期为 150 ns，读写次数为 100 亿次，无写时间延迟，可靠性高。

（2）特别适用于快速读写的应用系统中。

SRAM 6264 数据存储器其芯片引脚排列图如图 3-2-6 所示。

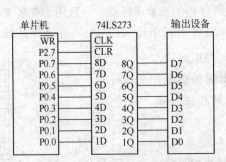

图 3-2-5　74LS273 通过 P0 口扩展的 8 位并行输出接口

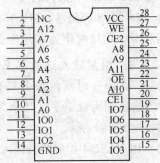

图 3-2-6　SRAM 6264 引脚排列图

**1）SRAM 6264 数据存储器扩展电路**

使用前面讲过的 74LS373 锁存器再加上 6264 数据存储器按照一定的规则与单片机相连接就构成了基于 8 KB SRAM 6264 数据存储器的扩展电路，具体的电路图如图 3-2-7 所示。

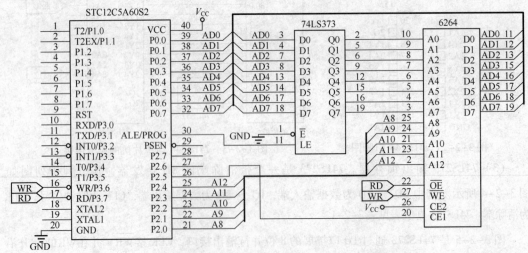

图 3-2-7　基于 8KB SRAM 6264 数据存储器的扩展电路

在本设计中,P2.5 引脚作为 6264 数据储存器的片选信号。采用此连接方法单片机扩展的外存单元地址范围可设置为 0000H ～ 1FFFH(P2.6、P2.7 没有使用)。

【例 3-2-1】用线选寻址方式完成单片机与两片 SRAM 6264 的连接。

解:线选法就是将高位地址线直接连到芯片的片选端,低位地址线实现片内寻址。

(1)地址总线的连接。单片机的 P0.0 ～ P0.7 经 74LS373 与 6264(1)与 6264(2)的地址线低 8 位 A0 ～ A7 相连。P2.0 ～ P2.4 与 6264(1)与 6264(2)的地址线高 5 位 A8 ～ A12 相连。如图 3-2-8 所示。

(2) 数据总线的连接。单片机的 P0.0 ～ P0.7 与 6264(1)与 6264(2)的数据线 D0 ～ D7 相连。

(3) 控制总线的连接。单片机的读信号 $\overline{RD}$ 与 6264(1)、6264(2)的读信号 $\overline{OE}$ 连接。用 P2.7 与 6264(1)的片选信号 $\overline{CE}$ 连接,用 P2.7 经反相器后与 6264(2)的片选信号 $\overline{CE}$ 连接。当 P2.7 = 0 时选中 6264(1),当 P2.7 = 1 时选中 6264(2)。

(4) 存储器地址空间的分配。P2.6 和 P2.5 引脚没有使用,可任选电平状态(0 或 1),本例选择为低电平,因此 6264 地址分配如下:

芯片 6264(1)地址范围:0000H ～ 1FFFH。

芯片 6264(2)地址范围:8000H ～ 9FFFH。

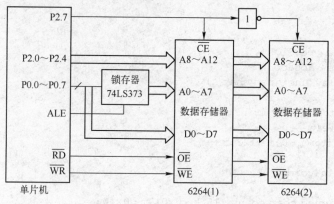

图 3-2-8  线选寻址法单片机与两片 6264 线选寻址方式连

说明:线选连接后存储器单元的地址往往是不唯一的,地址空间也不连续。

【例 3-2-2】用全译码寻址方式完成单片机与两片 6264 的连接。

解:全译码寻址是指使用译码器产生片选信号。

用 P2.5、P2.6、P2.7 与 74LS138 译码器的输入端 A、B、C 连接,而将其输出端的 $\overline{Y1}$、$\overline{Y2}$ 分别与 6264(1)、6264(2)的片选信号 $\overline{CE}$ 连接,如图 3-2-9 所示。要使 6264(1)的片选信号有效,必须使 $\overline{Y1}$ 有效,要使 $\overline{Y2}$ 有效又必须使 74LS138 译码器输入端输入 001,即 P2.7P2.6P25 = 001,同样要使 6264(2)被选中,则 P2.7P2.6P25 = 010。由此可推出两个芯片的地址空间范围如下:

芯片 6264(1)地址范围:2000H ～ 3FFFH。

芯片 6264(2)地址范围:4000H ～ 5FFFH。

说明:由于采用了全译码方式,两个芯片的地址是唯一的,地址空间可连续。

2) SRAM 6264 扩展程序编写

项目 3 基于加工站的单片机技术应用

**【例3-2-3】**如图3-2-7所示，单片机系统外扩一片6264外部RAM存储器，将单片机内部RAM中的0F0H～0FEH单元中的内容依次存入数值"01H"、"12H"、"23H"、……"0EFH"，然后将这15个单元的值顺序保存到6264存储器地址为0100H开始的存储单元中。再将片外这15个单元的值送P1口显示，要求每隔0.5 s读入一个单元的数值。

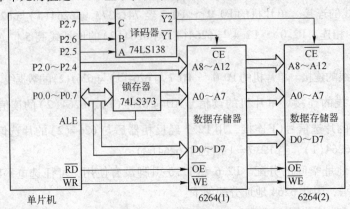

图3-2-9　全译码法单片机与两片6264全译码寻址方式连接

解：

参考程序如下：

```
#include < reg51.h >
#include < absacc.h >
void delay(unsigned char n)
{
    unsigned char i;
    while(n -- )
        for(i = 0;i < 123;i ++ );
}
void main(void)
{
    unsigned char count = 15,k = 0x01,m = 0xf0;
    unsigned int b;
    while(1)
    {
        do
        {
            DBYTE[m ++ ] = k;
            k = k + 0x11;
        } while(count -->0);
        m = 0xf0;b = 0x100;count = 15;
        do
        {
            XBYTE[b ++ ] = DBYTE[m ++ ];
        } while(count -->0);
        b = 0x100;count = 15;
        do
        {
            P1 = XBYTE[b ++ ];
            delay(500);
        } while(count -->0);
```

```
        while(1);
    }
}
```

### （二）单片机扩展 I²C 串行总线技术应用

#### 1. I²C 串行总线的组成及工作原理

I²C 串行总线是 PHILIPS 公司推出的一种简单的双向两线（SDA、SCL）传输总线，最高传送速率为 100 kbit/s。I²C 器件使用时通过上拉电阻直接挂到 I²C 串行总线上，无须片选信号。如图 3-2-10 所示为 I²C 串行总线连接图，其中每个 I²C 电路或模块都有唯一的地址。

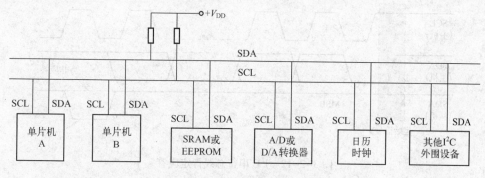

图 3-2-10　I²C 串行总线连接图

（1）I²C 串行总线的起始和停止条件。I²C 串行总线有效性和起始、停止条件如图 3-2-11 所示。

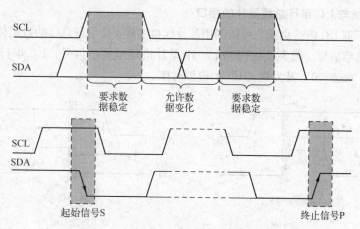

图 3-2-11　I²C 串行总线有效性和起始、停止条件

① 总线不忙：数据线和时钟线保持高。

② 起始条件：在 SCL 线是高电平时，SDA 线从高电平向低电平切换。

③ 停止条件：在 SCL 线是高电平时，SDA 线由低电平向高电平切换。

④ 数据传送：在 SCL 线是低电平时，SDA 存放传送数据。

（2）肯定应答。从机在接收到 8 bit 数据后，向主机发出反馈应答 ACK 信号（拉 SDA 线为稳定的低电平），表示已收到数据。主机 CPU 向从机发出一个信号后，等待从机发回一个应答信号，主机 CPU 接收到应答信号后，根据实际情况作出是否继续传递信号的判断。若未收到应答信号，则判断从机出现故障。$I^2C$ 串行总线肯定应答如图 3-2-12 所示。

每一字节必须保证是 8 位长度。数据传送时，先传送最高位（MSB），每一被传送的字节后面都必须跟随一位应答位（即 1 帧共有 9 位）。

（3）器件寻址和操作。主机产生起始条件后，发送的第一字节为寻址字节，该字节的高 7 位为从机地址，最低位"0"表示主机写信息到从机，"1"表示主机读从机中的信息。

总线上的每个从机都将这 7 位地址码与自己的地址进行比较，如果相同，则认为自己正被主机寻址，根据 $R/\overline{W}$ 位将自己确定为发送器或接收器。

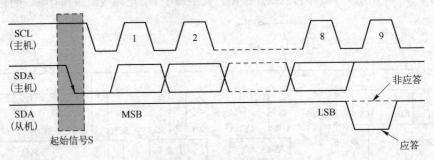

图 3-2-12　$I^2C$ 串行总线肯定应答

从机的地址由固定部分和可编程部分组成。可编程部分决定可接入相同类型的从机最大数目。如一个从机的 7 位寻址位有 4 位是固定位，3 位是可编程位，这时仅能寻址 8 个同样的器件，即可以有 8 个同样的器件接入到该 $I^2C$ 串行总线系统中。

**2. 51 单片机与 $I^2C$ 串行总线器件的接口**

51 单片机不带 $I^2C$ 串行总线，可以利用软件模拟实现 $I^2C$ 串行总线的数据传送。

（1）模拟典型信号。图 3-2-13 所示为 51 单片机模拟典型信号：$I^2C$ 串行总线的起始信号、终止信号、发送"0"及发送"1"的模拟时序。

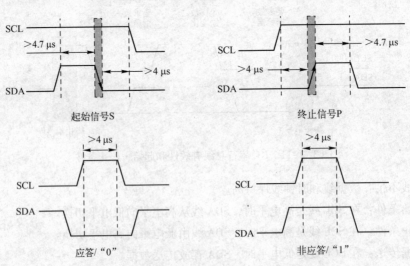

图 3-2-13　51 单片机模拟 $I^2C$ 串行总线典型信号

模拟典型信号编写参考程序如下：

① 模拟起始信号 S。

```
/********************发送 I²C 总线开始信号 *******************
************ 出口:SDA = 0,SCL = 0    fosc = 12 MHz ***************** /
void i2c_start(void)
{
    I2C_SDA = 1;I2C_SCL = 1;_nop_( );_nop_( );_nop_( );_nop_( );    // >4 μ 秒
    I2C_SDA = 0;_nop_( );_nop_( );_nop_( );_nop_( );    //产生下降沿脉冲信号
    I2C_SCL = 0;
}
```

② 模拟终止信号 P。

```
/************************ 发送结束信号 ********************
************ 出口:SCL = 0    SDA = 1, ***************** /
void i2c_stop(void)
{
    I2C_SDA = 0;I2C_SCL = 1;_nop_( );_nop_( );_nop_( );_nop_( );    // >4 μ 秒
    I2C_SDA = 1;_nop_( );_nop_( );_nop_( );_nop_( );                // >4 μ 秒
    I2C_SCL = 0;
}
```

③ 应答信号。

```
/**********************产生 I²C 总线应答信号 ACK *****************
*******入口:SCL = 0    出口:SCL = 0,SDA = 1    ********** /
void i2c_ack(void)
{
    I2C_SDA = 0;I2C_SCL = 1;_nop_( );_nop_( ); _nop_( );_nop_( );
    I2C_SCL = 0;I2C_SDA = 1;
}
```

④ 非应答信号。

```
/**********************产生 I²C 总线非应答信号 ACK *****************
*******入口:SCL = 0    出口:SCL = 0,SDA = 0    ********** /
void i2c_noack(void)
{
    I2C_SDA = 1;I2C_SCL = 1;_nop_( );_nop_( ); _nop_( );_nop_( );
    I2C_SCL = 0;I2C_SDA = 0;
}
```

（2）AT24 串行 EEPROM 系列应用：

① 常用 AT24 系列串行 EEPROM 介绍。ATMEL 公司产品应用较为广泛，常用的 AT24 系列串行 EEPROM 芯片具体型号如表 3-2-2 所示。

表 3-2-2　常用的 AT24 系列串行 EEPROM 芯片具体型号

| 器 件 号 | 容　　量 | 页 面 结 构 | 电压（根据封装决定）/V |
|---------|----------|-----------|----------------------|
| AT24C02 | 256 ×8 （2 KB） | 1 | 2.5～6.0 |
| AT24C04 | 512 ×8 （4 KB） | 2 | 2.5～6.0 |
| AT24C08 | 1024 ×8 （8 KB） | 4 | 2.5～6.0 |
| AT24C16 | 2048 ×8 （16 KB） | 8 | 2.5～6.0 |
| AT24C32 | 4096 ×8 （32 KB） | 16 | 2.5～6.0 |
| AT24C64 | 8192 ×8 （64 KB） | 32 | 2.5～6.0 |

② AT24C 系列串行 EEPROM 功能描述。AT24C 系列 EEPROM 是电可擦的可编程只读存储器。引脚排列图如图 3-2-14 所示。

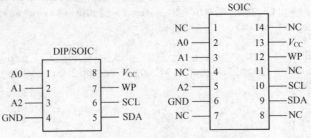

图 3-2-14　AT24CXX 系列引脚排列图

③ 引脚说明：

a. A0、A1、A2：AT24C02 ～ AT24C16 相同类型的硬线寻址（地址片选）。

b. SCL：时钟输入端。需接上拉电阻，一般为 10 kΩ。

c. SDA：串行地址/数据（输入/输出端）。需接上拉电阻，一般为 10 kΩ。

d. WP：写保护输入端。此端连到 $V_{\text{ss}}$，一般存储器操作使能（读/写整个存储器）。此端连到 $V_{\text{cc}}$，写操作禁止。整个存储器是写保护的，读操作不受影响。

④ 器件寻址。写控制字节和读控制字节是 8 位的控制字节。控制字节的结构如下所示：

| 1 | 0 | 1 | 0 | A2 | A1 | A0 | R/$\overline{\text{W}}$ |
|---|---|---|---|----|----|----|----|

控制字节的高 4 位（1010）为 EEPROM 的器件识别码。后面 3 位 A2、A1、A0 是芯片选择或片内块选择位，如表 3-2-3 所示。32 KB、64 KB EEPROM 要求在控制字节之后输出一个 16 位器件地址字，其他 EEPROM 要求在控制字节之后输出一个 8 位器件地址字。

表 3-2-3　控制字节的 A2、A1、A0 位

| 芯片类型 | 页面字节/KB | A2 | A1 | A0 | 引脚 A2, A1, A0 |
|---|---|---|---|---|---|
| AT24C02 | 8 | × | × | × | 内部无连接 |
| AT24C04 | 16 | × | × | 块选择 | 内部无连接 |
| AT24C08 | 16 | × | 块选择 | | 内部无连接 |
| AT24C16 | 16 | 块选择 | | | 内部无连接 |
| AT24C32 | 32 | 芯片选择 | | | 悬空 |
| AT24C64 | 32 | 芯片选择 | | | 悬空 |

⑤ 写操作：

a. 字节写：字节写时序如图 3-2-15 所示。其过程如下：主机发起始信号→控制字→从机应答→主机发从机存放地址→从机应答→主机发保存数据→从机应答→主机发结束信号。

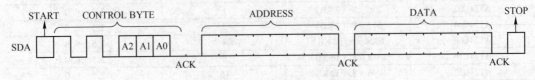

图 3-2-15　写入一数据字节时序

● 单字节写模拟参考程序如下:

```
/******************向 I²C 总线发送 1 字节数据 ******************
*******入口:SCL = 0    出口:返回响应信号 ACK    ********** /
bit i2c_write_byte(unsigned char b)
{
     bit ack;
     unsigned char a;
     for(a = 0;a < 8;a ++)
     {
          if(b&0x80)
               I2C_SDA = 1;                    //对应位送 SDA 引脚
          else
               I2C_SDA = 0;
          I2C_SCL = 1;_nop_( );_nop_( ); _nop_( );_nop_( );
          I2C_SCL = 0;
          b = b << 1;
     }
     I2C_SDA = 1;I2C_SCL = 1;_nop_( );_nop_( ); _nop_( );_nop_( );
     if(I2 C_SDA == 1)                         //判断从机响应信号
          ack = 1;
     else
          ack = 0;
     I2C_SCL = 0;
     return      (ack);
}
```

● 写入一个数据参考程序:

```
bit write_one_byte(uchar addr,uchar a)       //地址、数据
{
     bit n;
     i2c_start( );
     n = i2c_write_byte(0xA0);                //写控制字
     if(n == 0)    return 0;                  //判断控制字 ACK 信号非 0,反馈错误标志
     n = i2c_write_byte(addr);
     if(n == 0)    return 0;                  //判断地址 ACK 信号非 0,反馈错误标志
     n = i2c_write_byte(a);                   //保存数据
     if(n == 0)    return 0;
     i2c_stop( );                             //产生停止信号
     return(1);                               //反馈正确标志
}
```

b. 页写:2KBEEPROM 能进行 8 字节的页写,4 KB、8 KB、16 KB 器件能进行 16 字节的页写。时序如图 3-2-16 所示。从机每收到一个数据后都会反馈一个应答信号。

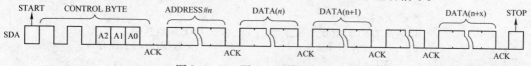

图 3-2-16　写入 1 页数据字节时序

页写模拟参考程序如下:

```
/****************向 I²C 总线发送 n 字节数据 ****************
     write_nbyte(起始地址,数组首地址,数组长度)
```

```
    ***************************************************** /
bit write_nbyte(uchar addr,uchar * s,uchar numb)
{
    uchar i;
    bit n;
    i2c_start();
    n = i2c_write_byte(0xA0);              //写控制字
    if(n ==0)    return 0;                 //判断 ACK 信号非 0，反馈错误标志
    n = i2c_write_byte(addr);
    if(n ==0)    return 0;                 //判断 ACK 信号非 0，反馈错误标志
    for(i =0;i <numb;i ++)
    {
        n = i2c_write_byte(* s);
        if(n ==0)    return 0;
        s ++;                              //发送数据地址修改
    }
    i2c_stop();                            //产生停止信号
    return(1);                             //反馈正确标志
}
```

⑥ 读操作。读操作的启动与写操作一样，只是器件地址字的 R/$\overline{W}$ 选择位被置成 1。有 3 种类型：

a. 读当前地址内容。AT24C 系列串行 EEPROM 芯片内部的地址计数器保存被存取的最后一字节地址，因此可直接读数据。读数据器件不给出肯定应答信号（SDA 总线保持高电平），但产生一个停止条件。如图 3-2-17 所示。

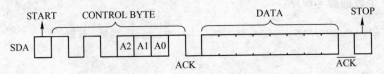

图 3-2-17　读当前地址内容时序

• 读一个字节参考程序如下：

```
/**********************从 I²C 总线读取 1 字节数据 ***********************
*******入口:SCL = 0    出口:SCL = 0,返回 1 字节数据     **********/
unsigned char i2c_read_byte(void)
{
    unsigned char a;
    unsigned char b =0;                    //b 存放保存数据
    I2C_SDA =1;
    for(a =0;a <8;a ++)
    {
        b = b <<1;
        I2C_SCL =1;_nop_();_nop_();_nop_();_nop_();
        if(I2C_SDA ==1)b ++;               //数据位 =1,保存
        I2C_SCL =0;
    }
    return(b);
}
```

• 读当前地址内容参考程序如下：

```c
bit read_now_byte(uchar * s)
{
    bit   n;
    i2c_start();
    n = i2c_write_byte(0xA1);              //读控制字
    if(n==0)    return 0;                  //ACK
    * s = i2c_read_byte();                 //读数据
    i2c_noack();
    i2c_stop();                            //停止信号
    return(1);
}
```

b. 读随意地址内容：首先必须置字地址。发送了字地址以后，主器件在确认位后面产生一个开始条件。主器件再次发控制字节，使 R/$\overline{\text{W}}$ 为 1。AT24C 系列串行 EEPROM 将发出确认位并发送出 8 位数据字。主器件将不确认，但产生一个停止条件，如图 3-2-18 所示。

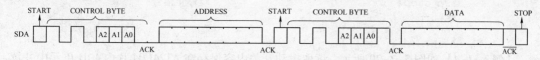

图 3-2-18　读随意地址内容时序

```c
/*****************read_rad_byte(起始地址,数组首地址,数组长度)***********
     出口:SCL=0,返回 n 字节数据                          ********** /
bit read_rad_byte(uchar addr,uchar * s)
{
    bit n;
    i2c_start();                       //(a)起始信号
    n = i2c_write_byte(0xA0);          //(b)写控制字
    if(n==0)    return 0;              //(c)ACK
    n = i2c_write_byte(addr);          //(d)写地址
    if(n==0)    return 0;              //(e)ACK
    read_now_byte(s)
}
```

c. 序列读地址内容：序列读可由现行地址读或随机地址读初始化。当读数据器件接收一个数据字之后，它给出一个肯定应答信号。只要 EEPROM 接收一个肯定应答，它将继续递增数据字地址且串行地输出这一序列。当读数据器件没有给出一个肯定应答响应（让 SDA 总线保持高电平），而产生紧接其后的结束条件，序列读操作结束，如图 3-2-19 所示。

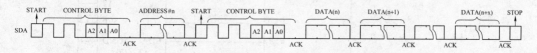

图 3-2-19　顺序读出（$x+1$）字节内容时序

```c
/***************** 从 I²C 总线读取 n 字节数据 ****************************
read_nbyte(起始地址,数组首地址,数组长度)
出口:SCL=0,返回 n 字节数据                          ********** /
bit read_nbyte(uchar addr,uchar * s,uchar numb)
{
    uchar i;
    bit n;
```

```
i2c_start();                      //(a)起始信号
n = i2c_write_byte(0xA0);         //(b)写控制字
if(n == 0)    return 0;           //(c)ACK
n = i2c_write_byte(addr);         //(d)写地址
if(n == 0)    return 0;           //(e)ACK
i2c_start();                      //(f)起始信号
n = i2c_write_byte(0xA1);         //(g)读控制字
if(n == 0)    return 0;           //(h)ACK
for(i = 0;i < numb - 1;i ++ )
{
    *s = i2c_read_byte();         //读数据
    i2c_ack();
    s ++;
}
*s = i2c_read_byte();
i2c_noack();                      //无 ACK
i2c_stop();                       //停止信号
return(1);
}
```

【例 3-2-4】 如图 3-2-20 所示，读取拨动开关内容保存在 AT24C04 片内 40H 单元中并读取 40H 单元内容送 P1 口显示。

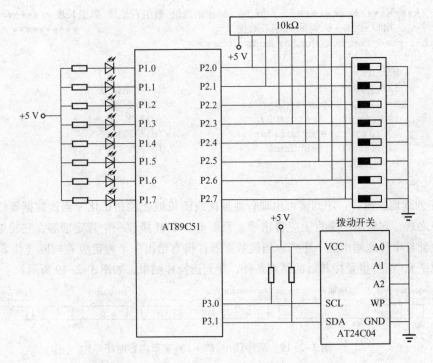

图 3-2-20　【例 3-2-4】AT24C04 和单片机连接图

解：

先读取拨动开关内容，再保存和显示。参考程序如下：

```
#include < reg52.h >
#include < intrins.h >
```

```
#define uchar unsigned char
#define uint unsigned int
sbit I2C_SDA = P3^1;
sbit I2C_SCL = P3^0;
bit i2c_write_byte(uchar b);
bit write_nbyte(uchar addr,uchar * s,uchar numb);
bit write_one_byte(uchar addr,uchar a) ;     //地址、数据
uchar i2c_read_byte(void);
bit read_nbyte(uchar addr,uchar * s,uchar numb);
bit read_rad_byte(uchar addr,uchar * s);
bit read_now_byte(uchar * s);
void i2c_start(void);
void i2c_ack(void);
void i2c_noack(void);
void i2c_stop(void);
void main(void)
{
    uchar a;
    uchar * p = &a;
    while(1)
    {
        * p = P2;
        write_one_byte(0x40,p);          //保存
        read_now_byte(p);                //读取并送显示
        P1 = * p;
    }
}
/***** 其他函数参考本任务相关内容 ****** /
```

### （三）二维数组及字符数组技术应用

#### 1. 二维数组

（1）二维数组的定义。二维数组定义的一般形式是：

类型说明符　　数组名[常量表达式1][常量表达式2]；　例如：

int a[3][4];

说明了一个3行4列的数组，数组名为a，其数组元素的类型为整型。该数组的下标变量共有3×4个，即

```
a[0][0],a[0][1],a[0][2],a[0][3]
a[1][0],a[1][1],a[1][2],a[1][3]
a[2][0],a[2][1],a[2][2],a[2][3]
```

二维数组在概念上是二维的，实际的硬件存储器却是连续编址的。在C语言中，存放二维数组按行排列，即放完一行之后顺次放入第二行，即先存放a[0]行，再存放a[1]行，最后存放a[2]行。每行中有4个元素也是依次存放。由于数组a说明为int类型，该类型占2字节的内存空间，所以每个元素均占有2字节。

（2）二维数组元素的引用。二维数组的元素又称双下标变量，其表示的形式为

数组名[下标表达式][下标表达式]

例如：a[3][4];

项目 3　基于加工站的单片机技术应用

（3）二维数组的初始化。在类型说明时给各下标变量赋以初值。二维数组可按行分段赋值，也可按行连续赋值。

例如对数组 a[5][3]：

① 按行分段赋值可写为：

```
int a[5][3]={ {80,75,92},{61,65,71},{59,63,70},{85,87,90},{76,77,85} };
每行用{}括起来.
```

② 按行连续赋值可写为：

```
int a[5][3]={ 80,75,92,61,65,71,59,63,70,85,87,90,76,77,85};
```

这两种赋初值的结果是完全相同的。

对于二维数组初始化赋值还有以下说明：

③ 可以只对部分元素赋初值，未赋初值的元素自动取 0 值。

例如：int a[3][3]={{1},{2},{3}};

是对每一行的第一列元素赋值，未赋值的元素取 0 值。赋值后各元素的值为

```
1 0 0
2 0 0
3 0 0
```

④ 如对全部元素赋初值，则第一维的长度可以不给出。

例如：int a[3][3]={1,2,3,4,5,6,7,8,9};　可以写为 int a[ ][3]={1,2,3,4,5,6,7,8,9};

（4）二维数组的分解。数组是一种构造类型的数据。二维数组可以看作是由一维数组组合而成的，即 1 个二维数组可以分解为多个一维数组。其中一维数组的每个元素又是 1 个数组，就组成了二维数组。当然，前提是各元素类型必须相同。例如：

二维数组 a[3][4]，可分解为 3 个一维数组，其数组名分别为 a[0]、a[1]、a[2]。对这 3 个一维数组不需另作说明即可使用。这 3 个一维数组都有 4 个元素，例如：一维数组 a[0]的元素为 a[0][0]、a[0][1]、a[0][2]、a[0][3]。必须强调的是 a[0]、a[1]、a[2]不能当作下标变量使用，它们是数组名，不是一个单纯的下标变量。

（5）二维数组程序举例：

【例3-2-5】 一个学习小组有 5 个人，每个人有 3 门课的考试成绩（见表3-2-4）。求全组分科的平均成绩和 3 门总平均成绩。

表 3-2-4　考　试　成　绩

| 科　目 ＼ 学　生 | 张 | 王 | 李 | 赵 | 周 |
|---|---|---|---|---|---|
| 数学 | 80 | 61 | 59 | 85 | 76 |
| 模拟电子技术 | 75 | 65 | 63 | 87 | 77 |
| 单片机 | 92 | 71 | 70 | 90 | 85 |

解：可设 1 个二维数组 a[3][5]存放 3 门课 5 个人的成绩。再设 1 个一维数组 v[3]存放所求得各分科平均成绩，设变量 average 为全组各科总平均成绩。程序如下：

```
void main()
```

```
{
    unsigned char i,j,average,v[3];
    unsigned s = 0;
    unsigned char a[3][5] = {{80,61,59,85,76},{75,65,63,87,77},{92,71,70,
    90,85}};
    for(i = 0;i < 3;i ++)        //i 表示三门课
    {
        for(j = 0;j < 5;j ++)   //j 表示 5 个人
        {   s = s + a[i][j];}
        v[i] = s/5;
        s = 0;
    }
    average = (v[0] + v[1] + v[2])/3;
    while(1);
}
```

### 2. 字符数组

用来存放字符数据的数组称为字符数组。字符数组中的每一个元素都用来存放 1 个字符，也可用字符数组来存放字符串。字符数组的定义与一般数组相同，只是在定义时把数据类型定义为 char 型。

（1）字符数组的定义：

一维字符数组：用于存储和处理 1 个字符串，其定义格式与一维数值数组一样。

二维字符数组：用于同时存储和处理多个字符串，其定义格式与二维数值数组一样。

例如：

```
char   c[10];
char   c[5][10];
```

（2）字符数组的初始化。字符数组也允许在定义时作初始化赋值。

例如：char c[4] = {'c','h','a','r'};

当给出的数据多于数组维数时，错误；小于时，赋完后，剩余的补"\0"（空字符）。

例如：char   c[6] = {'c','h','a','r'};    赋值后各元素的值为：

数组 c：  c[0] = 'c'、c[1] = 'h'、c[2] = 'a'、c[3] = 'r'、c[4] = '\0'、c[5] = '\0'、c[6] = '\0'。

当对全体元素赋初值时也可以省去长度说明。例如：

char   c[] = {'c',' ','p','r','o','g','r','a','m'};

这时 c 数组的长度自动定为 9。

（3）字符串和字符串结束标志。在 C 语言中没有专门的字符串变量，通常用 1 个字符数组来存放 1 个字符串，以"\0"作为字符串的结束符。以字符串形式给数组赋值时，末尾自动加"\0"。

例如：char c[ ] = {"char"};

等价于    char   c[5] = {'c','h','a','r','\0'};

或等价于   char c[ ] = "char";    //去掉{}。

不等价于 char   c[4] = {'c','h','a','r'};      //缺少'\0'

也就是说用字符串方式赋值比用字符逐个赋值要多占 1 字节，用于存放字符串结束标志

"\0"。"\0"是由 C 编译系统自动加上的。由于采用了"\0"标志，所以在用字符串赋初值时一般无须指定数组的长度，而由系统自行处理。

（4）字符数组的输入/输出。C 语言中规定，数组名就代表了该数组的首地址。整个数组是以首地址开头的一块连续的内存单元。例如：字符数组 char c[10]，在内存可表示为：

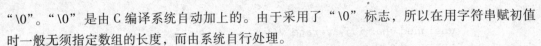

设数组 c 的首地址为 2000，也就是说 c[0]单元地址为 2000。则数组名 c 就代表这个首地址。因此在 c 前面不能再加地址运算符 &。

### （四） 指针技术应用

#### 1. 地址指针的基本概念

（1）指针概念。在计算机中，所有的数据都存放在存储器单元之中。为了正确地访问这些单元，给每个单元编上号，依据单元的编号即可准确地找到该单元。单元的编号称为地址，在 C 语言中把这个地址称为指针。定义指针的目的是为了间接访问内存单元。

（2）指针变量概念。对于一个内存单元来说，单元的地址即为指针，单元的内容是指其存放的数据。在 C 语言中，允许用一个变量来存放内存单元的指针，这种变量称为指针变量。因此，一个指针变量的值就是某个内存单元的地址。图 3-2-21 所示为整型变量 i、j、k 和指针变量 i_ptr 在内存中的分配空间和内存内容。

图 3-2-21　整型变量和指针变量在内存中的分配空间和内存内容

如图 3-2-21 所示中，有变量 i，其内容为"10"，占用了"2000"号单元。设有指针变量 i_ptr，内容为"2000"，这种情况称为：指针变量 i_ptr 指向变量 i，或说 i_ptr 是指向变量 i 的指针。指针变量 i_ptr，内容为"2002"，指针变量 i_ptr 指向变量 j。

（3）变量的指针和指向变量的指针变量。变量的指针就是变量的地址。存放变量地址的变量称为指针变量。C 语言中，允许用一个变量来存放指针，因此，一个指针变量的值就是某个变量的地址或称为某变量的指针。

为了表示指针变量和它所指向的变量之间的关系，在程序中用"＊"符号表示"指向"，例如，在图 3-2-21 中，i_ptr 代表指针变量，而＊i_ptr 是指向 i_ptr 所对应的变量 i。

#### 2. 指针变量的定义

一般形式为：　　类型说明符　　＊指针变量名；

其中，"＊"表示这是一个指针变量，"类型说明符"表示本指针变量所指向的变量的数据类型。

例如：　　int　＊p1；

表示定义一个指针变量 p1，它的值是某个整型变量的地址。或者说 p1 指向一个整型变量。至于 p1 究竟指向哪一个整型变量，应由向 p1 赋予的地址来决定。

注意：一个指针变量只能指向同类型的变量。

### 3. 指针变量的引用

要求：先定义、后赋值、再使用。

（1）指针运算符。指针运算符有两种，即"&"和"*"。

① "&"为取地址运算符。功能是取变量的地址；其一般形式为 & 变量名；例如：&a 表示变量 a 的地址，&b 表示变量 b 的地址。

② "*"为存储内容运算符（又称间接运算符）。功能是存储指针变量所指单元的内容。在"*"运算符之后跟的变量必须是指针变量。

例如：

```
int a,b;
int *p = &a;
b = 0x10;
*p = 0x20;              //等同于 a = 0x20;
b = *p;                //等同于 b = a = 0x20;
```

（2）指针变量的赋值运算：

① 把一个变量的地址赋予指向相同数据类型的指针变量。例如：

```
int i,* i_point;
i_point = &i;              //把变量 i 的地址赋予指向相同数据类型的指针变量 i_point
```

② 把一个指针变量的值赋予指向相同类型变量的另一个指针变量。例如：

```
int i,* i_point,* m_point;
i_point = &i;             //把变量 i 的地址赋予指向相同数据类型的指针变量 i_point
m_point = i_point;        //指针变量 i_point 保存的值赋予相同类型另一个指针变量
                          //m_point，即两个指针变量都指向变量 i
```

③ 把数组的首地址赋予指向数组的指针变量。

既然指针变量的值是一个地址，那么这个地址不仅可以是变量的地址，也可以是其他数据结构的地址。例如：数组或函数都是连续存放的，通过访问指针变量取得了数组或函数的首地址，也就找到了该数组或函数。这样一来，凡是出现数组、函数的地方都可以用一个指针变量来表示，只要该指针变量中赋予数组或函数的首地址即可。例如：

```
int a[5],* ap;
ap = a;           //数组名表示数组的首地址,故可赋予指针变量
```

也可以写成

```
ap = &a[0];    //数组第一个元素的地址也是整个数组的首地址
```

④ 把字符串的首地址赋予指向字符类型的指针变量。例如：

```
unsigned char * cp;
cp = "Hello world";  //字符串的首地址赋予指针变量
```

⑤ 把函数的入口地址赋予指向函数的指针变量。

（3）指针变量加减运算。指针变量的加减运算只能对数组指针变量进行。指针变量加或减一个整数 n 的意义是：把指针指向的当前位置（指向某数组元素）向前或向后移动 n 个位置。指针变量加 1，就是表示指针变量指向下一个数据元素的地址。例如：

```
int a[5],*pa;
pa = a;                    /*pa 指向数组 a,也是指向 a[0]*/
pa = pa +2;                /*pa 指向 a[2],即 pa 的值为 &pa[2]*/
```

【例 3-2-6】阅读并分析下列程序。

```
void main( )
{
    int a =10,b =20,s,t,*pa,*pb;   /*说明 pa,pb 为整型指针变量*/
    pa = &a;                       /*给指针变量 pa 赋值,pa 指向变量 a*/
    pb = &b;                       /*给指针变量 pb 赋值,pb 指向变量 b*/
    s = *pa + *pb;                 /*求 a +b 之和,(*pa 就是 a,*pb 就是 b)*/
    t = *pa * *pb;                 /*本行是求 a *b 之积*/
    printf("a = % d \nb = % d \na +b = % d \na *b = % d \n",a,b,a +b,a *b);
    printf("s = % d \nt = % d \n",s,t);
    while(1);
}
```

【例 3-2-7】完成一个双字节乘法运算。

解：

```
#include < reg51.h >
void main( )
{
    unsigned long xdata * p1 =0x2000;   /*4 字节被乘数在 2000H 单元*/
    unsigned long xdata * p2 =0x2010;   /*4 字节乘数在 2002H 单元*/
    unsigned long xdata * p3 =0x2020;   /*4 字节乘积放在 2010H 单元*/
    *p1 =0x1234;
    *p2 =0x5678;
    *p3 = (*p1) * (*p2);
    *p1 =0;
    *p2 =0;
    while(1);
}
```

（4）指针变量作为函数参数（地址传递）。函数的参数不仅可以是整型、实型、字符型等数据，还可以是指针类型。它的作用是将一个变量的地址传送到另一个函数中。

方式：函数调用时，将数据的存储地址作为参数传递给形参。

特点如下：

① 形参与实参占用同样的存储单元。

②"双向"传递。

③ 实参和形参必须是地址常量或变量。

【例 3-2-8】输入的两个整数按大小顺序输出。

解：

```
void swap(int * p1,int * p2)
```

```
{    int temp;
     temp = *p1;
     *p1 = *p2;
     *p2 = temp;
}
void main()
{    int a,b;
     int *pointer_1,*pointer_2;
     scanf("% d,% d",&a,&b);
     pointer_1 = &a;
     pointer_2 = &b;
     if(a < b)
             swap(pointer_1,pointer_2);
     printf("\n% d,% d\n",a,b);
}
```

### （五）单片机 EEPROM 技术应用

STC12C5A60S2 单片机内部集成了的 EEPROM 是与程序空间是分开的，利用 ISP/IAP 技术可将内部 Data Flash 当 EEPROM 使用，擦写次数在 10 万次以上。EEPROM 可用于保存一些需要在应用过程中修改并且掉电不丢失的参数数据。在用户程序中，可以对 EEPROM 进行字节读/字节编程/扇区擦除操作。在工作电压 $V_{CC}$ 偏低（5 V 单片机在 3.7 V 以下）时，MCU 不执行此功能，但会继续往下执行程序。建议工作电压 $V_{CC}$ 偏低时不要进行 EEPROM/IAP 操作。

EEPROM 可分为若干个扇区，每个扇区包含 512 字节。数据存储器的擦除操作是按扇区进行的，使用时，建议同一次修改的数据放在同一个扇区，不是同一次修改的数据放在不同的扇区。

#### 1. 单片机内部 EEPROM 的地址

STC12C5A60S2 单片机共有 1KB EEPROM，地址范围为 0000H ～ 03FFH，分为两个扇区：第一扇区的地址为 0000H ～ 01FFH；第二扇区的地址为 0200H ～ 03FFH。EEPROM 除可以用 IAP 技术读取外，还可以用 MOVC 指令读取，但此时 EEPROM 的首地址不再是 0000H，而是 F000H。

#### 2. 与 ISP/IAP 相关的特殊功能寄存器设置

单片机是通过一组特殊功能寄存器进行管理与控制的，如表 3-2-5 所示。

表 3-2-5　与 ISP/IAP 相关的特殊功能寄存器

| 寄　存　器 | 地址 | | | | | | | | | 复位值 |
|---|---|---|---|---|---|---|---|---|---|---|
| IAP_DATA | C2H | | | | | | | | | 1111 1111B |
| IAP_ADDRH | C3H | | | | | | | | | 0000 0000B |
| IAP_ADDRL | C4H | | | | | | | | | 0000 0000B |
| IAP_CMD | C5H | — | — | — | — | — | — | MS1 | MS0 | xxxx xx00B |
| IAP_TRIG | C6H | | | | | | | | | xxxx xxxxB |
| IAP_CONTR | C7H | IAPEN | SWBS | SWRST | CMD_FAIL | | — | WT2 | WT1 | WT0 | 0000 x000B |

（1）IAP_DATA：ISP/IAP 读、写操作时的数据缓冲寄存器。

（2）IAP_ADDRH、IAP_ADDRL：ISP/IAP 地址寄存器。

① IAP_ADDRH：ISP/IAP 操作时的地址寄存器高 8 位。复位后值为 00H。

② IAP_ADDRL：ISP/IAP 操作时的地址寄存器低 8 位。复位后值为 00H。

（3）IAP_CMD：ISP/IAP 命令寄存器。用于设置 ISP/IAP 的操作命令，但必须在命令触发寄存器实施触发后，方可有效。如表 3-2-6 所示。

表 3-2-6　ISP/IAP 模式选择

| MS1 | MS0 | 命令/操作　模式选择 |
| --- | --- | --- |
| 0 | 0 | 待机模式，无 ISP 操作 |
| 0 | 1 | 从用户的应用程序区对"Data Flash/EEPROM 区"进行字节读 |
| 1 | 0 | 从用户的应用程序区对"Data Flash/EEPROM 区"进行字节编程 |
| 1 | 1 | 从用户的应用程序区对"Data Flash/EEPROM 区"进行扇区擦除 |

（4）IAP_TRIG：ISP/IAP 操作时的命令触发寄存器。在 IAPEN（IAP_CONTR. 7）=1 时，对 IAP_TRIG 先写入 5AH，再写入 A5H，ISP/IAP 命令才会生效。ISP/IAP 操作完成后，IAP 地址高 8 位寄存器 IAP_ADDRH、IAP 地址低 8 位寄存器 IAP_ADDRL 和 IAP 命令寄存器 IAP_CMD 的内容不变。如果接下来要对下一个地址的数据进行 ISP/IAP 操作，需重新装载将该地址的高 8 位和低 8 位 IAP_ADDRH 和 IAP_ADDRL 寄存器。

（5）IAP_ CONTR：ISP/IAP 控制寄存器。

① IAPEN：ISP/IAP 功能允许位。

> =0 时,禁止 IAP 读/写/擦除 Data Flash/EEPROM;
> =1 时,允许 IAP 读/写/擦除 Data Flash/EEPROM.

② SWBS：软件复位程序启动区的选择控制位。

> =0 时,复位后选择从用户应用程序区启动;
> =1 时,复位后选择从系统 ISP 监控程序区启动.

③ SWRST：软件复位控制位。

> =0 时,不操作;
> =1 时,产生软件复位.

④ CMD_FAIL：ISP/IAP 命令触发失败标志位。

> =1 时,触发失败,需由软件清零.
> =0 时,触发成功

⑤ WT2、WT1、WT0：EEPROM 读/写 CPU 等待时间选择位。如表 3-2-7 所示。

**3. ISP/IAP 编程与应用**

3 个基本命令：字节读，字节编程，扇区擦除

（1）字节编程：某字节是 FFH，才可对其进行字节编程。如果不是 FFH，则不能编程。

（2）扇区擦除：将"0"变为"1"，必须将整个扇区擦除。

（3）STC 单片机的 Data Flash 比外部 EEPROM 要快很多，读 1 字节/编程 1 字节大概是 2

个时钟/55 μs。只能单字节读/编程。

（4）如果在一个扇区中存放了大量的数据，某次只需要修改其中的 1 字节或一部分字节时，则另外的不需要修改的数据须先读出，放在 STC 单片机的 RAM 中，然后擦除整个扇区，再将需要保留的数据和需修改的数据按字节逐字节写回该扇区中（只有字节写命令，无连续字节写命令）。

表 3-2-7　EEPROM 读/写 CPU 等待时间选择

| WT2 | WT1 | WT0 | CPU 等待时间（系统时钟） | | | |
| --- | --- | --- | --- | --- | --- | --- |
| | | | 读/个时钟 | 编程（=55 μs）/个时钟 | 扇区擦除（21 ms）/个时钟 | 系统时钟/MHz |
| 1 | 1 | 1 | 2 | 55 | 21 012 | ≤1 |
| 1 | 1 | 0 | 2 | 110 | 42 024 | ≤2 |
| 1 | 0 | 1 | 2 | 165 | 63 036 | ≤3 |
| 1 | 0 | 0 | 2 | 330 | 126 072 | ≤6 |
| 0 | 1 | 1 | 2 | 660 | 252 144 | ≤12 |
| 0 | 1 | 0 | 2 | 1 100 | 420 240 | ≤20 |
| 0 | 0 | 1 | 2 | 1 320 | 504 288 | ≤24 |
| 0 | 0 | 0 | 2 | 1 760 | 672 384 | ≤30 |

（5）IAP 指令完成后，地址不会自动"加 1"或"减 1"。

（6）送 5A 和 A5 触发后，下一次 IAP 命令还需要送 5A 和 A5 触发。

【例 3-2-9】用 P2 口连接一只拨动开关，模拟外部输入 8 位数据信息。P1 口连接 8 只 LED 灯，低电平有效。如图 3-2-22 所示操作步骤如下：

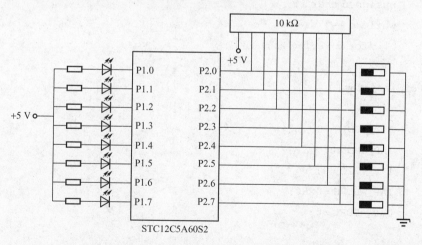

图 3-2-22　单片机片内 EEPROM 保存数据图

第 1 步：当程序开始运行后，8 只 LED 灯全亮 1 s。

第 2 步：读入拨动开关的值，并保存在 EEPROM 0000H 单元中。

第3步：1s后，读出 EEPROM 0000H 单元的值，送 P1 口显示。

第4步：若拨动开关值变化，回到第2步执行。

解：

参考程序如下：

```c
#include < reg52.h >
#include < intrins.h >
/* ------------------------特殊功能寄存器定义 ------------------------*/
sfr IAP_DATA = 0xc2;
sfr IAP_ADDRH = 0xc3;
sfr IAP_ADDRL = 0xc4;
sfr IAP_CMD = 0xc5;
sfr IAP_TRIG = 0xc6;
sfr IAP_CONTR = 0xc7;
/* ------------------------定义 IAP 操作模式字与测试地址 ------------------*/
#define CMD_IDLE       0
#define CMD_READ       1
#define CMD_WRITE      2
#define CMD_ERASE      3
#define IAP_ENABLE     0x82
#define IAP_ADDRESS    0x0000


void delay(unsigned int n)
{
    unsigned char i;
    while(n -- )
        for(i = 0;i < 121;i ++ ) ;
}
voidiap_stop()
{
    IAP_CONTR = 0;
    IAP_CMD = 0;
    IAP_TRIG = 0;
    IAP_ADDRH = 0x80;
    IAP_ADDRL = 0;
}
/* ----------------------读 EEPROM 字节子函数 ------------------------*/
unsigned char iap_read(unsigned int addr)
{
    unsigned char dat;
```

```
        IAP_CONTR = IAP_ENABLE;

        IAP_CMD = CMD_READ;

        IAP_ADDRL = addr;

        IAP_ADDRH = addr >> 8;

        IAP_TRIG = 0x5a;

        IAP_TRIG = 0xa5;

        _nop_();

        dat = IAP_DATA;

        iap_stop();

        return dat;

}
/* ------------------------写 EEPROM 字节子函数 ----------------------*/
void iap_write(unsigned int addr,unsigned char dat)

{

        IAP_CONTR = IAP_ENABLE;

        IAP_CMD = CMD_WRITE;

        IAP_ADDRL = addr;

        IAP_ADDRH = addr >> 8;

        IAP_DATA = dat;

        IAP_TRIG = 0x5a;

        IAP_TRIG = 0xa5;

        _nop_();

        iap_stop();

}
/* -----------------------扇区擦除 ---------------------------------*/
void iap_erase(unsigned int addr)

{

        IAP_CONTR = IAP_ENABLE;

        IAP_CMD = CMD_ERASE;

        IAP_ADDRL = addr;

        IAP_ADDRH = addr >> 8;

        IAP_TRIG = 0x5a;

        IAP_TRIG = 0xa5;

        _nop_();

        iap_stop();

}
void main()

{

        unsigned int i;
```

项目 3 基于加工站的单片机技术应用

139

```
P1 = 0x0;
delay(1000);        //延时 1 s
while(1)
{
    i = P2;
    iap_erase(IAP_ADDRESS);
    iap_write(IAP_ADDRESS,i);
    delay(1000);        //延时 1 s
    P1 = iap_read(IAP_ADDRESS);
    while(i == P2);
}
}
```

 任务实施

### （一） 物料计数系统参考硬件电路设计

本任务实现物料计数系统设定与显示。当计数到达设定值时能正确指示。物料计数系统硬件电路如图 3-2-23 所示。采用单片机最小系统 $f_{osc} = 12\ \text{MHz}$。数据保存在片内 EEP-ROM 中。

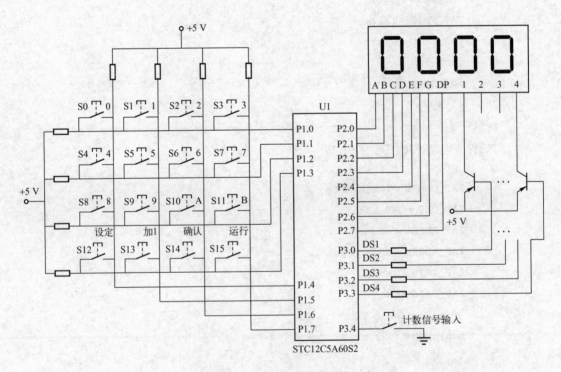

图 3-2-23　物料计数系统硬件电路

## （二）参考软件设计

### 1. 物料计数系统程序流程图（见图 3-2-24）

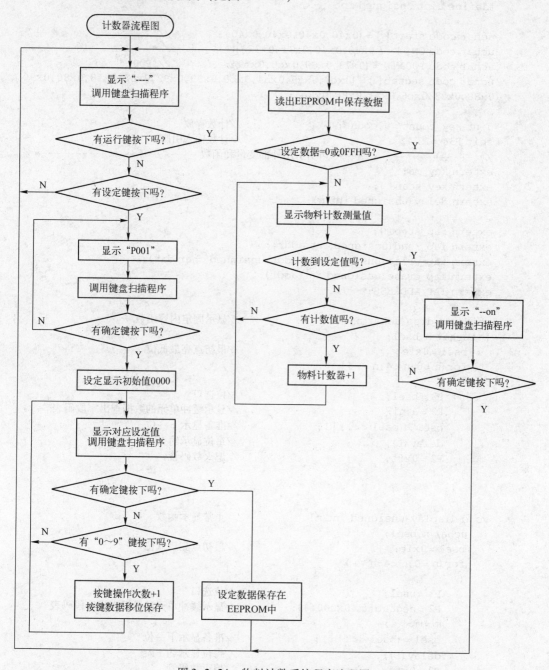

图 3-2-24　物料计数系统程序流程图

### 2. 参考程序

```
#include < reg52.h >
#define key_run 15
#define key_ok 14
#define key_add1 13
```

```
#define key_set 12
#define uchar unsigned char
#define uint unsigned int

uchar code start [ ] = {0x40,0x40,0x40,0x40};          //" ----"
uchar code ON [ ] = { 0x40,0x40,0x3f,0x37};            //" --ON"
uchar code P001 [ ] = {0x73,0xC0,0xc0,0xf9};           //"P001"
uchar code segtab [ ] = {0xc0,0xf9,0xa4,0xb0,0x99,0x92,0x82,0xf8,0x80,0x90,
0x88,0x83,0xc6,0xa1,0x86,0x8e};

uint key_count =0,count;                   //计数存放
sbit P34 = P3^4;                           //计数输入引脚
/* ----------------------声明引用外部变量和函数----------------------* /
extern key_ma;
extern key_scan ( );
extern delay (unsigned int n);

extern iap_stop ( );
extern iap_read (unsigned int addr);
extern iap_write (unsigned int addr,unsigned char dat);
extern iap_erase (unsigned int addr);
extern IAP_ADDRESS;

void seg_disp (uchar a [ ])                 //显示固定内容函数
{ uchar n,bsel;
    bsel = 0xfe;                            //最初点亮最低位
    for (n =0;n <4;n ++)
    {
        P3 = bsel;                          //位选口
        P2 = a [n];                         //显示缓冲单元的数据查出字段码表
        bsel = (bsel <<1) |1;               //准备显示下一位
        delay (1);                          //每位显示约1 ms
        P2 = 0xff;                          //熄灭数码管,
    }
}

void display (unsigned int m)               //正常显示函数
{ uchar n,bsel;
    bsel = 0xfe;                            //最初点亮最低位
    for (n =0;n <4;n ++)
    {
        P3 = bsel;                          //位选口
        P2 = segtab [(m&0x000f)];           //显示缓冲单元的数据查出字段码表
        m = m >>4;
        bsel = (bsel <<1) |1;               //准备显示下一位
        delay (1);                          //每位显示约1 ms
        P2 = 0xff;                          //熄灭数码管,
    }
}

void main (void)
{
    while (1)
    {
```

```
loop:    seg_disp(start);                      //显示"----"
         key_ma = key_scan();                  //扫描键码
/* ----------------判断设定键和运行键 -------(1) ------------------*/
         if(key_ma == key_run)                 //判断有无运行按钮操作
             goto  run;
         if(key_ma≠key_set)                    //判断有无设定键操作
             goto  loop;
/* ----------------判断确认键 -------(2) ------------------------*/
         do
         {
             seg_disp(P001);                   //显示"P001"
             key_ma = key_scan();              //扫描键码
         }while(key_ma≠key_ok);                //判断有无确认键操作
         key_count = 0;                        //默认"0000H",4 位一组,表示 4 位显示内容
/* ----------------显示设定值 -------(2-2) ----------------------*/
loop1:   display(key_count);                   //显示"0000"设定值
         key_ma = key_scan();                  //扫描键码
         if(key_ma == key_ok)                  //判断有无确认键操作
         {
             iap_erase(IAP_ADDRESS);
             iap_write(IAP_ADDRESS,key_count);
             iap_write(IAP_ADDRESS +1,key_count >>8);
             goto loop;                        //再次确认,保存设定值,回到步骤1
         }
         if(key_ma <10)
             key_count = (key_count <<4) │ key_ma;//保存本次按钮键码
         goto loop1;
/* ----------------运行计数操作 -------(3) ------------------------*/
run:     count = (iap_read(IAP_ADDRESS)) <<8;
         count = iap_read(IAP_ADDRESS +1) │ count;
         if((count ==0) ‖ (count ==0xffff))
             goto loop;
         key_count = 0;                        //从"0000"开始显示计数值
run1:
         display(key_count);
         if(key_count >=count)
         {                                     //计数到设定值运行程序
lp3:         seg_disp(ON);                     //显示"--ON"
             key_ma = key_scan();              //扫描键码
             if(key_ma == key_ok)
                 goto loop;
             else
                 goto lp3;
         }
         if(P34 ==0)
         {
             delay(10);
             if(P34 ==0)
             {   key_count ++;                 //计数器 +1
                 while(P34 ==0);
             }
         }
         goto run1;
     }
}
```

![知识拓展]

**SPI 串行总线接口技术**

**1. SPI 串行总线的组成**

SPI 串行总线系统是由 Motorola 公司提出的一种高速的、同步串行外围设备接口，允许 MCU 与各种外围设备之间采用 3 根或 4 根信号线进行数据传输，可直接与各厂家生产的多种标准外围器件直接接口，该接口一般使用：串行时钟线 SCK、主机输入/从机输出数据线 MISO、主机输出/从机输入数据线 MOSI 和低电平有效的从机选择线 SS。

利用 SPI 串行总线可在软件的控制下构成各种系统。在大多数应用场合，可使用 1 个 MCU 作为主控机来控制数据，并向 1 个或几个从机外围设备传送该数据。从机器件只有在主机发命令时才能接收或发送数据。其数据的传输格式是高位（MSB）在前，低位（LSB）在后。

**2. 单片机中的 SPI 串行总线实现方法**

对于不带 SPI 串行总线接口的 51 单片机来说，可以使用软件来模拟 SPI 的操作。对于不同的串行端口外围芯片，它们的时钟时序是不同的。一般主机和从机连接有两种方式：独立连接方式和级联连接方式。图 3-2-25 为单片机与 SPI 串行总线独立连接方式接线图，图 3-2-26 为单片机与 SPI 串行总线级联连接方式。

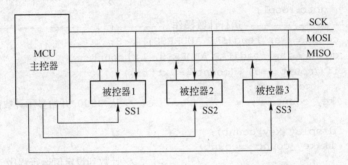

图 3-2-25　单片机与 SPI 串行总线独立连接方式接线图

在图 3-2-25 所示接线图中，每个从机的 SS 端有独立的片选信号，这样主机可以通过片选信号来选通其中任意一个 SPI 从机设备，进行独立的 I/O 操作，而未选中的从机处于高阻态。

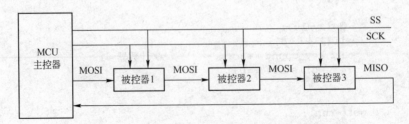

图 3-2-26　单片机与 SPI 串行总线级联连接方式接线图

在图 3-2-26 所示接线图中，所有从机的 SS 端都与系统主机的 SS 端相连，这就意味着，只要选中其中的一个从机，其余的从机也被选中，所以这时的 3 个从机可以当作一个从机来处理。

主机在访问某一从机时，必须选中从机，使该从机的片选信号（SS）有效；主机在 SCK 信号（只由主机控制）的同步下，通过 MOSI 线发出指令、地址信息给从机；如需将数据输出给从机，则接着写指令，由 SCK 同步在 MOSI 线上发出数据；如需读从机数据，则接着读指令，由主机发出 SCK，从机根据 SCK 的节拍通过 MISO 发回数据。

对从机来讲，SCK、MOSI 是输入信号，MISO 是输出信号。SCK 用于主机和从机通信的同步。MOSI 用于将主机信息传输到从机，输入的信息包括指令、地址和数据，指令、地址和数据的变化在 SCK 的低电平期间进行，并由 SCK 信号的上升沿锁存。MISO 用于将信息传递给主机，从机传出的信息包括状态和数据，信息在 SCK 信号的下降沿移出。

**3. 使用 SPI 串行总线的优缺点**

与普通的串行通信不同，普通的串行通信一次连续传送至少 8 位数据，而 SPI 允许数据一位一位地传输，甚至允许暂停，当没有 SCLK 时钟跳变时，从机设备不采集或传送数据，因此主机可以通过对 SCLK 时钟线的控制完成对通信的控制。

因为 SPI 串行总线的数据输入线和输出线相互独立，所以允许同时完成数据的输入和输出。

在点对点的通信中，SPI 串行总线接口不需要进行寻址操作，且为全双工通信，简单高效。其缺点是：没有应答机制确认，因此从机设备是否接收到数据无法确认。

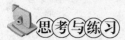

**思考与练习**

**（一）简答题**

（1）单片机 P0 口既是地址总线，又是数据总线，为什么在使用时不会发生冲突？

（2）简述线选法和译码法两种总线扩展编址技术的使用选择依据。

（3）简述指针变量的概念与作用。

**（二）填空题**

（1）单片机通过总线把各扩展部件连接起来，系统总线分为 3 类：地址总线、数据总线和_____。其中单片机____口和_____口为地址总线，_____口为数据总线。

（2）控制总线一般使用 ALE、____和____3 个引脚。其中 ALE 作为地址锁存的选通信号，当它有效时锁存____口上的低 8 位地址。

（3）P0 口线既作为_____地址线使用，又作为_____使用，需采用复用技术，_____。

（4）总线扩展的编址技术有_____和_____两种。其中芯片地址空间不连续的是_____，芯片地址空间连续的是_____，缺点是需要使用译码器。

（5）6264 数据存储器储存容量为 8 KB，需要使用____根地址线，其存储类型是____。

（6）$I^2C$ 总线使用双向两线_____和_____传输总线，使用时通过上拉电阻连接 +5 V。

（7）在存储器扩展电路中，74LS373 的主要功能是_____，74LS273 的主要功能是____。

（8）C51 中的字符串总是以_____作为串的结束符，通常用字符数组来存放。

（9）指针运算符 "&" 表示取变量的_____，"*" 表示取_____。

**（三）实践题**

有一个物料计数系统，要求对物料完成计数并显示，当计数到达设定值时能正确指示。要求通过一个"4×4"矩阵键盘输入参数，并在4只共阳数码管上显示。具体过程如下：

（1）开机后进入等待状态：数码管显示"----"；按运行键直接进入第五步。

（2）操作设定键后，显示："PASS"。要求输入密码。在输入过程中输入第1个数据显示"---X"，输入第2个数据显示"--XX"，依次输完4个密码。自动比对密码值，若正确进入第3步，错误则回到第1步（设原始密码为"1234"）。X代表输入数字。

（3）显示"P001"。进入密码修改程序。按"确认"键进入密码修改，按"+"键进入第4步，按其他键回到第1步。

按"确认"键进入密码修改后，在输入密码过程中输入第1个数据显示"---X"，输入第2个数据显示"--XX"，依次输完4个密码。再次按"确认"键保存密码，显示"P001"。

（4）进入第4步后，显示"P002"，进入物料计数参数设定。按照上面方法设定。设定结束后再次按"确认"键保存设定值回到第1步。

（5）显示物料计数，当计数值与设定值相等时，停止计数，显示"--on"，按"清除"键回到第1步。

# 任务3　加工站单片机技术综合应用

**学习目标**

（1）了解加工站的结构和工作过程。

（2）熟悉加工站气动元件及控制回路组成及应用。

（3）掌握磁性开关、光电开关等开关量位移传感器的应用。

（4）熟悉单片机综合系统的应用。

**任务描述**

本任务只考虑加工站作为独立设备运行时的情况，具体的控制要求如下：

（1）初始状态：设备上电和气源接通后，滑动加工台伸缩气缸处于伸出位置，加工台气动手爪处于松开的状态，冲压气缸处于缩回位置，急停按钮没有按下。

若设备在上述初始状态，则按钮指示灯模块"正常工作"指示灯HL1（黄灯）常亮，表示设备准备好。否则，该指示灯以1 Hz频率闪烁。

（2）若设备准备好，按下启动按钮SB1，设备启动，按钮指示灯模块"设备运行"指示灯HL2（绿灯）常亮。当待加工工件送到加工台上并被检出后，设备执行将工件夹紧，送往加工区域冲压，完成冲压动作后返回待料位置。如果没有停止信号输入，当再有待加工工件送到加工台上时，加工站又开始下一周期工作。

（3）在工作过程中，若按下停止按钮SB2，加工站在完成本周期的动作后停止工作。HL2指示灯熄灭，回到步骤（1）。

**相关知识**

## （一）加工站硬件组成

### 1. 加工站主要结构

加工站的功能是完成把待加工工件从物料台移送到加工区域冲压气缸的正下方，完成对工件的冲压加工，然后再把加工好的工件重新送回物料台。

加工站装置侧主要由加工台及滑动机构、加工（冲压）机构、电磁阀组、接线端口、底板等组成。图 3-3-1 为加工站结构图。

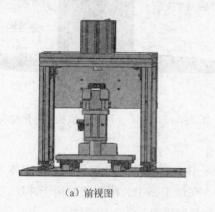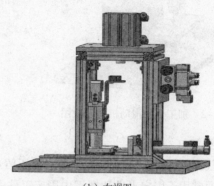

（a）前视图 　　　　　　　　　　　（b）右视图

图 3-3-1　加工站结构图

### 2. 物料台及滑动机构

物料台用于固定被加工件，并把工件移到加工（冲压）机构正下方进行冲压加工。它主要由气动手爪、手指、加工台伸缩气缸、线性导轨、滑块、磁感应接近开关、漫射式光电传感器组成。加工台及滑动机构示意图如图 3-3-2 所示。

滑动加工台工作原理：在系统正常工作后的初始状态下，伸缩气缸伸出，加工台气动手指张开→物料检测传感器检测到工件→气动手指将工件夹紧→加工台回到加工区域冲压气缸正下方→冲压气缸活塞杆向下伸出冲压工件→完成冲压动作后向上缩回→加工台重新伸出→到位后气动手指松开→向系统发出加工完成信号。

移动料台工件检测选择漫射式光电开关传感器。若加工台上没有工件，则漫射式光电开关均处于常态；若加工台上有工件，则光电接近开关动作。

移动料台伸出和返回到位的位置是通过调整伸缩气缸上两个磁性开关位置来定位的。

### 3. 加工（冲压）机构

主要由冲压气缸、冲压头、安装板等组成，外形结构如图 3-3-3 所示。

加工（冲压）机构工作原理：当工件到达冲压位置，即伸缩气缸活塞杆缩回到位，冲压气缸伸出对工件进行加工，完成加工动作后冲压缸缩回，为下一次冲压做准备。

### 4. 了解直线导轨

直线导轨是一种滚动导引，它由钢珠在滑块与导轨之间做无限滚动循环，使得负载平台能沿着导轨以高精度做线性运动，其摩擦因数可降至传统滑动导轨的 1/50，使之能达到很高的定位精度。直线导轨是直线传动领域中的重要功能部件，两列式直线导轨外形如图 3-3-4 所示。

### （二）加工站的气动元件

加工站所使用气动执行元件包括标准直线气缸、薄型气缸和气动手指，下面只介绍前面尚未提及的薄型气缸和气动手指。

项目 3　基于加工站的单片机技术应用

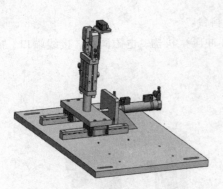

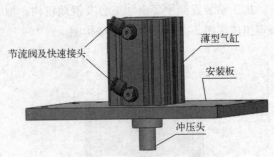

图 3-3-2　加工台及滑动机构示意图　　　图 3-3-3　加工（冲压）机构的外形结构

### 1. 薄型气缸

薄型气缸的特点：缸筒与无杆侧端盖压铸成一体，杆盖用弹性挡圈固定，缸体为方形。这种气缸通常用于固定夹具和搬运中固定工件等。在加工站中，薄型气缸用于冲压，这主要是考虑该气缸行程短的特点。图 3-3-5 为薄型气缸的实物图。

图 3-3-4　两列式直线导轨外形　　　　图 3-3-5　薄型气缸的实物图

### 2. 气动手指

气动手指（气爪）用于抓取、夹紧工件。气动手指通常有滑动导轨型、支点开闭型和回转驱动型等工作方式。加工站所使用的是滑动导轨型气动手指。气动手指的实物图和工作原理如图 3-3-6 所示。

### 3. 气动控制回路

加工站的气动控制元件均采用二位五通单电控电磁换向阀，各电磁阀均带有手动换向和加锁钮。加工站气动控制回路的工作原理如图 3-3-7 所示。1B1、1B2 为安装在冲压气缸的两个极限工作位置的磁感应接近开关，2B1、2B2 为安装在加工台伸缩气缸的两个极限工作位置的磁感应接近开关，3B1、3B2 为安装在手爪气缸工作位置的磁感应接近开关。1Y1、2Y1 和 3Y1 分别为控制冲压气缸、加工台伸缩气缸和手爪气缸的电磁阀的电磁控制端。

任务实施

### （一）选择按钮指示灯模块

工作站的主令信号及运行过程中的状态显示信号，来源于该工作站的按钮指示灯模块。

### （二）选择主机主控板和 I/O 口电平隔离板

选用生产线单站单片机控制系统的主机主控板和 I/O 口电平隔离板。

### （三）加工站参考单片机硬件电路

在加工站单片机系统中，用到冲压气缸、料台伸出气缸和物料夹紧气缸，以及物料有无

检测、系统运行控制和信号指示等参数。其对应系统原理图如图 3-3-8 所示。加工站单片机 I/O 口信号对照表如表 3-3-1 所示。

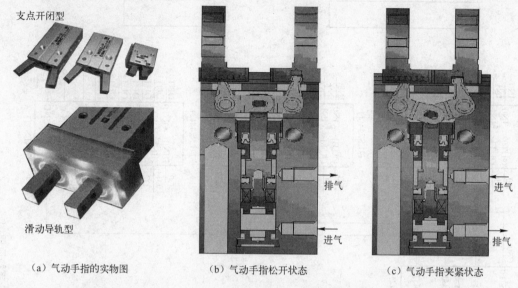

（a）气动手指的实物图　　　（b）气动手指松开状态　　　（c）气动手指夹紧状态

图 3-3-6　气动手指的实物图和工作原理

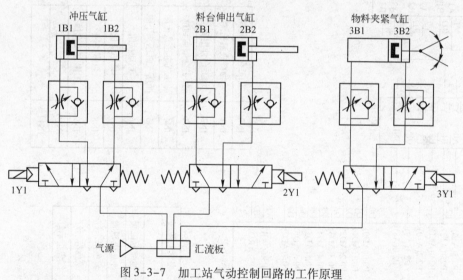

图 3-3-7　加工站气动控制回路的工作原理

## （四）系统软件设计

### 1. 设计要求

在任务中相关指示灯要完成：黄灯常亮、黄灯以 1 Hz 频率闪烁和绿灯常亮。使用中用到启动、停止按钮操作，通过传感器完成对工件的检测和判断，最后完成加工操作。

操作顺序可归纳为：初始化正常判断（加工台伸出、手抓松开、冲压缩回、急停松开）→启动加工→加工台有料→手抓夹紧→夹紧到位→加工台缩回→缩回到位→冲压驱动→冲压下限到位→冲压缩回→缩回到位→滑动加工台伸缩气缸伸出→伸出到位→手抓松开→松开到位。

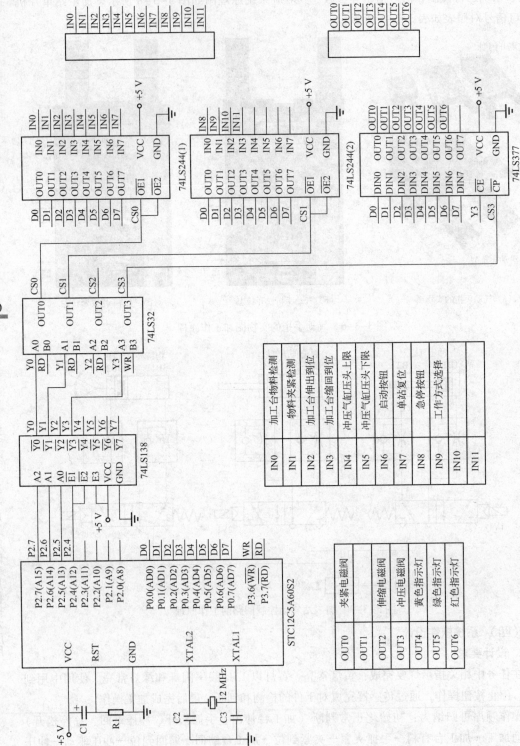

| IN0 | 加工台物料检测 |
| IN1 | 物料夹紧检测 |
| IN2 | 加工台伸出到位 |
| IN3 | 加工台缩回到位 |
| IN4 | 冲压气缸压头上限 |
| IN5 | 冲压气缸压头下限 |
| IN6 | 启动按钮 |
| IN7 | 单站复位 |
| IN8 | 急停按钮 |
| IN9 | 工作方式选择 |
| IN10 | |
| IN11 | |

| OUT0 | 夹紧电磁阀 |
| OUT1 | |
| OUT2 | 伸缩电磁阀 |
| OUT3 | 冲压电磁阀 |
| OUT4 | 黄色指示灯 |
| OUT5 | 绿色指示灯 |
| OUT6 | 红色指示灯 |

图3-3-8　加工站单片机对应系统原理图

表 3-3-1　加工站单片机 I/O 信号对照表

| 输 入 信 号 | | | | 输 出 信 号 | | | |
|---|---|---|---|---|---|---|---|
| 序号 | 单片机输入点 | 信号名称 | 信号来源 | 序号 | 单片机输出点 | 信号名称 | 信号来源 |
| 1 | IN0 | 加工台物料检测 | 装置侧 | 1 | OUT0 | 夹紧电磁阀 | 装置侧 |
| 2 | IN1 | 物料夹紧检测 | | 2 | OUT1 | | |
| 3 | IN2 | 加工台伸出到位 | | 3 | OUT2 | 伸缩电磁阀 | |
| 4 | IN3 | 加工台缩回到位 | | 4 | OUT3 | 冲压电磁阀 | |
| 5 | IN4 | 冲压气缸压头上限 | | 5 | OUT4 | 黄色指示灯 | 按钮/指示灯模块 |
| 6 | IN5 | 冲压气缸压头下限 | | 6 | OUT5 | 绿色指示灯 | |
| 7 | IN6 | 启动按钮（SB1） | 按钮/指示灯模块 | 7 | OUT6 | 红色指示灯 | |
| 8 | IN7 | 单站复位（SB2） | | 8 | | | |
| 9 | IN8 | 急停按钮 | | 9 | | | |
| 10 | IN9 | 工作方式选择 | | 10 | | | |
| 11 | IN10 | | | | | | |
| 12 | IN11 | | | | | | |

## 2. 程序流程图

程序流程图如图 3-3-9 所示。

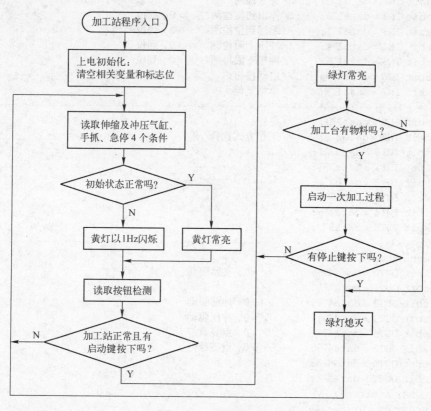

图 3-3-9　程序流程图

## 3. 参考程序

```
/* --------------------------------------------------------------
访问外部 IN0～IN7 的地址为                    0X0FFF
访问外部 IN8～IN15 的地址为                   0X2FFF
```

访问外部 IN16～IN23 的地址为                0X4FFF
访问外部 OUT0～OUT7 的地址为           0X6FFF
访问外部 OUT8～OUT15 的地址为         0X8FFF
访问外部 OUT16～OUT23 的地址为       0XAFFF
```
--------------------------------------------------------------------*/
#include <REG52.h>              //预处理命令,REG52.h定义了单片机的 SFR
#include <ABSACC.h>
#define uint unsigned int
#define uchar unsigned char
/*--------------------延时程序,n:入口参数,单位:1毫秒--------------------*/
void delay(uint n)
{
    uchar i;
    while(n--)
        for(i=0;i<123;i++);
}
uchar bdata data1 = 0xff;
uchar bdata data2 = 0xff;

sbit IN0 = data1^0;       //加工台物料检测      =1,有料
sbit IN1 = data1^1;       //夹紧检测           =0,抓紧;=1,松开
sbit IN2 = data1^2;       //伸出到位检测        =0,到位
sbit IN3 = data1^3;       //缩回到位检测        =0,到位
sbit IN4 = data1^4;       //冲压上限检测        =0,到位
sbit IN5 = data1^5;       //冲压下限检测        =0,到位
sbit IN6 = data1^6;       //启动按钮           =0,按下
sbit IN7 = data1^7;       //单站复位
  /*----------------------------------------------------------------*/
sbit IN8 = data2^0;       //急停
sbit IN9 = data2^1;       //工作方式选择
sbit IN10 = data2^2;      //
sbit IN11 = data2^3;      //
sbit IN12 = data2^4;
sbit IN13 = data2^5;
sbit IN14 = data2^6;
sbit IN15 = data2^7;
  /*----------------------------------------------------------------*/
uchar bdata data4 = 0xff;
sbit OUT0 = data4^0;        // =0,夹紧驱动
sbit OUT1 = data4^1;        //
sbit OUT2 = data4^2;        // =0,伸缩驱动
sbit OUT3 = data4^3;        // =0,冲压驱动
sbit OUT4 = data4^4;        // =0,点亮黄灯
sbit OUT5 = data4^5;        // =0,点亮绿灯
sbit OUT6 = data4^6;
sbit OUT7 = data4^7;
uchar start = 0;
uchar ct = 0;
  /*----------------------------------------------------------------*/
uint t_count;
bit stop_key = 0;
bit start_key = 0;
bit reset_key = 0;
bit modal_key = 0;
```

```
/* ------------------信号指示灯黄灯 1 Hz 闪烁函数 ------------------------
 * /
void led_shan(unsigned int j)
{
    uchar i;
    if(++t_count < j)
        {OUT4 = 0;XBYTE[0x6fff] = data4;}
    else if(t_count < 2 * j)
            {OUT4 = 1;XBYTE[0x6fff] = data4;}
        else t_count = 0;
    for(i = 0;i < 123;i++);      //延时 1 ms
}
/* --------------------------------------------------------------* /
void key_check()
{
    data1 = XBYTE[0X0FFF];    data2 = XBYTE[0X2FFF];
    if((stop_key ==0)&&(((data1&0xc0)≠0xc0) || ((data2&0x0f)≠0x0f)))
    {//没有操作过停止键，有按钮操作
        delay(10);          //延时消抖
        data1 = XBYTE[0X0FFF];  data2 = XBYTE[0X2FFF];
        if((data1&0xc0)≠0xc0)
        {
            if(IN6 ==0)
                start_key = 1;
            else if(IN7 ==0)
                    reset_key = 1;
                else modal_key = 1;
        }
        if((data2&0x0f)≠0x0f)
        {
            if(IN8 ==0)
                    stop_key = 1;
            else modal_key = 1;
        }
        do
        {
            data1 = XBYTE[0X0FFF];    data2 = XBYTE[0X2FFF];
        }while(((data1&0xc0)≠0xc0) || ((data2&0x0f)≠0x0f));//判断按钮松开
    }
}
/* --------------------------------------------------------------* /
void jia_gong()
{
    delay(500);
    data1 = XBYTE[0x0fff];  data2 = XBYTE[0x2fff];   //
    while(IN1 ==1)                          //判夹紧到位
    {
        OUT0 = 0;XBYTE[0x6fff] = data4;   //夹紧驱动
        data1 = XBYTE[0x0fff];data2 = XBYTE[0x2fff];key_check();
    }
    delay(1000);
    while(IN3 ==1)                          //加工台缩回到位检测
    {
        OUT2 = 0;XBYTE[0x6fff] = data4;   //加工台缩回驱动
```

```
            data1 = XBYTE[0x0fff];data2 = XBYTE[0x2fff];key_check();
    }
    delay(500);
    while(IN5 ==1)                              //判冲压驱动下限到位
    {
        OUT3 = 0;XBYTE[0x6fff] = data4;      //冲压驱动
        data1 = XBYTE[0x0fff];data2 = XBYTE[0x2fff];key_check();
    }
    while(IN4 ==1)                              //判冲压驱动上限到位
    {
        OUT3 = 1;XBYTE[0x6fff] = data4;      //冲压缩回
        data1 = XBYTE[0x0fff];data2 = XBYTE[0x2fff];key_check();
    }
    while(IN2 ==1)                              //判滑动加工台伸出到位
    {
        OUT2 = 1;XBYTE[0x6fff] = data4;      //滑动加工台伸缩气缸伸出
        data1 = XBYTE[0x0fff];data2 = XBYTE[0x2fff];key_check();
    }
    while(IN1 ==1)                              //判手抓松开到位
    {
        OUT0 = 1;XBYTE[0x6fff] = data4;      //手抓松开
        data1 = XBYTE[0x0fff];data2 = XBYTE[0x2fff];key_check();
    }
    delay(500);
}
/* --------------------------------------------------------------------------*/
void main()                                     //主函数名
{
    while(1)
    {
        data1 = XBYTE[0x0fff];   //
        data2 = XBYTE[0x2fff];   //
        while(!((IN1 ==1)&&(IN2 ==0)&&(IN4 ==1)&&(IN8 ==0)&&(start_key =
        =1)))
        {
            data1 = XBYTE[0x0fff];   //
            data2 = XBYTE[0x2fff];   //
            if((IN1 ==0)||(IN2 ==1)||(IN4 ==1)||(IN8 ==1))//判断加工站是否正常
                led_shan(500);          //黄灯1s闪烁
            else
            {
                OUT4 = 1;XBYTE[0x6fff] = data4;          //黄灯常亮
            }
            key_check;                       //读取按钮值
        }
        while(stop_key ==0)                 //加工站正常且有启动
        {
            OUT5 = 0;XBYTE[0x6fff] = data4;  //绿灯常亮
            data1 = XBYTE[0x0fff];           //
            data2 = XBYTE[0x2fff];           //
            if(IN0 ==0)
                jia_gong();                 //启动加工
        }    //没有停止功能,继续
        OUT5 =1;XBYTE[0x6fff] = data4;      //绿灯熄灭
    }
}
```

**思考与练习**

### （一） 简答题

（1） 简述加工站的控制过程。

（2） 简述薄型气缸的特点。

### （二） 实践题

（1） 使用按钮实现控制滑动加工台的一次伸出和缩回的点动控制。

（2） 编程实现物料加工计数并在 4 只数码管上显示累计结果。

项目 3 基于加工站的单片机技术应用

项目 ④

→ 基于装配站的单片机技术应用

## 任务 1  单片机外部中断系统实践与应用

### 学习目标

（1）能理解 51 单片机的中断原理及其中断过程，掌握外中断函数应用。

（2）了解 STC12C5A60S2 单片机中断知识。

（3）了解 C51 结构原理及其编程。

### 任务描述

利用 51 单片机制作一个两路抢答器。在单片机的 P1.0、P1.1 引脚接两只开始开关，给主持人使用，P1.0 控制抢答的开始，P1.1 控制抢答的结束。单片机的 P3.2、P3.3 引脚接两只抢答按钮，作为一号和二号抢答输入信号。单片机的 P2.0 ～ P2.7 接一个共阳数码管，用来显示抢答状态。任务要求：

（1）抢答没有进行，显示"P"。

（2）主持人按下"开始"按钮，显示"－"，表示抢答开始，否则抢答无效。

（3）当一号首先按下"抢答"按钮时，数码管显示"1"，二号抢答者再按下"抢答"按钮无效；依次类推，当二号首先按下"抢答"按钮时，显示"2"，封锁一号按钮。

（4）主持人按下"结束"按钮，回到任务要求（1），重复（1）～（4）循环过程。

### 相关知识

#### （一）51 单片机中断系统概述

中断系统是为使 CPU 具有对外界紧急事件的处理能力而设置的。具有随机性和突发性。

**1. 中断的概念**

当 CPU 正在处理某件事情时，外部发生了某一突发事件（如定时/计数器溢出等）请求 CPU 迅速去处理，于是 CPU 暂时中断当前的工作，转去处理这个突发事件，待事件处理完毕后，再回到原来被中断的地方，继续原来的工作，这一过程称为中断。

实现这种功能的部件称为中断系统，一个完整的中断过程包括 4 个部分：中断请求、中断响应、中断服务和中断返回。

**2. 中断的优点**

（1）实现并行分时操作。采用中断技术后，快速的 CPU 和慢速的外设可以各做各的事情。CPU 可以同时启动多台外设（或电路）并行工作，CPU 可依中断申请，分时与外设（或电路）进行信息交换，处理相关任务。这样既解决了快速 CPU 与慢速外设之间的矛盾，又大大提高了 CPU 效率。

（2）进行实时处理。中断系统使 CPU 能及时处理许多随机参数和信息。实时监控的各种随机信息在任一时刻均可向 CPU 发出中断申请，要求 CPU 给予服务。

（3）故障处理可靠性高。中断系统可以使 CPU 具有及时处理突发事件以及系统中出现故障的能力。例如，电源停电或电源突变，运算溢出，通信出错等，提高了计算机系统的可靠性。

（4）实现人机联系。

### 3. 中断相关知识

（1）中断源：引起中断的设备或事件。

（2）中断请求信号：由中断源向 CPU 所发的请求中断的信号，是需要单片机及时处理的突发性申请信号。如 TI/RI、TF0、TF1、IE0、IE1 等。

（3）中断响应：为执行中断服务程序而作的准备工作。如保护断点等。

（4）断点：现行程序暂停时的 PC 值，即主程序被打断的地址处。

（5）中断服务程序：为服务对象而编写的处理程序。

（6）中断返回：从中断服务程序返回到断点处，继续运行原来的程序。

以接听电话为例认识中断。设看书为主要任务（主程序），期间有电话进来（音乐声），则打电话者为中断源，音乐声为中断请求信号。由于单片机为单任务系统，看书与接听电话只能选择其一任务，因此停止看书而转移接听电话称为中断。接听电话只有被允许才可以接电话，把允许接电话称为中断开放，为中断开放编写的程序称为中断初始化程序。允许接听电话后，为响应接电话而做的准备工作（比如在书中第几页、第几行、第几个字作记号——堆栈操作）称为中断响应，作记号处被称为断点（以便接听电话结束后回到该处继续看书）。拎起话筒后音乐声消音称为中断清除（硬件自动清除），通话结束挂电话继续看书称为中断返回。与对方通话过程称为中断服务程序。中断相应过程示意图如图 4-1-1 所示。

### 4. 中断排队

51 单片机规定了两个中断优先级：高级中断和低级中断。单片机中断系统允许多个中断源工作，当几个中断源同时向 CPU 请求中断，要求为它服务的时候，这就存在 CPU 优先响应哪一个中断源请求的问题。通常根据中断源的轻重缓急排队，优先处理最紧急事件的中断源请求，即中断源有一个优先级别。CPU 总是先响应优先级别最高的中断请求。

### 5. 中断嵌套

当 CPU 正在处理一个中断源请求的时候（执行相应的中断服务程序），发生了另外一个优先级比它还高的中断源请求。如果 CPU 能够暂停原来中断源的服务程序，转而去处理优先级更高的中断源请求，处理完以后，再回到原低级中断服务程序，这样的过程称为中断嵌套。图 4-1-2 为中断嵌套过程示意图。

中断优先遵循两个基本规则：

（1）低优先级中断可被高优先级中断所中断，反之不能。

（2）任何一种中断，一旦得到响应，不会再被它的同级中断所中断。

当同时收到几个同一优先级的中断要求时，哪一个要求优先得到服务，取决于内部的查询次序。这相当于在每个优先级内，还同时存在另一个辅助优先级结构。

项目 4 基于装配站的单片机技术应用

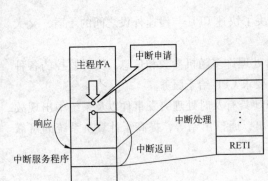

图 4-1-1　中断响应过程示意图　　　　图 4-1-2　中断嵌套过程示意图

### 6. 中断处理

当某中断产生而且被 CPU 响应，主程序被中断，接下来将执行如下操作：

（1）当前正被执行的指令全部执行完毕。

（2）PC 值被压入栈，完成现场保护。

（3）阻止同级别其他中断。将中断向量地址装载到程序计数器 PC。

（4）执行相应的中断服务程序。

（5）中断返回。

### （二）51 单片机中断系统结构

### 1. 51 单片机中断源

51 单片机至少有 5 个中断源，其中断结构如图 4-1-3 所示，它们可分为：

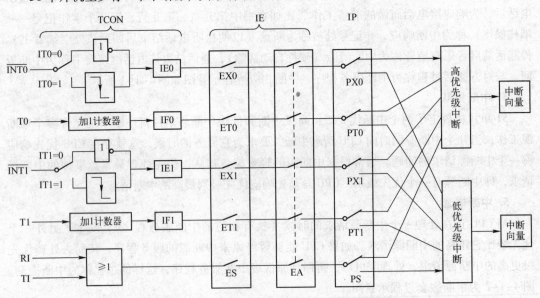

图 4-1-3　51 单片机中断结构示意图

（1）外部中断请求 0：由 $\overline{INT0}$（P3.2）输入。

（2）外部中断请求 1：由 $\overline{INT1}$（P3.3）输入。

（3）定时/计数器中断 0：定时/计数溢出中断请求。计数时由 T0（P3.4）输入。

（4）定时/计数器中断1：定时/计数溢出中断请求。计数时由T1（P3.5）输入。

（5）串行端口发送/接收中断请求RI/TI。

**2. 中断请求信号**

每个中断发生，都必须先提出中断请求信号。在单片机中断系统中，中断请求信号又称中断请求标志位。

（1）外部中断$\overline{\text{INT0}}$和$\overline{\text{INT1}}$的中断请求标志位由IE0和IE1置位来产生。它们有两种触发方式：低电平触发或下跳沿触发。只要符合条件就会自动产生。

（2）定时器/计数器T0和T1的中断的请求标志位由TF0和TF1置位来产生。当这两个定时器/计数器在计数回零时发生溢出，置位TF0或TF1。

（3）串行端口的中断请求标志位由寄存器SCON中的TI或RI置位来产生。

**3. 中断请求信号清除**

为了保证单片机能够响应下一次中断请求信号，必须对本次中断标志位进行清零。清零有两种方法：硬件清零和软件清零。硬件清零指当处理器转入中断服务程序时，中断请求标志位由硬件清除；软件清零指通过软件方式对中断请求标志位清除。

（1）外部中断$\overline{\text{INT0}}$和$\overline{\text{INT1}}$清除：采用硬件清零方式。

（2）定时器/计数器T0和T1：采用硬件清零和软件清零两种方式。

（3）串行端口中断：采用软件清零方式。因为在进入中断服务程序时，必须首先判断中断申请是由TI置位产生还是由RI置位产生，然后才由软件将TI或RI清除。

**4. 开放中断系统应该具备的条件**

（1）中断允许，又称开中断。这是CPU能否接收中断请求的关键。单片机默认中断关闭。

（2）中断请求信号。中断源符合开放条件时，由中断源向CPU提出中断请求信号，即中断请求标志位。

（3）中断响应及处理过程。具体地说，中断处理过程可以分为以下几个步骤：

① 保护断点（硬件堆栈），即把当前指令的下一条指令（就是中断返回后将要执行的指令）的地址送入堆栈保存。

② 寻找中断入口，根据不同的中断源所产生的中断，查找入口地址送入PC。

③ 执行中断处理程序。

④ 中断返回，即从中断处返回到主程序，继续执行原程序。

**5. 单片机中断专用特殊寄存器**

（1）中断控制寄存器TCON（可位寻址）。

| TCON: | B7 | B6 | B5 | B4 | B3 | B2 | B1 | B0 |
| --- | --- | --- | --- | --- | --- | --- | --- | --- |
| (88H) | TF1 | TR1 | TF0 | TR0 | IE1 | IT1 | IE0 | IT0 |

定量器/计数器T0　　定时器/计数器T1　　$\overline{\text{INT1}}$　　$\overline{\text{INT0}}$

① TR1、TR0：T1、T0的启动控制位。=1时，启动定时/计数器；=0时，停止工作。

② TF1、TF0：T1、T0的溢出标志位。当定时器/计数器计数溢出时由硬件置位，并申请中断；当CPU响应中断后，由硬件对溢出标志位清零；如不采用中断方式而采用查询方式时，则须由软件清零。

③ IT0、IT1：外部中断 0、1 的触发方式控制位。＝0 时，电平触发方式（低电平有效）；＝1 时，下降沿触发方式（后沿负跳变有效）。参考图 4-1-3。

④ IE0、IE1：外部中断 0、1 请求标志位。当 $\overline{INT0}$（P3.2）或 $\overline{INT1}$（P3.3）引脚上有有效中断请求信号时，由硬件自动置位；执行中断时 IE0、IE1 由硬件自动清零。

（2）中断允许寄存器 IE（可位寻址）。

| IE: | B7 | B6 | B5 | B4 | B3 | B2 | B1 | B0 |
|---|---|---|---|---|---|---|---|---|
| (A8H) | EA | — | ET2 | ES | ET1 | EX1 | ET0 | EX0 |

① EA：CPU 中断总允许位。＝1 时，CPU 允许中断；＝0 时，CPU 禁止中断。

② 各中断源自身中断允许位。

IE 寄存器中 ES 为串行中断允许位，ET1 与 ET0 为定时器 T1 与 T0 的中断允许位，EX1 与 EX0 为外部中断 $\overline{INT1}$ 与 $\overline{INT0}$ 的中断允许位。各位取 1 时允许中断，取 0 时禁止中断。

（3）中断优先级存器 IP（可位寻址）。

| IP: | B7 | B6 | B5 | B4 | B3 | B2 | B1 | B0 |
|---|---|---|---|---|---|---|---|---|
| (B8H) | × | × | PT2 | PS | PT1 | PX1 | PT0 | PX0 |

各位取 1 时为高级中断，取 0 时低级中断。PT2、PT1 与 PT0 分别为定时器 T2、T1 与 T0 的中断优先位，PX1 与 PX0 为外部中断 $\overline{INT1}$ 与 $\overline{INT0}$ 的中断优先位。PS 为串行中断优先位。

**6. 外中断技术应用**

（1）外中断初始化步骤。外中断必须进行初始化设置后才能使用，其步骤如下：

① 设置 IT0、IT1：选择外中断方式。

② 设置 EX0、EX1、EA：允许中断和开放所有中断。

③ PX0、PX1：依据需要设置中断优先。

（2）中断入口地址。每个中断源都有自己的入口地址。51 单片机各中断源的入口地址由硬件事先设定，分配如表 4-1-1 所示。

表 4-1-1　51 单片机中断号和中断向量

| 中断编号 n | 中断源 | 中断向量 8n + 3 |
|---|---|---|
| 0 | 外中断 0（$\overline{INT0}$） | 0003H |
| 1 | 定时器 0 | 000BH |
| 2 | 外中断 1（$\overline{INT1}$） | 0013H |
| 3 | 定时器 1 | 001BH |
| 4 | 串行端口 | 0023H |

**（三）中断服务函数**

中断服务函数只有在中断源请求响应中断时才会被执行。C51 编译器支持在 C 语言源程序中直接编写 51 单片机的中断服务函数程序，中断服务函数的一般形式定义如下：

函数类型　函数名([形式参数表]) interrupt n [using m]

关键字 interrupt 告诉编译器该函数是中断服务函数，interrupt 后面的 n 就是中断编号，取值范围为 0 ～ 31，编译器从 8n + 3 处产生中断向量。interrupt 对函数的影响过程如下：

（1）当调用函数时，SFR 中的 ACC、B、DPTR 和 PSW（需要时）入栈。

（2）函数退出前，所有的寄存器内容出栈。

关键字 using 后面 m 的取值范围为 0 ～ 3，分别表示 4 组工作寄存器 R0 ～ R7，如不带该项，则由编译器选择 1 个寄存器组作为绝对寄存器组访问。一般工作寄存器组 0 给主函数使用，工作寄存器组 1、2 和 3 给中断服务程序使用。using 对函数的影响过程如下：

（1）函数入口处将当前寄存器组保存（堆栈保存 PSW）。

（2）使用指定的寄存器组（修改 PSW 中 RS1、RS0）。

（3）函数退出前，寄存器组恢复（出栈 PSW）。

中断服务函数的编写规则：

（1）中断函数不能进行参数传递。

（2）中断函数没有返回值，一般定义中断程序的类型为 void。

（3）函数名的选择与普通的函数一样，编译器是根据中断号而不是函数名来识别中断源的，但为了程序的可读性，可根据中断源来定义函数名，例如：定时器 T0 的中断服程序可以这样定义：

void timer0（void）interrupt 1

（4）如果中断函数中调用了其他函数，则被调用函数所使用的寄存器组必须与中断函数相同，否则会产生不正确的结果。

【例 4-1-1】如图 4-1-4 所示，要求选用外中断的方式，每次按动按钮，使外接发光二极管 LED0 改变一次亮灭状态。

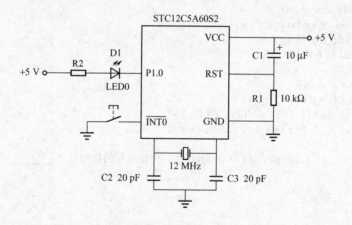

图 4-1-4　例 4-1-1 图

解：

```
#include<reg52.h>
sbit P1_0 = P1^0;
void main(void)
{
    IT0 = 1;          //设外部中断 0 为边沿触发方式
    EX0 = 1;          //允许响应外部中断 0
```

项目 4 基于装配站的单片机技术应用

161

```
        EA = 1;                //总中断开关
        while(1);
}
//外部中断 0 中断服务程序, 使用 2 号寄存器组
void int0_0(void) interrupt 0 using 2
{
        P1_0 = ~ P1_0;
}
```

**【例 4-1-2】** 用外中断的方式实现 P1 口 8 路 LED 跑马灯循环方向的控制。要求: $\overline{INT1}$ 控制循环逆时针, $\overline{INT0}$ 控制循环顺时针。每次操作按钮后, 从原地执行。如图 4-1-5 所示。

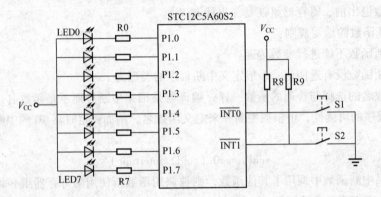

图 4-1-5  例 4-1-2 图

解:

```
#include < reg52.h >
unsigned char bdata flag;
sbit flag_0 = flag^0;
void delay( )
{
        int i,j,k;
        for(i = 0;i < 10;i ++)
            for(j = 0;j < 100;j ++)
                for(k = 0;k < 100;k ++);
}
void int_0( ) interrupt 0 using 1    //该语句的作用是_____.
{
        flag_0 = 0;
}

void int_1( ) interrupt 2 using 2    //该语句的作用是_____.
{
        flag_0 = 1;
}
void main(void)
{
        unsigned char a = 0xfe;
        IT0 = 1;        //该语句的作用是_____.
        EX0 = 1;
        IT1 = 1;
```

```
        EX1 = 1;         //该语句的作用是_____.
        EA = 1;          //该语句的作用是_____.
        P1 = 0xfe;       //该语句的作用是_____.
        while(1)
        {
            if(flag_0 ==0)     //该语句的作用是_____.
                    P1 = a = a <<1 |1;
            else
                    P1 = a = a >>1 |0x80;
            delay();           //该语句的作用是_____.
        }
    }
```

## 任务实施

### （一）两路抢答器参考硬件电路

本任采用外中断方式实现两路抢答器系统设定与显示。参考硬件电路如图4-1-6所示。

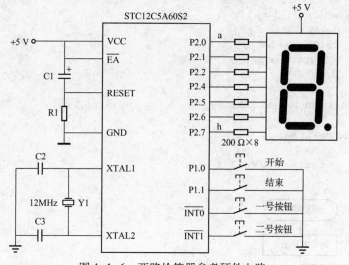

图4-1-6　两路抢答器参考硬件电路

### （二）软件设计

**1. 两路抢答器程序流程图**（如图4-1-7所示）

**2. 参考程序**

```
#include <reg52.h>
unsigned char bdata flag;
sbit P1_0 = P1^0;
sbit P1_1 = P1^1;
void delay(unsigned int n);
/* -----------------------------------------------------------------* /
void int_0() interrupt 0 using 1
{
    EA = 0;P2 = 0xf9;     //显示"1"
}
/* -----------------------------------------------------------------* /
void int_1() interrupt 2 using 2
```

```
{
    EA = 0;P2 = 0xa4;     //显示"2"
}
/* ------------------------------------------------------------------------*/
void main(void)
{
    IT0 = 1;
    EX0 = 1;
    IT1 = 1;
    EX1 = 1;
    while(1)
    {
loop:   P2 = 0x8c;    //开机显示"P"
        while(P1_0 ==1);
        delay(10);
        if(P1_0 ==0)
            goto loop;
        EA = 1;
        P2 = 0xbf;    //显示" - "
loop1: while(P1_1 ==1);
        delay(10);
        if(P1_1 ==0)
            goto loop1;
    }
}
void delay(unsigned int n)
{
    unsigned char i;
    while (n --)
        for(i = 0;i < 121;i ++);
}
```

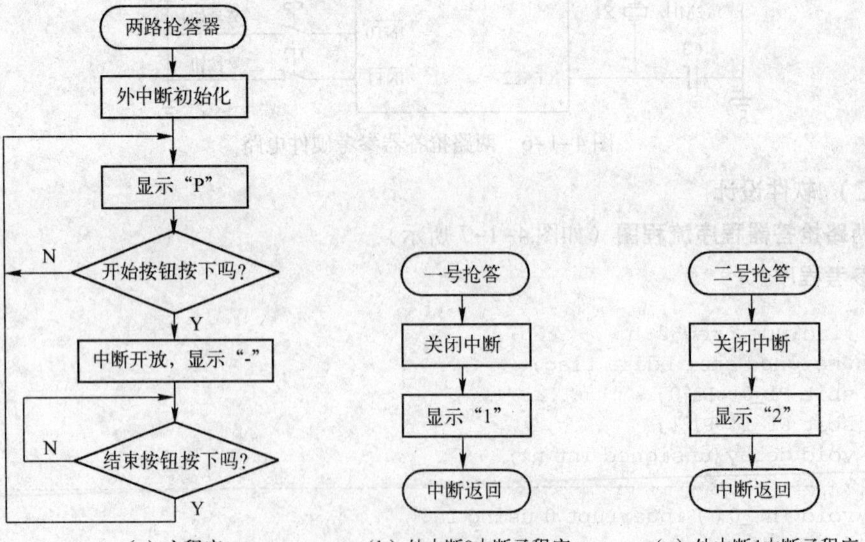

（a）主程序　　　　　（b）外中断0中断子程序　　　（c）外中断1中断子程序

图 4-1-7　两路抢答器程序流程图

知识拓展

### （一）STC12C5A60S2 单片机中断知识

STC12C5A60S2 单片机提供了 10 个中断请求源，它们分别是：外部中断 0、定时器 0 中断、外部中断 1、定时器 1 中断、串行端口 1 中断、A/D 转换中断、低压检测中断、PCA 中断、串行端口 2 中断及 SPI 中断。所有的中断都具有 4 个中断优先级。对于这些中断源请求可编程为高优先级中断或低优先级中断，可实现两级中断服务程序嵌套。

#### 1. STC12C5A60S2 单片机的中断查询次序

每一个中断源可以用软件独立地控制为开中断或关中断状态，每一个中断的优先级别均可用软件设置。高优先级的中断请求可以打断低优先级的中断，低优先级的中断请求不可以打断高优先级及同优先级的中断。当两个相同优先级的中断同时产生时，将由查询次序来决定系统先响应哪个中断。STC12C5A60S2 单片机的各个中断查询次序见表 4-1-2。

通过设置新增加的特殊功能寄存器 IPH 或 IP2H 中的相应位，可将中断优先级设为 4 级，如果只设置 IP 或 IP2，那么中断优先级就只有 2 级，与传统 8051 单片机两级中断优先级完全兼容。

表 4-1-2　STC12C5A60S2 单片机的各个中断查询次序

| 中断源 | 中断向量地址 | 同级内的查询次序 | 中断优先级设置（IPH, IP） | 优先级 3（最高） | 优先级 2 | 优先级 1 | 优先级 0（最低） | 中断请求标志位 | 中断允许控制位 |
|---|---|---|---|---|---|---|---|---|---|
| 外中断 0 | 0003H | 0 | PX0H, PX0 | 1, 1 | 1, 0 | 0, 1 | 0, 0 | IE0 | EX0/EA |
| Timer 0 | 000BH | 1 | PT0H, PT0 | 1, 1 | 1, 0 | 0, 1 | 0, 0 | TF0 | ET0/EA |
| 外中断 1 | 0013H | 2 | PX1H, PX1 | 1, 1 | 1, 0 | 0, 1 | 0, 0 | IE1 | EX1/EA |
| Timer1 | 001BH | 3 | PT1H, PT1 | 1, 1 | 1, 0 | 0, 1 | 0, 0 | TF1 | ET1/EA |
| UART1 | 0023H | 4 | PSH, PS | 1, 1 | 1, 0 | 0, 1 | 0, 0 | RI + TI | ES/EA |
| ADC | 002BH | 5 | PADCH, PADC | 1, 1 | 1, 0 | 0, 1 | 0, 0 | ADC_FLAG | EADC/EA |
| LVD | 0033H | 6 | PLVDH, PLVD | 1, 1 | 1, 0 | 0, 1 | 0, 0 | LVDF | ELVD/EA |
| PCA | 003BH | 7 | PPCAH, PPCA | 1, 1 | 1, 0 | 0, 1 | 0, 0 | CF + CCF0 + CCF1 | （ECF + ECCF0 + ECCF1）/EA |
| UART2 | 0043H | 8 | PS2H, PS2 | 1, 1 | 1, 0 | 0, 1 | 0, 0 | S2TI + S2RI | ES2/EA |
| SPI | 004BH | 9 | PSPIH, PSPI | 1, 1 | 1, 0 | 0, 1 | 0, 0 | SPIF | ESPI/EA |

#### 2. STC12C5A60S2 单片机的中断结构

STC12C5A60S2 单片机的中断系统结构示意图如图 4-1-8 所示。

#### 3. STC12C5A60S2 单片机的中断源

（1）通用 51 单片机具有的中断源：$\overline{INT0}$、$\overline{INT1}$、定时器/计数器 T0 中断、T1 中断和串行端口 1 发送/接收中断。$\overline{INT0}$、$\overline{INT1}$ 可以用于将单片机从掉电模式唤醒。

项目 4 基于装配站的单片机技术应用

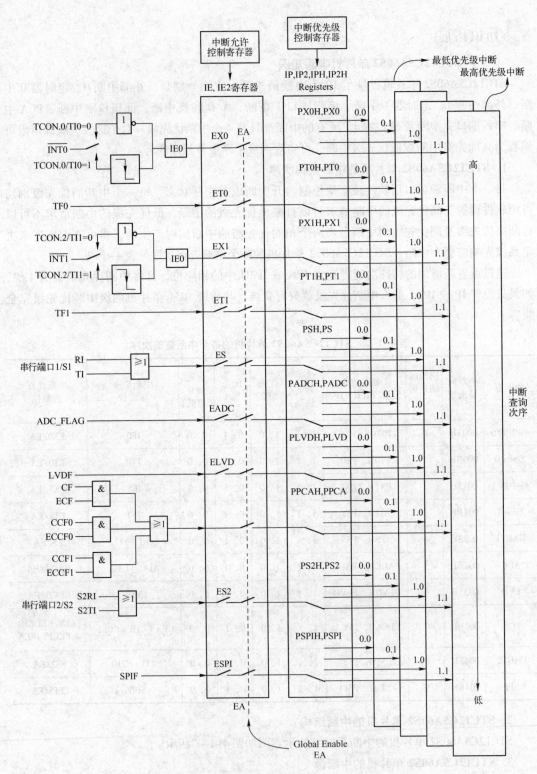

图 4-1-8　STC12C5A60S2 单片机的中断系统结构示意图

（2）新增中断源：

① A/D 转换中断：当 A/D 转换结束后，置位 ADC_FLAG，向 CPU 申请中断。

② 低压检测中断：当检测到电源为低电压，则置位 LVDF，向 CPU 申请中断。上电复位时，由于电源电压上升有一个过程，低压检测电路会检测到低电压，置位 LVDF，申请中断。因此上电复位后，LVDF = 1，须用软件先对 LVDF 清零，再开放中断，若干个时钟后再检测 LVDF。

③ PCA/CCP 中断：PCA/CCP 中断请求信号由 CF、CCF0、CCF1 标志共同完成。

④ 串行端口 2 发送/接收中断：当串行端口 2 接收完一帧信息时置位 S2RI 或发送完一帧信息时置位 S2TI，向 CPU 申请中断。

⑤ SPI 中断：当 SPI 端口一次数据传输完成时，置位 SPIF，向 CPU 申请中断。

### 4. 中断寄存器

STC12C5A60S2 单片机中断寄存器如表 4-1-3 所示。

（1）中断允许寄存器 IE 和 IE2。

IE：中断允许寄存器 1（可位寻址）

**表 4-1-3　STC12C5A60S2 单片机中断寄存器**

| 符　号 | 描　述 | 地址及符号 |
|---|---|---|
| IE | 中断允许寄存器 1 | EA ELVD EADC ES ET1 EX1 ET0 EX0 |
| IP | 中断优先寄存器 1 低 | PPCA PLVD PADC PS PT1 PX1 PT0 PX0 |
| IPH | 中断优先寄存器 1 高 | PPCAH PLVDH PADCH PSH PT1H PX1H PT0H PX0H |
| IE2 | 中断允许寄存器 2 | - - - - - - ESPI ES2 |
| IP2 | 中断优先寄存器 2 低 | - - - - - - PSPI PS2 |
| IP2H | 中断优先寄存器 2 高 | - - - - - PSPIH PS2H |
| TCON | 定时器/计数器控制寄存器 | TF1 TR1 TF0 TR0 IE1 IT1 IE0 IT0 |
| SCON | 串行端口控制寄存器 | SM0/FE SM1 SM2 REN TB8 RB8 TI RI |
| AUXR | 电源控制寄存器 | T0x12 T1x12 UART_M0x6 BRTR S2SMOD BRTx12 EX-TRAM S1BRS |
| PCON | Power Control | SMOD SMOD0 LVDF POF GF1 GF0 PD IDL |
| WAKE_CLKO | CLK_Output Power down Wake - up control register | PCAWAKEUP RXD_PIN_IE T1_PIN_IE T0_PIN_IE LVD_WAKE BRTCLKO T1CLKO T0CLKO |
| ADC_CONTR | A/D 转换控制寄存器 | ADC_POWER SPEED1 SPEED0 ADC_FLAG ADC_START CHS2 CHS1 CHS0 |
| CCON | PCA Control Register | CF CR - - - - - CCF1 CCF0 |
| CMOD | PCA Mode Register | CIDL - - - CPS2 CPS1 CPS0 ECF |
| CCAPM0 | PCA Module 0 Mode Register | - ECOM0 CAPP0 CAPN0 MAT0 TOG0 PWM0 ECCF0 |
| CCAPM1 | PCA Module 1 Mode Register | - ECOM1 CAPP1 CAPN1 MAT1 TOG1 PWM1 ECCF1 |
| SPSTAT | SPI Status register | SPIF WCOL - - - - - - |

项目 4　基于装配站的单片机技术应用

| IE: | B7 | B6 | B5 | B4 | B3 | B2 | B1 | B0 |
|---|---|---|---|---|---|---|---|---|
| | EA | ELVD | EADC | ES | ET1 | EX1 | ET0 | EX0 |

① EA、ES、ET1、EX1、ET0、EX0：与51单片机相同。

② ELVD：新增，低压检测中断允许位。=1时，允许中断；=0时，禁止中断。

③ EADC：新增，A/D转换中断允许位。=1时，允许中断；=0时，禁止中断。

IE2：中断允许寄存器2（不可位寻址）

| IE2: | B7 | B6 | B5 | B4 | B3 | B2 | B1 | B0 |
|---|---|---|---|---|---|---|---|---|
| | — | — | — | — | — | — | ESP1 | ES2 |

① ESPI：SPI中断允许位。=1时，允许SPI中断；=0时，禁止SPI中断。

② ES2：串行端口2中断允许位。=1时，允许串行端口2中断；=0时，禁止串行端口2中断。

STC12C5A60S2单片机复位以后，IE和IE2被清零，由用户程序置"1"或清"0" IE和IE2相应的位，实现允许或禁止各中断源的中断申请，若使某一个中断源允许中断必须同时使CPU开放中断。

（2）中断优先级控制寄存器IP、IP2和IPH、IP2H。传统8051单片机具有两个中断优先级，即高优先级和低优先级，可以实现两级中断嵌套。STC12C5A60S2单片机通过设置新增加的特殊功能寄存器（IPH和IP2H）中的相应位，可将中断优先级设置为4个中断优先级；如果只设置IP和IP2，那么中断优先级只有两级，与传统8051单片机两级中断优先级完全兼容。

STC12C5A60S2单片机的片内各优先级控制寄存器的格式如下：

IPH：中断优先级控制寄存器高（不可位寻址）。

| IPH: | B7 | B6 | B5 | B4 | B3 | B2 | B1 | B0 |
|---|---|---|---|---|---|---|---|---|
| | PPCAH | PLVDH | PADCH | PSH | PT1H | PX1H | PT0H | PX0H |

IP：中断优先级控制寄存器低（可位寻址）。

| IP: | B7 | B6 | B5 | B4 | B3 | B2 | B1 | B0 |
|---|---|---|---|---|---|---|---|---|
| | PPCA | PLVD | PADC | PS | PT1 | PX1 | PT0 | PX0 |

① PPCAH, PPCA：PCA中断优先级控制位。

② PLVDH, PLVD：低压检测中断优先级控制位。

③ PADCH, PADC：A/D转换中断优先级控制位。

④ PSH, PS：串行端口1中断优先级控制位。

⑤ PT1H, PT1：定时器1中断优先级控制位。

⑥ PX1H, PX1：外部中断1优先级控制位。

⑦ PT0H, PT0：定时器0中断优先级控制位。

⑧ PX0H, PX0：外部中断0优先级控制位。

IP2H：中断优先级高字节控制寄存器（不可位寻址）。

| IP2H: | B7 | B6 | B5 | B4 | B3 | B2 | B1 | B0 |
|---|---|---|---|---|---|---|---|---|
| | — | — | — | — | — | — | PSPIH | PS2H |

IP2：中断优先级控制寄存器（不可位寻址）。

| IP2: | B7 | B6 | B5 | B4 | B3 | B2 | B1 | B0 |
|------|----|----|----|----|----|----|----|----|
|  | — | — | — | — | — | — | PSPI | PS2 |

① PSPIH，PSPI：SPI 中断优先级控制位。

② PS2H，PS2：串行端口 2 中断优先级控制位。

以上中断优先级的设置中断查询次序见表 4-1-2。

（3）定时器/计数器控制寄存器 TCON。与 51 单片机相同。

（4）串行端口控制寄存器 SCON。

SCON：串行端口控制寄存器（可位寻址）。

| SCON: | B7 | B6 | B5 | B4 | B3 | B2 | B1 | B0 |
|-------|----|----|----|----|----|----|----|----|
|  | SM0/FE | SM1 | SM2 | REN | TB8 | RB8 | TI | RI |

① RI：串行端口 1 接收中断标志。

② TI：串行端口 1 发送中断标志。

SCON 寄存器的其他位与中断无关，在此不作介绍。

（5）A/D 转换控制寄存器 ADC_CONTR。

ADC_CONTR：A/D 转换控制寄存器。

| ADC_CONTR: | B7 | B6 | B5 | B4 | B3 | B2 | B1 | B0 |
|-----------|----|----|----|----|----|----|----|----|
|  | ADC_POWER | SPEED1 | SPEED0 | ADC_FLAG | ADC_START | CHS2 | CHS1 | CHS0 |

① ADC_POWER：ADC 电源控制位。=0 时，关闭 ADC 电源；=1 时，打开 ADC 电源。

② ADC_FLAG：ADC 转换结束标志位，可用于请求 A/D 转换的中断。当 A/D 转换完成后，ADC_FLAG = 1，要用软件清零。不论是 A/D 转换完成后由该位申请产生中断，还是由软件查询该标志位时，当 A/D 转换完成后，ADC_FLAG = 1，一定要软件清零。

③ ADC_START：ADC 转换启动控制位，=1 时，开始转换，转换结束后为 0。

④ A/D 转换控制寄存器 ADC_CONTR 中的其他位与中断无关，在此不作介绍。

### （二）C51 结构

**1. 结构体概念**

在实际问题中，一组数据往往具有不同的数据类型。例如，学生信息包括：姓名、学号、年龄、性别、成绩等。显然学生信息不能用一个相同的数据类型来描述，因此 C 语言中给出了另一种构造类型数据——结构又称结构体。

把多个不同类型的变量结合在一起形成的组合性变量，称为结构变量，简称结构。这些构成一个结构的各个变量称为"结构元素"或"成员"。同样，在说明和使用之前和变量一样必须先定义它（也就是构造它），然后再使用。

**2. 结构体定义**

（1）定义一个结构体类型的一般形式。一个结构体类型的一般形式如下：

```
struct 结构名
{成员表列};
```

成员表列由若干个成员组成，都必须作类型说明，其形式如下：

　　类型说明符　　成员名；

成员名的命名应符合标识符的书写规定。例如：

```
struct stu
{
    int num;
    char name[20];
    char sex;
    float score;
};
```

在这个结构定义中，结构名为 stu，该结构由 4 个成员组成。第 1 个成员为 num，整型变量；第 2 个成员为 name，字符数组；第 3 个成员为 sex，字符变量；第 4 个成员为 score，实型变量。应注意在括号后的分号是不可少的。

（2）定义结构体变量。定义结构变量有以下 3 种方法。以上面定义的 stu 为例来加以说明。

① 先定义结构，再定义结构变量。例如：

```
struct stu
{
    int num;
    char name[20];
    char sex;
    float score;
};
struct stu boy1,boy2;      //定义的两个变量 boy1 和 boy2 为 stu 结构类型
```

② 在定义结构类型的同时定义结构变量。例如：

```
struct stu
{
    int num;
    char name[20];
    char sex;
    float score;
}boy1,boy2;                //定义的两个变量 boy1 和 boy2 为 stu 结构类型
```

③ 直接定义结构变量。例如：

```
struct
{
    int num;
    char name[20];
    char sex;
    float score;
}boy1,boy2;                //定义了两个变量 boy1 和 boy2
```

成员也可以又是一个结构，即构成了嵌套的结构。图 4-1-9 为结构嵌套示意图。

按图 4-1-9 可给出以下结构定义：

| num | name | sex | birthday | | | score |
|-----|------|-----|----------|---|---|-------|
| | | | month | day | year | |

图 4-1-9 结构嵌套示意图

```
struct date
{
    int month;
    int day;
    int year;
};
struct stu
{
    int num;
    char name[20];
    char sex;
    struct date birthday;
    float score;
}boy1,boy2;
```

首先定义一个结构 date，由 month（月）、day（日）、year（年）3 个成员组成。在定义并说明变量 boy1 和 boy2 时，其中的成员 birthday 被说明为 data 结构类型。成员名可与程序中其他变量同名，互不干扰。

④ 说明：

a. 结构体类型与结构体变量概念不同。

结构体类型：不分配内存，不能赋值、存取、运算。

结构体变量：分配内存，可以赋值、存取、运算。

b. 结构体可嵌套。结构中的成员可以是基本数据类型、指针、数组、另一结构类型变量，形成结构的结构，即结构的嵌套。嵌套不能包含其自己。

c. 结构体成员名与程序中变量名可相同，不会混淆。因为定义的一个结构是一个相对独立的集合体，结构中的元素只在该结构中起作用，因而一个结构中的结构元素的名字可以与程序中的其他变量的名称相同，它们两者代表不同的对象，在使用时互相不影响。

**3. 结构体变量的引用**

结构体变量的引用规则如下：

（1）结构体变量不能整体引用，只能引用变量成员。表示结构变量成员的一般形式如下：

结构变量名．成员名

例如：

boy1. num        //第 1 个人的学号
boy2. sex        //第 2 个人的性别

（2）如果某成员本身又是一个结构类型，则只能通过多级的分量运算，对最低一级的成员进行引用。此时的引用格式扩展如下：

结构变量．成员．子成员…．最低一级子成员

项目 ④ 基于装配站的单片机技术应用

例如：

boy1. birthday. year

（3）对最低一级成员，可像同类型的普通变量一样，进行相应的各种运算。

（4）既可引用结构变量成员的地址，也可引用结构变量的地址。

例如：boy1. birthday. year = 2009；

&boy1. name， &boy2. num；

### 4. 结构变量的赋值

结构变量的赋值就是给各成员赋值。可用输入语句或赋值语句来完成。

**【例 4-1-3】** 阅读并分析下列程序。

```
#include < stdio.h >
void main( )
{
    struct stu
    {
        int num;
        char * name;
        char sex;
        float score;
    }boy1,boy2;
    boy1.num = 102;
    boy1.name = "Zhang ping";
    printf("input sex and score \n");
    scanf("% c % f",&boy1.sex,&boy1.score);
    boy2 = boy1;
    printf("Number = % d \nName = % s \n",boy2.num,boy2.name);
    printf("Sex = % c \nScore = % f \n",boy2.sex,boy2.score);
}
```

### 5. 结构变量的初始化

和其他类型变量一样，对结构变量可以在定义时进行初始化赋值。

**【例 4-1-4】** 对结构变量初始化。

解：

```
void main( )
{
    struct stu        /* 定义结构 */
    {
        int num;
        char * name;
        char sex;
        float score;
    }boy2,boy1 = {102,"Zhang ping",'M',78.5};
    boy2 = boy1;
    printf("Number = %d \nName = %s \n",boy2.num,boy2.name);
    printf("Sex = %c \nScore = % f \n",boy2.sex,boy2.score);
}
```

### 6. 结构数组的定义

在实际应用中，经常用结构数组来表示具有相同数据结构的一个群体。如一个班的学生档案，一个车间职工的工资表等。方法和结构变量相似，只需说明它为数组类型即可。
例如：

```
struct stu
{
    int num;
    char *name;
    char sex;
    float score;
}boy[5] = {    {101,"Li ping","M",45},{102,"Zhang ping","M",62.5},
              {103,"He fang","F",92.5},{104,"Cheng ling","F",87},
              {105,"Wang ming","M",58};
           }
```

定义了一个结构数组 boy，共有 5 个结构元素：boy[0] ～ boy[4]。每个数组元素都具有
struct stu 的结构形式。对结构数组可以进行初始化赋值。

【例4-1-5】用结构的形式输出学生信息。

解：

```
#include <reg51.H>
#include <stdio.h>
struct date/*日期结构类型:由年、月、日3项组成*/
{
    int year;
    int month;
    int day;
};
/* --------学生信息结构类型:由学号、姓名、性别和生日4项组成 -----------*/
struct std_info
{
    char no[7];
    char name[9];
    char sex[3];
    struct date birthday;
};
/*定义并初始化一个外部结构数组 student[3] */
struct std_info student[3] = {    {"000102","张三","男",{1995,9,20}},
                                  {"000105","李四","男",{1995,8,15}},
                                  {"000112","王五","女",{1995,3,10}}};
void main(void)
{
    int i;
    SCON = 0x50;        //串行端口方式1,允许接收
    TMOD = 0x20;        //定时器1定时方式2
    TCON = 0x40;        //设定定时器1开始计数
    TH1 = 0xE8;         //11.059 2 MHz  1 200 比特率
    TL1 = 0xE8;
    TI = 1;
    TR1 = 1;//启动定时器
    /* ------------------打印表头: "□"表示1个空格字符 ----------------*/
    printf("No.Name Sex Birthday \n");
    /* ----------------输出3个学生的基本情况 ----------------------*/
    for(i = 0;i < 3;i ++)
```

项目 ④ 基于装配站的单片机技术应用

```
    {
        printf("% -7s",student[i].no);
        printf("% -9s",student[i].name);
        printf("% -4s",student[i].sex);
        printf("% d-% d-% d \n",student[i].birthday.year,
            student[i].birthday.month,student[i].birthday.day);
    }
    while(1);
}
```

**7. 结构型指针**

（1）定义：一个指向结构类型变量的指针称为结构型指针，该指针变量的值是它所指向的结构变量的起始地址。其一般格式如下：

struct 结构类型标识符 * 结构指针标识符

例如：

struct std_info * mp;

这里的 mp，即可用来指向 std_info 类型的结构变量或结构数组。

（2）用结构性指针引用结构元素一般形式如下：

结构指针 -> 结构元素

【例4-1-6】用结构指针的形式修改【例4-1-5】程序。

解：

```
#include < stdio.h >
struct date  /* 日期结构类型：由年、月、日3项组成 */
{
    int year;
    int month;
    int day;
};
/* 学生信息结构类型：由学号、姓名、性别和生日4项组成 */
struct std_info
{
    char no[7];
    char name[9];
    char sex[3];
    struct date birthday;
};
/* 定义并初始化一个外部结构数组 student[3] */
struct std_info student[3] = {{"000102","张三","男",{1990,9,20}},
                             {"000103","李四","男",{1990,8,15}},
                             {"000104","王五","女",{1990,3,10}}
                             };
/* 主函数 main() */
void main()
{
    struct std_info * mp;
    printf("No.Name Sex Birthday \n");   /* 输出3个学生的基本情况 */
    for(mp = student;mp < student +3;mp ++)
    {
        printf("% -7s",mp ->no);
```

```
            printf("% -9s",mp->name);
            printf("% -4s",mp->sex);
            printf("% d-% d-% d\n",mp->birthday.year,
            mp->birthday.month,mp->birthday.day);
        }
    }
```

## 思考与练习

### （一）简答题

（1）什么是中断？为什么要中断？中断优先遵循的原则是什么？

（2）中断开放的条件是什么？中断发生的条件是什么？单片机是如何判别中断发生的？

（3）为什么要清除中断标志位？简述单片机中断标志位是如何产生和清除的。

（4）简述中断处理的操作过程。

（5）写出单片机中断初始化步骤。

（6）51 单片机中断源有哪些？并写出它们的中断入口地址。

（7）写出中断服务函数的编写规则。

### （二）填空题

（1）51 单片机有两个中断优先级，它们是_____和_____。复位时默认的是_____。

（2）外部中断INT0和INT1均有_____或_____两种触发方式。对它们的中断请求标志位 IE0 和 IE1 只能采用_____清除，即在中断中自动清除。

（3）定时器/计数器 T0 和 T1 可设置为_____或_____两种方式。对它们的中断请求标志位 TF0 和 TF1 既能采用_____清除，又能采用_____清除。

（4）串行端口中断由_____和_____产生，对它们的中断请求标志位 TI 和 RI 只能采用_____清除，即通过指令清除。

（5）IT0 = 0，外部中断 0 选择_____触发方式，是指_____引脚在中断开放的条件下为_____状态时，提出中断申请；IT1 = 1，外部中断 1 选择_____触发方式，是指_____引脚在中断开放的条件下为_____状态时，提出中断申请。

（6）中断控制寄存器是_____，中断允许寄存器是_____，中断优先级存器是_____。

（7）EX0 = 1，允许_____，EX1 = 0，禁止_____，EA = 1，允许_____。

（8）PX1 = 1，表示INT1为_____，PX0 = 0，表示INT0为_____，它们同时发生中断时单片机将优先执行_____中断。

（9）C51 中编写 51 单片机的中断服务函数关键字是_____，选择工作寄存器组的关键字是_____。

（10）要设置外中断 0 为边沿触发方式且允许中断，则其初始化程序为 IT0 = _____，EA = _____，EX0 = _____。

（11）单片机程序的入口地址是_____，外部中断 1 的入口地址是_____。

（12）51 单片机中，在 IP = 0x00 时，优先级最高的中断是_____，最低的是_____。

（13）51 单片机有_____个中断源，上电复位时_____中断源级别的最高。

（14）当使用快速外设时可采用查询方式，当使用慢速外设时，最佳的传输方式是_____。

（15）STC12C5A60S2 单片机提供了_____个中断源请求，所有的中断都具有_____个中断优先级，可实现两级中断服务程序嵌套，而通用 51 单片机只要 2 个中断优先级。

### （三）名词解释

（1）中断、中断嵌套、中断初始化、中断处理、中断优先。

（2）中断请求信号、硬件清除、软件清除、断点。

### （四）实践题

（1）用外中断的方式完成任务 1 手动计数器。选用外中断 0 边沿方式完成。

（2）常开开关 SP1 接在 P3.2 引脚上，在单片机的 P1.0 ～ P1.3 端口接有 4 个发光二极管 L1 ～ L4。上电后，L1 ～ L4 全亮，以后操作 SP1：第 1 次点亮 L1，第 2 次点亮 L2，按此顺序依次点亮 L1 ～ L4，如此轮流下去。要求用外中断 1 边沿方式完成。

# 任务 2 单片机可编程时钟实践与应用

## 学习目标

（1）能理解单片机的定时器/计数器工作原理及其实现过程，了解定时器/计数器内部结构，掌握定时器/计数器的工作方式及程序设计。

（2）理解 SPI 总线概念，了解实时时钟/日历芯片 DS1302 电路工作原理与应用。

## 任务描述

完成一个 24 小时时钟电路实践与应用。显示"时 分 秒"这 3 个内容，每个各占用 2 个数码管，用 3 个独立式按钮调整时间。在调整结束后按运行键开始计时。具体任务实施过程如下：

（1）开机时，显示"00 00 00"对应"时 分 秒"。时间从零开始调整。

（2）P1.0 控制"秒"的调整，每操作一次加 1 秒。实现 0 ～ 59 秒循环。

（3）P1.1 控制"分"的调整，每操作一次加 1 分。实现 0 ～ 59 分循环。

（4）P1.2 控制"时"的调整，每操作一次加 1 小时。实现 0 ～ 23 小时循环。

（5）P1.3 控制运行。操作一次后，从当前设定值开始运行。

## 相关知识

### （一）单片机定时器/计数器工作原理

在单片机应用系统中，常常需要时钟和计数器，以实现定时或计数。实现计时的方法主要有软件延时、硬件定时和可编程定时器定时。

（1）软件延时方法是通过让 CPU 循环执行一段无具体任务的程序来实施，这样做是以降低 CPU 的工作效率为代价的，延时时间也不精确，因此软件延时的时间不宜太长，仅适用于 CPU 较空闲的程序中运行。

（2）硬件定时的特点是定时功能由硬件电路（如 DS1302）完成，只有调用时 CPU 才参与，使用编程较复杂，增加了硬件成本，单片机应用系统中也常采用。

（3）可编程定时器的定时值和定时范围是通过软件来设定和修改，用户可以直接应用定时器/计数器进行延时，大大简化单片机应用系统设计。

**1. 单片机定时器/计数器简介**

51 单片机芯片有两个定时器/计数器 T0 和 T1。定时器/计数器的核心部件是一个 16 位加法计数器，其本质是对脉冲进行计数。图 4-2-1 所示为定时器/计数器原理。

依据计数脉冲的来源不同，定时器/计数器的相关概念如下：

（1）计数器。计数脉冲来源于单片机外部的引脚（T0 为 P3.4，T1 为 P3.5）。由于外部输入脉冲周期一般不准确，但脉冲个数确定，因此以脉冲个数作为依据称为计数器。使用中，计数脉冲频率不高于晶振频率的 1/24。

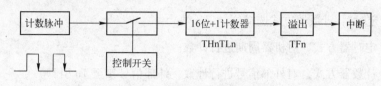

图 4-2-1　定时器/计数器原理

（2）定时器。计数脉冲来源于单片机的机器周期。因为机器周期取决于晶振频率（12 个振荡周期），且所计的脉冲个数也固定，因此对机器周期计数的器件称为定时器。

（3）计数存放单元。16 位加 1 计数器是存放输入脉冲个数的器件，由两个 8 位的特殊功能寄存器组成，其最大计数范围为 1 ～ 65 536 个脉冲。定时器/计数器 T0 由 TH0 和 TL0 组成，定时器/计数器 T1 由 TH1 和 TL1 组成，其中 TH0（TH1）表示高 8 位；TL0（TL1）表示低 8 位。

（4）定时常数。单片机采用预置数的方法，例如要计 1 000 个脉冲数，则可以在 +1 计数器（THnTLn）中预放（65 536 – 1 000 = 64 536）数据，由开始计数到溢出，所计脉冲数就是所要求的值。所以，在定时器/计数器初始化中必须设置计数初始值，把计数初始值（64 536）称为定时/计数常数。

（5）定时时间。作定时器使用时，将从预置数开始计时到一次定时器溢出这一段时间称为定时时间。例如：选择 $f_{osc} = 12$ MHz，则机器周期 = 1 μs，预置数 = 15 536，则定时时间 =（65 536 – 15 536）× 1 μs = 50 ms。

**2. 定时器/计数器的相关寄存器**

（1）定时器/计数器控制寄存器 TCON（可位寻址）。

| TCON: | B7 | B6 | B5 | B4 | B3 | B2 | B1 | B0 |
|---|---|---|---|---|---|---|---|---|
| (88H) | TF1 | TR1 | TF0 | TR0 | IE1 | IT1 | IE0 | IT0 |

① TF1、TF0：定时器/计数器 T1、T0 溢出标志位。被允许计数以后，从初值开始加 1 计数。当最高位产生溢出时由硬件置位 TF1、TF0，向 CPU 请求中断，一直保持到 CPU 响应中断时，才由硬件清零 TF1、TF0（也可由程序查询清零）。

② TR1、TR0：定时器/计数器 T1、T0 的运行控制位。由软件置位和清零。当 GATE = 0，TR1、TR0 = 1 时就允许计数，TR1、TR0 = 0 时禁止 T1 计数。当 GATE = 1，TR1、TR0 = 1 且 $\overline{INT1}$、$\overline{INT0}$ 输入高电平时，才允许 T1、T0 计数。

③ TCON.3 ～ TCON.0（略），详见外中断部分。

（2）定时器/计数器方式控制寄存器 TMOD（不可位寻址）。

| TMOD: | B7 | B6 | B5 | B4 | B3 | B2 | B1 | B0 |
|---|---|---|---|---|---|---|---|---|
| (89H) | GATE | C/$\overline{T}$ | M1 | M0 | GATE | C/$\overline{T}$ | M1 | M0 |
| | 定时器 1 | | | | 定时器 0 | | | |

位符号功能：

① GATE：门控位。参考定时器/计数器 T0 方式 1 内部结构图。

GATE = 0，只要置位 TR0（或 TR1）即可打开定时器/计数器。

GATE = 1，只有在 $\overline{INT0}$（或 $\overline{INT1}$）引脚为高电平及置位 TR0（或 TR1）时才可打开定时器/计数器。

② $C/\overline{T}$：定时器/计数器方式选择位。

$C/\overline{T} = 0$，定时器方式，对机器周期进行计数。

$C/\overline{T} = 1$，计数器方式，对外部信号进行计数，外部信号接至 Tn 引脚。

③ M1M0：定时器方式选择位，对应关系见表 4-2-1。

表 4-2-1　M1M0 定时器方式选择

| M1 | M0 | 方式 | 功　　　能 |
|---|---|---|---|
| 0 | 0 | 0 | 13 位定时器/计数器，THn 和 TLn 低 5 位参与分频。须重装定时器常数 |
| 0 | 1 | 1 | 16 位定时器/计数器，须重装定时器常数 |
| 1 | 0 | 2 | 8 位自装载定时器，当溢出时将 THn 存放的值装入 TLn |
| 1 | 1 | 3 | 只有定时器 T0 才有，此时定时器 0 作为双 8 位定时器/计数器，TL0 作为一个 8 位定时器/计数器，通过标准定时器 0 的控制位控制。TH0 作为一个 8 位定时器，由定时器 1 的控制位控制，在这种方式下定时器/计数器 1 关闭 |

**3. 定时器/计数器初始化**

定时器/计数器必须经初始化后才能使用，其初始化步骤如下：

（1）对 TMOD 赋值，以确定 T0 和 T1 的工作方式。

（2）计算初值，并将其写入 TH0、TL0 或 TH1、TL1。

（3）中断方式时，则对 IE、IP 赋值，开放中断和中断优先级。

（4）置位 TR0 或 TR1，启动定时器/计数器作为定时或计数。

**（二）　单片机定时器/计数器基本应用**

通过对 TMOD 的 M1、M0 的设置，定时器/计数器 T0 有 4 种工作方式，分别为方式 0、方式 1、方式 2 和方式 3；定时器/计数器 T1 有 3 种工作方式，分别为方式 0、方式 1 和方式 2。除工作方式 3，在其他 3 种工作方式下，定时器/计数器 T0 和 T1 的工作原理是相同的。下面以定时器/计数器 T0 为例，描述定时器/计数器的 4 种工作方式。

**1. 方式 0**

13 位定时器/计数器。THn8 位和 TLn 低 5 位组成 13 位加 1 计数器，计数值的范围是 1 ～ 8 192。方式 0 的全部功能都可以由方式 1 代替，因此方式 0 一般不用。特点是：须重装定时器常数。

**2. 方式 1**

16 位定时器/计数器。TH0 高 8 位和 TL0 低 8 位组成 16 位加 1 计数器，计数值的范围是 1 ～ 65 536。选择定时功能还是计数功能由 TMOD 中的 $C/\overline{T}$ 位决定。外部计数脉冲通过 T0（P3.4）引脚供 16 位计数器使用。特点是：须重装定时器常数。定时器/计数器 T0 方式 1 内部结构如图 4-2-2 所示。

（1）定时时间计算公式：一次定时时间（一次溢出）= ($2^{16}$ – 计数初值）× 机器周期。

（2）计数功能计算公式：一次计数溢出次数 = ($2^{16}$ – 计数初值）。

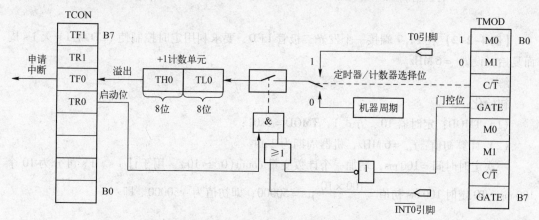

图 4-2-2    定时器/计数器 T0 方式 1 内部结构

【例 4-2-1】设单片机晶振频率 $f_{osc}$ = 12 MHz，使用定时器 T1 工作方式 1 使 P1.0 输出一个频率为 50 Hz 的方波信号。

解：

初始化：

（1）TMOD：定时器/计数器 T1 设定为方式 1，则 M1M0 = 01，为实现定时功能应使 C/$\overline{T}$ = 0，为实现定时器启动，选择 GATE = 0，因此工作方式控制寄存器 TMOD = 0x10（定时器/计数器 0 不用）。

（2）计算初值：$f_{osc}$ = 12 MHz，机器周期为 1 μs，频率为 50 Hz 的方波信号，即周期为 20 ms，高、低电平的时间为 10 ms（方波信号）。选定定时时间为 10 ms，依据定时时间的计算公式，可得出：10 ms = （65 536 – N）× 1 μs，N = 65 536 – 10 000 = 预置值。送定时常数：

TH1 = （65 536 – 10 000）/256；

TL1 = （65 536 – 10 000）% 256；

（3）中断方式：允许定时器 T1 中断。EA = 1；ET1 = 1；/* 开中断 */

（4）启动定时器/计数器 1 定时：TR1 = 1；

参考程序如下：

```
#include < reg51.h >
sbit P1_0 = P1^0;
void timer0 ( ) interrupt 3 using 1          /* T1 中断服务程序 */
{
     TH1 = (65536 – 10000)/256;             /* 重载计数初值 */
     TL1 = (65536 – 10000)% 256;
     P1_0 = P1_0;                           /* 200ms 到 P1.0 反相 */
}
void main ( )
{
     P1_0 = 1;                              /* 保证第一次反相便开始计数 */
     TMOD = 0x10;                           /* T1 方式 1 定时 */
```

项目 4 基于装配站的单片机技术应用

```
        TH1 = (65536 -10000)/256;                    /* 预置计数初值 */
        TL1 = (65536 -10000)% 256;
        EA =1;ET1 =1;TR1 =1;
        while(1);                                      /* 等待中断 */
    }
```

【例 4-2-2】 在 P1.7 端接一个发光二极管 LED，要求利用定时控制使 LED 亮 1 s 灭 1 s 周而复始，设 $f_{osc} = 6$ MHz。

解：

初始化：

（1）TMOD：定时器 T0、方式 1，TMOD =0x01；

（2）计算初值：$f_{osc} = 6$ MHz，机器周期为 2 μs。

一次定时时间 =100 ms，增加一个计数变量 count(0 ~ 10)，用于计 1 s。1 s 可分为 10 个 100 ms，T0 定时 100 ms 初值 $= \dfrac{100 \times 10^3}{2} \mu s = 50000$，即初值为 -50000。即：

```
        TH0 = (65536 -50000)/256;
        TL0 = (65536 -50000)% 256;
```

（3）中断方式：允许定时器 T0 中断。EA =1；ET0 =1；/* 开中断 */

（4）启动定时器/计数器 0 定时：TR0 =1；

参考程序如下：

```
    #include < reg51.h >
    sbit P1_7 = P1^7;
    unsigned char count =0;
    void timer0( ) interrupt 1 using 1            /* T0 中断服务程序 */
    {
        TH0 = (65536 -50000)/256;                  /* 重载计数初值 */
        TL0 = (65536 -50000)% 256;
        if(++ count >=10)
        {
            P1_7 =~ P1_7;     count =0;            /* 1 s 到 P1.7 反相 */
        }
    }
    void main( )
    {
        P1_7 =1;                                    /* 保证第 1 次为高电平 */
        TMOD =0x01;                                 /* T0 方式 1 定时 */
        TH0 = (65536 -50000)/256;                  /* 预置计数初值 */
        TL0 = (65536 -50000)% 256;
        EA =1;ET0 =1;TR0 =1;                        /* 启动定时/计数器 */
        while(1);                                    /* 等待中断 */
    }
```

【例 4-2-3】 利用 AT89C52 单片机来制作一个计数器，如图 4-2-3 所示。按钮 S2 为加 1 计数按钮，实现 00 ~ 99 顺序循环显示。初始值显示 "00"。

解：

（1）TMOD：计数器 T0 方式 1，T1 不用，TMOD =0000 0101B =0x05；

（2）计算初值：每按一次，显示数据都需要变化一次，因此计数初值可设置为 65 535 =

0ffffH，即每一个脉冲都产生一次计数溢出中断，初始值为 TH0 = 0xff；TL0 = 0xff；

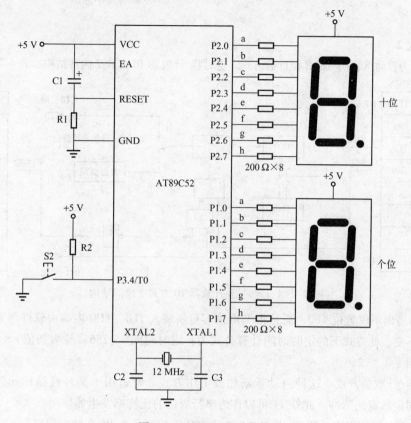

图 4-2-3  00～99 计数器

（3）中断方式：允许定时器 T0 中断。EA = 1；ET0 = 1；

（4）启动定时器/计数器 0 计数：TR0 = 1；

参考程序如下：

```
#include < reg51.h >
unsigned char count = 0;
unsigned char code tab[] = {0xc0,0xf9,0xa4,0xb0,0x99,0x92,0x82,0xf8,
                            0x80,0x90,0x88,0x83,0xc6,0xa1,0x86,0x8e};
void timer0 ( ) interrupt 1 using 1          /* T0 中断服务程序 */
{
    TH0 = 0xff;TL0 = 0xff;                    /* 重载计数初值 */
    if ( ++ count >= 100)
        count = 0;
    P2 = tab[count/10];
    P1 = tab[count% 10];
}
void main ( )
{
    P2 = tab[0];
    P1 = tab[0];
    TMOD = 0x05;                             /* T0 方式 1 计数 */
    TH0 = 0xff;        TL0 = 0xff;
```

```
        EA = 1 ; ET0 = 1 ; TR0 = 1 ;                    /* 开中断 */
        while(1) ;                                       /* 等待中断 */
    }
```

### 3. 方式 2

方式 2 为自动重装初值的 8 位计数方式。定时器/计数器 T0 方式 2 内部结构如图 4-2-4 所示。

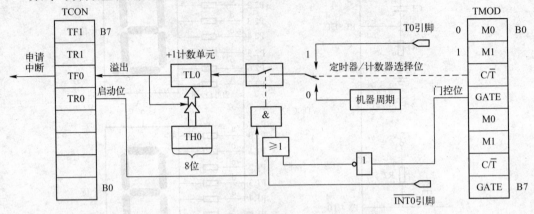

图 4-2-4　定时器/计数器 T0 方式 2 内部结构

TL0 的溢出不仅置位 TF0，而且将 TH0 内容重新装入 TL0，TH0 内容由软件预置，重装时 TH0 内容不变。此方式下的定时时间计算公式为：定时时间 = (256 - 计数初值) × 机器周期，计数值范围是 1 ～ 256。

定时器/计数器方式 2 这种自动重新加载工作方式非常适用于循环或循环计数应用，例如：产生固定脉宽的脉冲。此外 T1 可以作为串行通信的比特率发生器使用。

【例 4-2-4】使用定时器 T0 以方式 2 产生 200 μs 定时，在 P1.0 输出周期为 400 μs 的连续方波。已知晶振频率 $f_{osc}$ = 6 MHz。

解：

初始化：

（1）TMOD：计数器 T0 方式 2，实现定时功能 C/$\overline{T}$ = 0，GATE = 0。定时器 1 不用，无关位设定为 0，TMOD = 0000 0010B = 0x02；

（2）计算初值：$(256 - N) \times 2 \times 10^{-6} = 200 \times 10^{-6}$，N = 156 = 9CH

```
        TH0 = 0x9c ;
        TL0 = 0x9c ;
```

（3）中断方式：允许定时器 T0 中断。EA = 1；ET0 = 1；/* 开中断 */

（4）启动定时器/计数器 0 定时：TR0 = 1；

```
        #include < reg51.h >
        sbit P1_0 = P1^0 ;
        void main(void)
        {
            TMOD = 0x02 ;                              /* T0 方式 2 定时 */
            TH0 = 0x9c ;                               /* 预置计数初值 */
            TL0 = 0x9c ;
            EA = 1 ; ET0 = 1 ; TR0 = 1 ;
```

```
        while(1);
    }
    void timer0()interrupt 1 using 1                    /* T0 中断服务程序 */
    {
        P1_0 =~ P1^0;
    }
```

### 4. 方式3

方式3只适用于定时器/计数器 T0，定时器 T1 处于方式3时相当于 TR1 = 0，停止计数。此方式下定时器0的 TL0 及 TH0 作为两个独立的8位计数器，TL0 占用定时器0的控制位 C/$\overline{T}$、GATE、TR0、$\overline{INT0}$及 TF0。TH0 限定为定时器功能（计数器周期），占用定时器1的 TR1 及 TF1，此时 TH0 控制"定时器1"中断。

方式3可用于需要一个额外的8位定时器的场合。定时器0工作于方式3时，定时器1可通过开关进入/退出方式3，它仍可用作串行通信的比特率发生器，或者应用于任何不要求中断的场合。定时器/计数器 T0 方式3内部结构如图4-2-5所示。

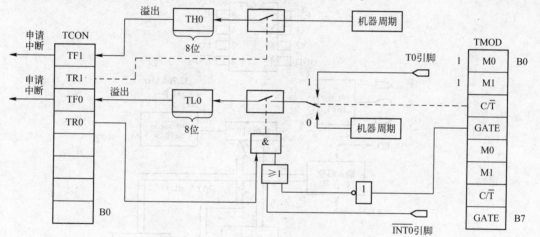

图 4-2-5　定时器/计数器 T0 方式3内部结构

### （三）串行实时时钟/日历芯片 DS1302

实时时钟 RTC（Real Time Clock）基本功能是向单片机提供时、分、秒、日历等时间信息，在系统掉电以后由片内或片外的备用电池供电，继续保持片内时钟的运行，因而广泛应用于需要实时时钟的场合。

### 1. 概述

DS1302 是 DALLAS 公司推出的 SPI 涓流充电时钟芯片，内含有一个实时时钟/日历和31字节静态 RAM。DS1302 工作时功耗很低，保持数据和时钟信息时功率低于 1 mW。DS1302 具有以下特性：

（1）实时时钟，具有计算2100年之前的秒、分、时、日、周、月、年的能力，并对闰年具有补偿调整能力。

（2）31 × 8 位暂存数据存储 RAM。

（3）简单3线接口，用于串行 I/O 口。

（4）宽范围：工作电压 2.0 ~ 5.5 V。

项目 4　基于装配站的单片机技术应用

（5）读/写时钟或 RAM 数据有两种传送方式：单字节传送和多字节（脉冲方式）传送。

（6）对 $V_{CC1}$（后备电源）有可选的涓流充电能力。可慢速充电（至 $V_{CC1}$）的能力。

（7）双电源引脚用于主电源和备份电源供应。备份电源引脚可由电池或大容量电容器输入。单电源供电接 $V_{CC1}$。

DS1302 引脚功能如表 4-2-2 和图 4-2-6 所示。

表 4-2-2　DS1302 引脚功能

| 引　脚　号 | 引脚名称 | 功　　能 |
|---|---|---|
| 1 | $V_{CC2}$ | 主电源 |
| 2，3 | X1，X2 | 32.768 kHz 晶振引脚 |
| 4 | GND | 地 |
| 5 | $\overline{RST}$ | 复位/片选引脚 |
| 6 | I/O | 数据输入/输出引脚 |
| 7 | SCLK | 串行时钟 |
| 8 | $V_{CC1}$ | 后备电源 |

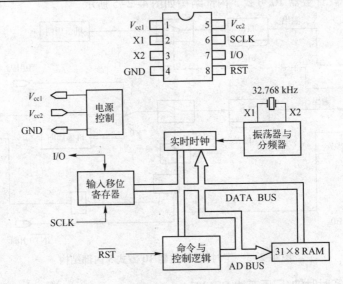

图 4-2-6　DS1302 引脚及内部结构

### 2. DS1302 实时时钟/日历芯片电路工作原理

（1）DS1302 的寄存器。DS1302 共有 12 个寄存器，其中有 7 个寄存器与日历、时钟有关，存放的数据位为 BCD 码形式，其日历、时间寄存器如表 4-2-3 所示。图 4-2-7 所示为 DS1302 可编程涓流充电器内部结构。

① CH：时钟控制位。=0，振荡器运行；=1，振荡器停止。

② 12/24：12/24 h 选择位。=0，24 h 模式；=1，12 h 模式

③ A/P：AM/PM 定义。=0，上午模式；=1，下午模式。

④ WP：写保护位。=0，寄存器数据能够写入；=1，寄存器数据不能写入，但能读。

⑤ TCS：涓流充电选择。TCS=1010，使能涓流充电；TCS=其他，禁止涓流充电。

⑥ DS：二极管选择位。=01，选择一个二极管；=10，选择两个二极管。

⑦ RS：电阻器选择位。=00，无电阻器，断开；=01，$2\,\text{k}\Omega$；=10，$4\,\text{k}\Omega$；=11，$8\,\text{k}\Omega$。

### 表 4-2-3 DS1302 的日历、时钟等寄存器

| 寄存器名 | 写操作 | 读操作 | 取 值 范 围 | 7 | 6 | 5 | 4 | 3 | 2 | 1 | 0 |
|---|---|---|---|---|---|---|---|---|---|---|---|
| 秒寄存器 | 80H | 81H | 00~59 | CH | 秒（十位） | | | 秒（个位） | | | |
| 分寄存器 | 82H | 83H | 00~59 | 0 | 分（十位） | | | 分（个位） | | | |
| 小时寄存器 | 84H | 85H | 01~12 或 00~23 | 0(24) / 1(12) | 0 | 时（十位） / A/P | 时（十位） | 时（个位） | | | |
| 日期寄存器 | 86H | 87H | 01~28, 29, 30, 31 | 0 | 0 | 日（十位） | | 日（个位） | | | |
| 月份寄存器 | 88H | 89H | 01~12 | 0 | 0 | 0 | 月（十位） | 月（个位） | | | |
| 周日寄存器 | 8AH | 8BH | 01~07 | 0 | 0 | 0 | 0 | 0 | 星期 | | |
| 年份寄存器 | 8CH | 8DH | 00~99 | 年（十位） | | | | 年（个位） | | | |
| 控制寄存器 | 8EH | 8FH | — | WP | 000 | | | 0000 | | | |
| 涓流充电 | 90H | 91H | | TCS | | | | DS | | RS | |
| 时钟多字节 | BEH | BFH | | — | | | | | | | |

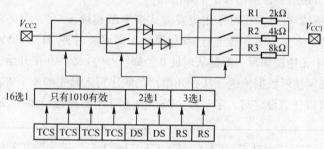

图 4-2-7 DS1302 可编程涓流充电器内部结构

（2）DS1302 的控制字格式。DS1302 的控制字格式如下：

| 7 | 6 | 5 | 4 | 3 | 2 | 1 | 0 |
|---|---|---|---|---|---|---|---|
| 1 | RAM/CK | A4 | A3 | A2 | A1 | A0 | RD/WR |

　　控制字的最高有效位（位 7）必须是逻辑 1，如果它为 0，则不能把数据写入到 DS1302 中；位 6（RAM/CK）如果为 0，则表示存取日历时钟数据，为 1 表示存取 RAM 数据；位 5 至位 1 指示操作单元的地址；最低有效位（位 0）如为 0 表示要进行写操作，为 1 表示进行读操作，控制字总是从最低位开始输出。

　　（3）复位。DS1302 在任何数据传送时必须先初始化，把 $\overline{\text{RST}}$ 引脚置为高电平，然后把 8 位地址和命令字装入移位寄存器，数据在 SCLK 的上升沿被输入。无论是读周期还是写周期，开始 8 位指定哪个寄存器将被访问。在开始 8 个时钟周期，把命令字装入移位寄存器，另外的时钟周期为数据操作周期。

　　如果在传送过程中置 $\overline{\text{RST}}$ 引脚为低电平，则会终止本次数据传送，并且 I/O 引脚变为高阻态。上电运行时，在 $V_{cc} \geqslant 2.5\,\text{V}$ 之前，$\overline{\text{RST}}$ 引脚必须保持低电平。只有在 SCLK 为低电平时，才能将 $\overline{\text{RST}}$ 引脚置为高电平。

项目 4 基于装配站的单片机技术应用

（4）数据输入/输出。数据输入 DS1302（包括命令和数据），在 SCLK 的上升沿发生；数据输出，在 SCLK 的下降沿发生。数据输入/输出传送方向：从低位 0 到高位 7，依次传送。DS1302 单字节数据读/写时序如图 4-2-8 所示。

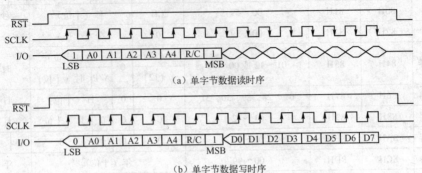

(a) 单字节数据读时序

(b) 单字节数据写时序

图 4-2-8　DS1302 单字节数据读/写时序

注意：在单片机从 DS1302 读取数据时，从 DS1302 输出的第一个数据位发送在紧跟着单片机输出的命令字节最后一位的第一个下降沿处。

除了单字节数据读/写外，还可采用突发方式多字节连续读/写。在突发方式多字节连续读/写中，只要对时钟多字节寄存器进行读/写操作，即可将时钟/日历 RAM 规定为多字节方式。在多字节方式中无论读和写，都是从地址 0（A5 ～ A0）的 A0 位开始。当以多字节方式写时钟/日历时，必须按照数据传送（从秒开始）的顺序写入最先的 8 个寄存器；当以多字节方式写 RAM 时，可以任意设定写入字节数。DS1302 多字节数据读/写时序如图 4-2-9 所示。

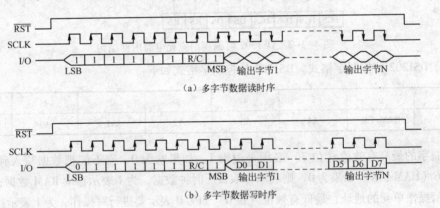

(a) 多字节数据读时序

(b) 多字节数据写时序

图 4-2-9　DS1302 多字节数据读/写时序

### （四）实时时钟/日历芯片 DS1302 应用

**1. 硬件设计**

DS1302 与单片机之间连接简单，只要单片机提供 3 个 I/O 端口即可。DS1302 的晶振选择典型值 32.768 kHz，备用电源选择 3 V 纽扣式电池。当 $V_{CC2} > (V_{CC1} + 0.2)$ V 时，DS1302 由 $V_{CC2}$ 供电；当 $V_{CC2} < V_{CC1}$，由 $V_{CC1}$ 供电。8 位数码管显示位数较多，采用动态显示方式，同时需要分屏显示不同的内容，在 P1.3 口接一个按钮开关，每按一下切换一次显示状态，参考硬件电路如图 4-2-10 所示。

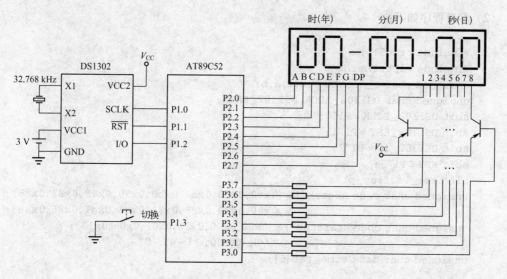

图 4-2-10　DS1302 组成的数字钟系统电路图

**2. 编写控制程序**

（1）流程图。设计 8 位数码管动态显示电路，每个数码管显示 1 ms。DS1302 采用单字节数据方式完成读/写寄存器。程序中首先判断数字钟是否为 DS1302 第一次使用，是从"13 年 05 月 01 日""08：00：00"开始运行，否则从当前读出时间开始运行。选择 1 s 执行读/写 1 次，通过定时器 T1 完成。用一个位作为按钮开关动作的标志位。DS1302 组成的数字钟系统流程图如图 4-2-11 所示。

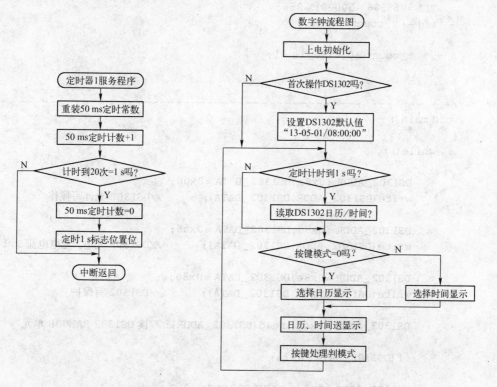

图 4-2-11　DS1302 组成的数字钟系统流程图

(2) 参考程序如下:

```
#include < reg51.h >
#include < intrins.h >
unsigned char t_count = 0,n,i,a,b;
unsigned char DS1302_ADDR,DS1302_DATA;
sbit DS1302_SCLK = P1^0;
sbit DS1302_RST = P1^1;
sbit DS1302_IO = P1^2;
sbit KEY = P1^3;
bit time_1s,flag_p17;
unsigned char code segtab[] = {0xc0,0xf9,0xa4,0xb0,0x99,0x92,0x82,0xf8,
                               0x80,0x90,0x88,0x83,0xc6,0xa1,0x86,0x8e};
unsigned char code starttab[] = {0x00,0x00,0x08,0x01,0x05,0x13};
                                //08:00:00, 13 - 05 - 01
unsigned char data time_tab[6];

unsigned char read(unsigned char addr);
void write(unsigned char addr,unsigned char dat);
void send_byte(unsigned char a);
void delay(unsigned char n);
void display(unsigned char tab[],unsigned char n);
/* ---------------------------------------------------------- */
void timer0() interrupt 3 using 1              /* T1 中断服务程序 */
{
    TH1 = (65536 - 50000)/256;                 /* 重载定时计数初值 */
    TL1 = (65536 - 50000)%256;
    if(++t_count >= 20)
    {
        t_count = 0;time_1s = 1;
    }
}
/* ---------------------------------------------------------- */
void main()
{
    while(1)
    {
        DS1302_ADDR = 0x8e;DS1302_DATA = 0x00;
        write(DS1302_ADDR,DS1302_DATA);        //DS1302 允许写操作

        DS1302_ADDR = 0x90;DS1302_DATA = 0xa6;
        write(DS1302_ADDR,DS1302_DATA);        //DS1302 充电,充电电流 1.1 mA

        DS1302_ADDR = 0x8e;DS1302_DATA = 0x80;
        write(DS1302_ADDR,DS1302_DATA);        //DS1302 写保护

        DS1302_ADDR = 0xc1; read(DS1302_ADDR); //读 DS1302 RAM00H 单元

        if(DS1302_DATA != 0xfa)
        {
        DS1302_ADDR = 0x8e;   DS1302_DATA = 0x0;
```

```
                write(DS1302_ADDR,DS1302_DATA);    //第一次进入 DS1302, 写入初始值

                DS1302_ADDR = 0xc1;DS1302_DATA = 0x0fa;
                write(DS1302_ADDR,DS1302_DATA);    //写 DS1302 RAM00H 单元

                for(i = 0; i < 6; i ++)
                    time_tab[i] = starttab[i];
                a = 0x80;
                for(i = 0; i < 6; i ++)
                {
                    DS1302_ADDR = a;DS1302_DATA = time_tab[i];
                    write(DS1302_ADDR,DS1302_DATA);
                    a = a + 2;
                }
                DS1302_ADDR = 0x8e;DS1302_DATA = 0x80;              //DS1302 写保护
                write(DS1302_ADDR,DS1302_DATA);
            }
        TMOD = 0x10;                              /* T1 方式 1 定时 */
        TH1 = (65536 − 50000)/256;               /*预置计数初值 */
        TL1 = (65536 − 50000)%256;
        EA = 1;ET1 = 1;TR1 = 1;
  loop:    if(time_1s == 1)
            {
                time_1s = 0;
                for(i = 0,a = 0x81;i < 5;i ++)
                {
                    time_tab[i] = read(a);
                    a = a + 2;
                }
                DS1302_ADDR = 0x8d;time_tab[i] = read(DS1302_ADDR);
            }
        if(flag_p17 == 1)
            display(time_tab,3);                    //显示年月日
        else
            display(time_tab,0);                    //显示时分秒
        if(KEY == 0)
        {
            delay(10);
            if(KEY == 0)
                flag_p17 = !flag_p17;
            while(KEY == 0);
        }
        goto loop;

    }
}
/* ------------------------------------------------------------- */
void delay(unsigned char n)
{
    unsigned char i;
    while(n −− )
```

```
        for(i =0; i <123; i ++);
}
/* ------------------------8 位数码管显示函数 ------------------- */
void display(unsigned char tab[],unsigned char n)
{
   P3 =0x01; P2 =segtab[tab[n]&0x0f];               delay(1); P3 =0x0;
   P3 =0x02; P2 =segtab[(tab[n]>>4)&0x0f];          delay(1); P3 =0x0;
   P3 =0x04; P2 =0xbf;                              delay(1); P3 =0x0;   //显示"-"
   P3 =0x08; P2 =segtab[tab[n +1]&0x0f];            delay(1); P3 =0x0;
   P3 =0x10; P2 =segtab[(tab[n +1]>>4)&0x0f];       delay(1); P3 =0x0;
   P3 =0x20; P2 =0xbf;                              delay(1); P3 =0x0;   //显示"-"
   P3 =0x40; P2 =segtab[tab[n +2]&0x0f];            delay(1); P3 =0x0;
   P3 =0x80; P2 =segtab[(tab[n +2]>>4)&0x0f];       delay(1); P3 =0x0;
}
/* ------------------------------------------------------------ */
void write(unsigned char addr,unsigned char dat)
{
   DS1302_SCLK =0; _nop_();
   DS1302_RST =1; _nop_();
   send_byte(addr);
   DS1302_SCLK =0;_nop_();
   send_byte(dat);
   DS1302_RST =0;
}
/* ------------------------------------------------------------ */
void send_byte(unsigned char a)
{
   unsigned char i;
   for(i =0; i <8; i ++)
   {
      DS1302_SCLK =0;_nop_();
      if (a&0x01)
         DS1302_IO =1;
      else
         DS1302_IO =0;
      DS1302_SCLK =1;_nop_();
      a =a >>1;
   }
}
/* ------------------------------------------------------------ */
unsigned char read(unsigned char addr)
{
   unsigned char i,m;
   DS1302_SCLK =0;_nop_();
   DS1302_RST =1;_nop_();
   for(i =0; i <8; i ++)
   {
      if (addr&0x01)
         DS1302_IO =1;
      else
         DS1302_IO =0;
```

```
            DS1302_SCLK = 1;_nop_();
            DS1302_SCLK = 0;_nop_();
            addr = addr >>1;
        }
    DS1302_DATA = 0;
    DS1302_IO = 1;
    for(i = 0; i < 8; i ++)
    {
            DS1302_SCLK = 0;_nop_();
            m = (unsigned char)DS1302_IO;
            m <<= 7;
            DS1302_DATA >>=1;
            DS1302_DATA | = m;

            DS1302_SCLK = 1;_nop_();
    }
    DS1302_RST = 0;_nop_();
    return  DS1302_DATA;
}
```

## 任务实施

### （一）简易电子时钟硬件电路设计

本任务中要求用6个数码管显示当前时间的时、分和秒值，如采用静态显示方式，则占用单片机的I/O端口太多，所以在本任务中采用动态显示方式，参考电路如图4-2-12所示。设 $f_{osc} = 12\,MHz$。任务要求为4个按钮，选择独立式按钮方式连接。

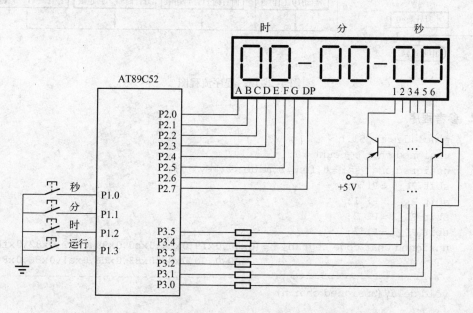

图4-2-12　简易电子时钟系统硬件示意图

项目 4　基于装配站的单片机技术应用

191

### （二）软件设计

#### 1. 流程图

任务中的主程序完成初始化、动态显示和按钮扫描，定时器中断服务程序完成时、分和秒计时。程序流程图如图 4-2-13 所示。

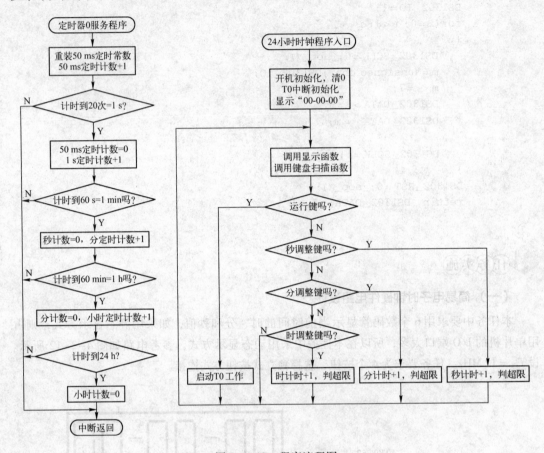

图 4-2-13　程序流程图

#### 2. 参考程序

```c
#include <reg51.h>
unsigned char t_count = 0;
unsigned char shi = 0,fen = 0,miao = 0,key = 0;
sbit P1_0 = P1^0;
sbit P1_1 = P1^1;
sbit P1_2 = P1^2;
sbit P1_3 = P1^3;
unsigned char code segtab[] = {0xc0,0xf9,0xa4,0xb0,0x99,0x92,0x82,0xf8,
                   0x80,0x90,0x88,0x83,0xc6,0xa1,0x86,0x8e};
/* ----------------------------------------------------------------- */
void delay(unsigned char n)
{
    unsigned char i;
    while(n--)
        for(i = 0; i < 123; i++);
```

```
}
void keyscan()
{
    key = 0;
    if((P1&0x0f)!=0x0f)
    {
        delay(10);
        if((P1&0x0f)!=0x0f)
        {   if(P1_0 == 0)
                key = 1;
            else if(P1_1 == 0)
                    key = 2;
                else if(P1_2 == 0)
                        key = 3;
                    else key = 4;
                    while((P1&0x0f!)!=0x0f)
        }
    }
}
/* ----------------------4 位数码管显示函数 --------------- */
void display(void)
{
    P3 = 0xfe;P2 = segtab[miao% 10];   delay(1);P2 = 0xff;
    P3 = 0xfd;P2 = segtab[miao/10];    delay(1);P2 = 0xff;
    P3 = 0xfb;P2 = segtab[fen% 10];    delay(1);P2 = 0xff;
    P3 = 0xf7;P2 = segtab[fen/10];     delay(1);P2 = 0xff;
    P3 = 0xef;P2 = segtab[shi% 10];    delay(1);P2 = 0xff;
    P3 = 0xdf;P2 = segtab[shi/10];     delay(1);P2 = 0xff;
}
/* --------------------------------------- */
void timer0() interrupt 1 using 1              /* T0 中断服务程序 */
{
    TH0 = (65536 - 50000)/256;                 /* 重载定时计数初值 */
    TL0 = (65536 - 50000)% 256;
    if(++t_count >= 20)
    {
        t_count = 0;
        if(++miao >= 60)
        {
            miao = 0;
            if(++fen >= 60)
            {
                fen = 0;
                if(++shi >= 24)
                    shi = 0;
            }
        }
    }
}
/* --------------------------------------------------------- */
void main()
{
    TMOD = 0x01;                               /* T0 方式 1 定时 */
    TH0 = (65536 - 50000)/256;                 /* 预置计数初值 */
```

项目 4 基于装配站的单片机技术应用

```
    TL0 = (65536 - 50000)%256;
    EA = 1;ET0 = 1;TR0 = 0;
    while(1)
    {
        display();
        keyscan();
        switch(key)
        {
            case 4:TR0 = 1;break;
            case 1:if(++miao >= 60)
                        miao = 0;
                    break;
            case 2:if(++fen >= 60)
                        fen = 0;
                    break;
            case 3:if(++shi >= 24)
                        shi = 0;
                    break;
            default :break;
        }
    }
}
```

### 知识拓展

**（一）STC12C5A60S2单片机定时器/计数器工作原理**

STC12C5A60S2单片机有4个定时器，其中定时器T0和定时器T1为16位定时器，与51单片机的定时器完全兼容，也可以设置为1T模式，当定时器T1作为比特率发生器时，定时器T0可以当两个8位定时器用（另外两路PCA/PWM可以再实现两个16位定时器）。

**1. STC12C5A60S2单片机定时器/计数器简介**

（1）计数器。计数脉冲来源于单片机外部的引脚（T0为P3.4，T1为P3.5）。

（2）定时器。计数脉冲来源于系统时钟。此时定时器/计数器每12个时钟或者每1个时钟得到一个计数脉冲，计数值加1。

（3）计数存放单元。定时器/计数器T0由TH0和TL0组成，定时器/计数器T1由TH1和TL1组成。

**2. STC12C5A60S2单片机定时器/计数器的相关寄存器**

（1）定时器/计数器控制寄存器TCON、方式控制寄存器TMOD与51单片机相同。

（2）辅助寄存器AUXR。STC12C5A60S2单片机是1T的51单片机，为兼容传统单片机，定时器0和定时器1复位后是传统51单片机的速度，即12分频。通过设置AUXR，将T0、T1设置为1T。其格式如下：

| AUXR: | B7 | B6 | B5 | B4 | B3 | B2 | B1 | B0 |
| --- | --- | --- | --- | --- | --- | --- | --- | --- |
| (8EH) | T0x12 | T1x12 | UART_M0x6 | BRTR | S2SMOD | BRTx12 | EXTRAM | S1BRS |

① T0x12：定时器0速度控制位。

=0时，定时器0速度是51单片机定时器的速度，即12分频；

=1时，定时器0速度是51单片机定时器速度的12倍，即不分频。

② T1x12：定时器 1 速度控制位。

=0 时，定时器 1 速度是 51 单片机定时器的速度，即 12 分频；

=1 时，定时器 1 速度是 51 单片机定时器速度的 12 倍，即不分频。

③ UART_M0x6：串行端口模式 0 的通信速度设置位。

=0 时，UART 串行端口模式 0 的速度是传统 51 单片机串行端口的速度，即 12 分频；

=1 时，UART 串行端口模式 0 的速度是传统 51 单片机串行端口速度的 6 倍，即 2 分频。

如果用定时器 T1 作为比特率发生器时，UART 串行端口的速度由 T1 的溢出率决定。

④ BRTR：独立比特率发生器运行控制位。

=0 时，不允许独立比特率发生器运行；

=1 时，允许独立比特率发生器运行。

⑤ S2SMOD：UART2 的比特率加倍控制位。

=0 时，UART2 的比特率不加倍；

=1 时，UART2 的比特率加倍。

⑥ BRTx12：独立比特率发生器计数控制位。

=0 时，独立比特率发生器每 12 个时钟计数一次；

=1 时，每 1 个时钟计数一次。

⑦ EXTRAM：内部/外部 RAM 存取控制位。

=0 时，允许使用内部扩展的 1 024 字节扩展 RAM；

=1 时，禁止使用。

⑧ S1BRS：串行端口 1（UART1）的比特率发生器选择位。

=0 时，选择定时器 T1 作为串行端口 1（UART1）的比特率发生器；

=1 时，选择独立比特率发生器作为串行端口 1（UART1）的比特率发生器，此时定时器 T1 得到释放，可以作为独立定时器使用。

（3）时钟输出和掉电唤醒寄存器 WAKE_CLKO，其格式如下：

| WAKE_CLKO: | B7 | B6 | B5 | B4 | B3 | B2 | B1 | B0 |
|---|---|---|---|---|---|---|---|---|
| (8EH) | PCAWAKEUP | RXD_PIN_IE | T1_PIN_IE | T0_PIN_IE | LVD_WAKE | BRTCLKO | T1CLKO | T0CLKO |

① PCAWAKEUP：在掉电模式下，是否允许 PCA 上升沿/下降沿中断唤醒 powerdown。

=0 时，禁止 PCA 上升沿/下降沿中断唤醒 powerdown；

=1 时，允许 PCA 上升沿/下降沿中断唤醒 powerdown。

② RXD_PIN_IE：掉电模式下，允许 P3.0（RxD）下降沿置 RI，也能使 RXD 唤醒 powerdown。

=0 时，禁止 P3.0（RxD）下降沿置 RI，也禁止 RXD 唤醒 powerdown；

=1 时，允许 P3.0（RxD）下降沿置 RI，也允许 RXD 唤醒 powerdown。

③ T1_PIN_IE：掉电模式下，允许 T1/P3.5 引脚下降沿置 T1 中断标志，也能使 T1 引脚唤醒 powerdown。

=0 时，禁止 T1/P3.5 引脚下降沿置 T1 中断标志，也禁止 T1 引脚唤醒 powerdown；

=1 时，允许 T1/P3.5 引脚下降沿置 T1 中断标志，也允许 T1 引脚唤醒 powerdown。

④ T0_PIN_IE：掉电模式下，允许 T0/P3.4 引脚下降沿置 T0 中断标志，也能使 T0 引脚唤醒 powerdown。

=0 时，禁止 T0/P3.4 引脚下降沿置 T0 中断标志，也禁止 T0 引脚唤醒 powerdown；

=1 时，允许 T0/P3.4 引脚下降沿置 T0 中断标志，也允许 T0 引脚唤醒 powerdown。

⑤ LVD_WAKE：掉电模式下，是否允 EX_LVD/P4.6 低压检测中断唤醒 CPU。

=0 时，禁止 EX_LVD/P4.6 低压检测中断唤醒 CPU；

=1 时，允许 EX_LVD/P4.6 低压检测中断唤醒 CPU。

⑥ BRTCLKO：是否允许将 P1.0 引脚配置为独立比特率发生器（BRT）的时钟输出 CLKOUT2。

=1 时，允许将 P1.0 引脚配置为独立比特率发生器（BRT）的时钟输出 CLKOUT2，输出时钟频率 = BRT 溢出率/2。

BRT 工作在 1T 模式时的输出频率 = $[SYSclk/(256 - BRT)]/2$。

BRT 工作在 12T 模式时的输出频率 = $[(SYSclk/12)/(256 - BRT)]/2$。

=0 时，不允许将 P1.0 引脚配置为独立比特率发生器（BRT）的时钟输出 CLKOUT2

⑦ T1CLKO：是否允许将 P3.5/T1 引脚配置为定时器 T1 的时钟输出 CLKOUT1。

=1 时，允许将 P3.5/T1 引脚配置为定时器 T1 的时钟输出 CLKOUT1，此时定时器 T1 只能工作在模式 2（8 位自动重装模式），CLKOUT1 输出时钟频率 = T1 溢出率/2。

T1 工作在 1T 模式时的输出频率 = $[SYSclk/(256 - TH1)]/2$。

T1 工作在 12T 模式时的输出频率 = $[(SYSclk/12)/(256 - TH1)]/2$。

=0 时，不允许将 P3.5/T1 引脚配置为定时器 T1 的时钟输出 CLKOUT1。

⑧ T0CLKO：是否允许将 P3.4/T0 引脚配置为定时器 T0 的时钟输出 CLKOUT0。

=1 时，允许将 P3.4/T0 引脚配置为定时器 T0 引的时钟输出 CLKOUT0，此时定时器 T0 只能工作在模式 2（8 位自动重装模式），CLKOUT0 输出时钟频率 = T0 溢出率/2。

T0 工作在 1T 模式时的输出频率 = $[SYSclk/(256 - TH0)]/2$。

T0 工作在 12T 模式时的输出频率 = $[(SYSclk/12)/(256 - TH0)]/2$。

=0 时，不允许将 P3.4/T0 引脚配置为定时器 T0 的时钟输出 CLKOUT0。

### （二）STC12C5A60S2 单片机定时器/计数器基本应用

**1. 方式 0**

13 位定时器/计数器，与传统 51 单片机相同。

**2. 方式 1**

STC12C5A60S2 单片机定时器/计数器 T0 方式 1 内部结构如图 4-2-14 所示。

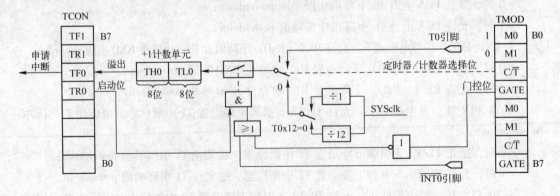

图 4-2-14　STC12C5A60S2 单片机定时器/计数器 T0 方式 1 内部结构

STC12C5A60S2 单片机的定时器有两种计数速率：一种是 12T 模式（T0x12 = 0），每 12 个时钟加 1，与传统 51 单片机相同；另外一种是 1T 模式（T0x12 = 1），每个时钟加 1，速度是传统 51 单片机的 12 倍。

（1）定时时间计算公式：

一次定时时间(一次溢出) = $(2^{16} - $ 计数初值$) \times$ 系统时钟周期 $\times 12^{(1-T0x12)}$

（2）计数功能计算公式：

一次计数溢出次数 = $(2^{16} - $ 计数初值$)$

### 3. 方式 2

方式 2 为自动重装初值的 8 位计数方式。STC12C5A60S2 单片机定时器/计数器 T0 方式 2 内部结构如图 4-2-15 所示。

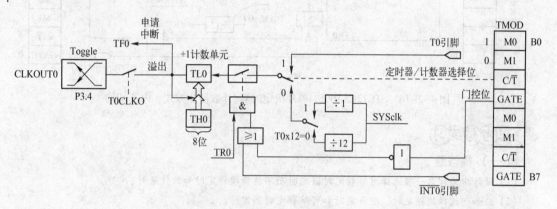

图 4-2-15 STC12C5A60S2 单片机定时器/计数器 T0 方式 2 内部结构

TL0 的溢出不仅置位 TF0，而且将 TH0 内容重新装入 TL0，TH0 内容由软件预置，重装时 TH0 内容不变。

在此模式下，当 T0CLKO( WAKE_CLKO. 0 ) = 1 时，P3.4/T0 引脚配置为定时器的时钟输出 CLKOUT0。输出时钟频率 = T0 溢出率/2。如果 $C/\overline{T} = 0$，定时器/计数器 T0 对内部系统时钟计数，则 T0 工作在 1T 模式（AUXR. 7/T0x12 = 1）时的输出时钟频率 = [( SYSclk )/( 256 - TH0 )]/2；T0 工作在 12T 模式（AUXR. 7/T0x12 = 0）时的输出时钟频率 = [( SYSclk/12 )/( 256 - TH0 )]/2。

如果 $C/\overline{T} = 1$，定时器/计数器 T0 是对外部脉冲输入（P3.4/T0）计数，则输出时钟频率 = [( T0_Pin_CLK )/( 256 - TH0 )]/2。

（1）定时时间计算公式：

一次定时时间(一次溢出) = $(2^{8} - $ 计数初值$) \times$ 系统时钟周期 $\times 12^{(1-T0x12)}$

（2）计数功能计算公式：

一次计数溢出次数 = $(2^{8} - $ 计数初值$)$

这种自动重新加载工作方式非常适用于循环或循环计数应用，例如：产生固定脉宽的脉冲。此外 T1 可以作为串行通信的比特率发生器使用。

### 4. 方式 3

方式 3 只适用于 STC12C5A60S2 单片机定时器/计数器 T0。方式 3 可用于需要一个额外的

8 位定时器的场合。定时器 0 工作于方式 3 时，定时器 1 可通过开关进入/退出方式 3，它仍可用作串行通信的比特率发生器，或者应用于任何不要求中断的场合。STC12C5A60S2 单片机定时器/计数器 T0 方式 3 内部结构如图 4-2-16 所示。

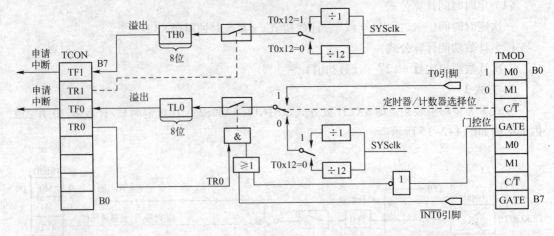

图 4-2-16　STC12C5A60S2 单片机定时器/计数器 0 方式 3 内部结构

## 思考与练习

### （一）简答题

（1）设计中为什么一般选择可编程定时器定时而不选择硬件定时和软件延时？

（2）应如何选择软件延时、硬件定时和可编程定时器定时？

（3）写出定时器/计数器初始化步骤。

（4）定时器/计数器的定时功能和计数功能有什么不同？分别应用在什么场合？

（5）简述使用 SP I 总线的优缺点。

### （二）填空题

（1）若采用 6 MHz 的晶体振荡器，则 51 单片机的机器周期为＿＿＿＿。若采用 12 MHz 的晶体振荡器，则 51 单片机的机器周期为＿＿＿＿。

（2）51 单片机芯片有两个定时器/计数器＿＿＿＿和＿＿＿＿，定时器/计数器的实质是一个脉冲下降沿＿＿＿＿。定时器/计数器 T0 作为计数器时是＿＿＿＿计数，计数脉冲频率不高于晶振频率的＿＿＿＿，作为定时器时是对＿＿＿＿计数。

（3）16 位加 1 计数器由两个 8 位的特殊功能寄存器组成，它们是＿＿＿＿和＿＿＿＿，其预置数 ＝0x0000 时，计数值为＿＿＿＿，预置数 ＝0xffff 时，计数值为＿＿＿＿个脉冲。

（4）单片机的定时器/计数器计数单元采用＿＿＿＿计数方式，因此在使用中要预置常数。若预置数为 64 536，采用方式 1，则从开始计数到计数溢出共计数＿＿＿＿次。

（5）设置定时器/计数器 T0 为方式 1 定时，T1 为方式 1 计数，则 TMOD ＝0x ＿＿＿＿。单片机的定时器/计数器，若只用软件启动，与外部中断无关，应使 TMOD 中的＿＿＿＿＝0。

（6）定时器/计数器的工作方式 3 是指将＿＿＿＿拆成两个独立的 8 位计数器。而另一个定时器/计数器此时通常只可作为＿＿＿＿使用。

（7）方式 1 为＿＿＿＿位的定时器/计数器，特点是需＿＿＿＿，方式 2 为＿＿＿＿位的定时器/计数器，特点是能自动装载＿＿＿＿。

（8）STC12C5A60S2 单片机有＿＿＿＿个定时器，其中定时器 0 和定时器 1 与传统 8051 单片机的定时器完全兼容，另外两路 PCA/PWM 可以再实现两个 16 位定时器。它有_____ T 和_____ T 两种计数速率模式，通过 T0x12 位选择。

（9）STC12C5A60S2 单片机计数脉冲来源于_____，定时器计数脉冲来源于_____。

（10）实时时钟/日历芯片 DS1302 与单片机通信采用_____总线，具有能计算 2100 年之前的秒、分、时等能力和_____字节的暂存数据存储 RAM。

### （三）实践题

（1）利用 AT89C51 单片机来制作一个按钮计数器。实现 00 ～ 99 顺序和逆序计数。初始值显示"00"。

（2）用 AT89C51 单片机的定时器/计数器 T0 产生 1s 的定时时间，作为秒计数时间，当 1s 产生时，秒计数加 1，秒计数到 60 时，自动从 0 开始，在 P0、P2 口上显示秒计时。

# 任务3　装配站单片机技术综合应用

## 学习目标

（1）了解装配站的结构和工作过程。
（2）熟悉装配站气动元件及控制回路组成及应用。
（3）掌握磁性开关、光电开关等开关量位移传感器的应用。
（4）熟悉单片机综合系统的应用。

## 任务描述

装配站的功能是完成将该站料仓内的黑色或白色小圆柱零件嵌入到放置在装配料斗的待装配零件中。具体要求如下：

（1）装配站各气缸的初始位置为：挡料气缸处于伸出状态，顶料气缸处于缩回状态，料仓上已经有足够的小圆柱零件；装配机械手的升降气缸处于提升状态，伸缩气缸处于缩回状态，气爪处于松开状态。

设备上电和气源接通后，若满足初始条件且零件装配台上没有待装配零件，则按钮指示灯模块的"正常工作"指示灯 HL1 常亮，表示设备准备好。否则，该指示灯以 1 Hz 频率闪烁。

（2）若设备准备好，按下启动按钮，装配站启动，按钮指示灯模块的"设备运行"指示灯 HL2 常亮。如果回转台上的左料盘内没有小圆柱零件，就执行下料操作；如果左料盘内有零件，而右料盘内没有零件，执行回转台回转操作。

（3）如果回转台上的右料盘内有小圆柱零件且装配台上有待装配零件，执行装配机械手抓取小圆柱零件，放入待装配零件中的操作。

（4）完成装配任务后，装配机械手应返回初始位置，等待下一次装配。

（5）若在运行过程中按下停止按钮，则供料机构应立即停止供料，在装配条件满足的情况下，装配站在完成本次装配后停止工作。

（6）在运行中发生"零件不足"报警时，按钮指示灯模块的指示灯 HL3 以 1 Hz 的频率闪烁，HL1 和 HL2 灯常亮；在运行中发生"零件没有"报警时，指示灯 HL3 以亮 1 s，灭 0.5 s 的方式闪烁，HL2 熄灭，HL1 常亮。

### （一）装配站硬件组成

**1. 装配站主要结构**

装配站主要结构包括：管形料仓，供料机构，回转物料台，机械手，待装配零件的定位机构，气动系统等其他附件。装配站外形图如图 4-3-1 所示。

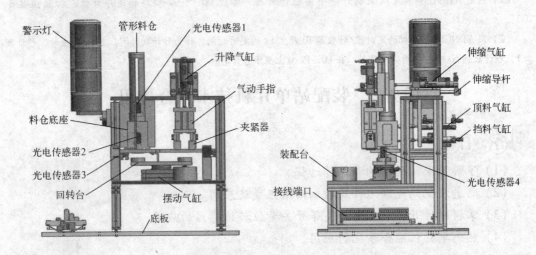

图 4-3-1　装配站外形图

**2. 管形料仓**

管形料仓用来存储装配用的金属、黑色和白色小圆柱零件。在塑料圆管底部和底座处分别安装了 2 个漫反射光电传感器（E3Z – L 型），用于检测料仓供料不足和缺料。管形料仓示意图如图 4-3-2 所示。光电传感器的灵敏度调整应以能检测到黑色小圆柱零件为准。图 4-3-2 中，料仓底座的背面安装了两个直线气缸：上面的气缸称为顶料气缸；下面的气缸称为挡料气缸。

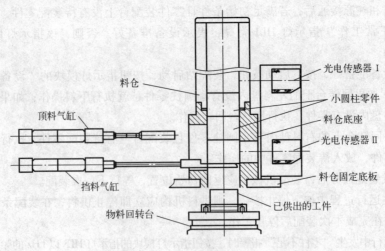

图 4-3-2　管形料仓示意图

系统气源接通后，顶料气缸的初始位置在缩回状态，挡料气缸的初始位置在伸出状态。需要进行落料操作时，首先使顶料气缸伸出，把次下层的工件夹紧，然后挡料气缸缩回，零件掉入回转物料台的料盘中。之后挡料气缸复位伸出，顶料气缸缩回，次下层零件跌落到挡料气缸终端挡块上，为再一次供料作准备。

**3. 回转物料台**

该机构由气动摆台和两个料盘组成，气动摆台能驱动料盘旋转180°，实现把料盘的零件移动到装配机械手正下方的功能，如图4-3-3所示。图中的光电传感器1和光电传感器2分别用来检测左面和右面料盘是否有零件。两个光电传感器均选用CX-441型。

**4. 装配机械手**

当装配机械手正下方的回转物料台料盘上有小圆柱零件，且装配台侧面的光电传感器检测到装配台上有待装配零件的情况下，机械手的从初始状态开始执行装配操作过程。装配机械手的整体外形如图4-3-4所示。装配机械手装置是1个三维运动的机构，它由水平方向移动和竖直方向移动的2个导向气缸和气动手指组成。

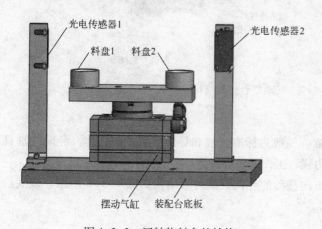

图4-3-3　回转物料台的结构

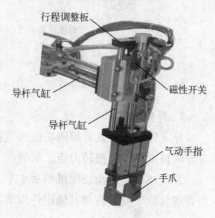

图4-3-4　装配机械手的整体外形

**5. 装配台料斗**

待装配零件直接放置在该机构的料斗定位孔中。如图4-3-5所示。

为了确定装配台料斗内是否放置了待装配零件，在料斗的侧面开了一个M6的螺孔，将光电传感器的光纤探头固定在螺孔内，用于检测待装配零件。

**6. 警示灯**

本工作站上安装有红、黄、绿3色警示灯，接线如图4-3-6所示。

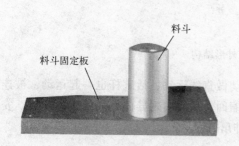

图4-3-5　装配台料斗结构

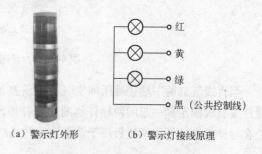

（a）警示灯外形　　（b）警示灯接线原理

图4-3-6　警示灯及其接线

（二）装配站气动元件及控制回路

装配单元所使用气动执行元件包括标准直线气缸、气动手指、气动摆台和导向气缸，前两种气缸在前面的项目中已叙述，下面只介绍气动摆台和导向气缸。

**1. 气动摆台**

回转物料台的主要器件是气动摆台，它是由直线气缸驱动齿轮齿条实现回转运动，回转角度在 0 ～ 90°和 0 ～ 180°之间任意可调，而且可以安装磁性开关，用来检测旋转到位信号，多用于方向和位置需要变换的机构。其外形结构如图 4-3-7 所示。

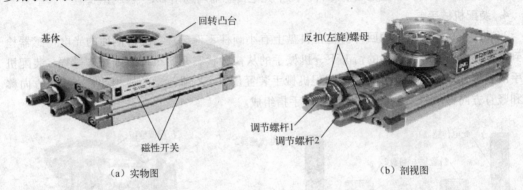

（a）实物图　　　　　　　　　　　　　　　　　（b）剖视图

图 4-3-7　气动摆台外形结构

**2. 导向气缸**

导向气缸是指具有导向功能的气缸。一般为标准气缸和导向装置的集合体。导向气缸具有导向精度高，抗扭转力矩、承载能力强、工作平稳等特点。

装配站用于驱动装配机械手水平方向移动的导向气缸外形结构如图 4-3-8 所示。该气缸由直线气缸带双导杆和其他附件组成。

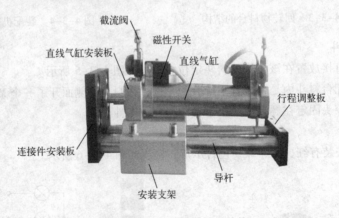

图 4-3-8　导向气缸外形结构

当直线气缸的一端接通压缩空气后，活塞被驱动做直线运动，活塞杆也一起运动，被连接件安装板固定到一起的两导杆也随活塞杆伸出或缩回，从而实现导向气缸的整体功能。安装在导杆末端的行程调整板用于调整该导杆气缸的伸出行程。

### 3. 电磁阀组和气动控制回路

装配单元的阀组由6个二位五通单电控电磁换向阀组成，如图4-3-9所示。这些阀分别对供料、位置变换和装配动作气路进行控制，以改变各自的动作状态。装配单元气动控制回路如图4-3-10所示。

图4-3-9　装配单元的阀组

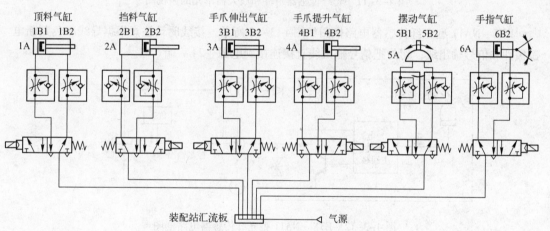

图4-3-10　装配单元气动控制回路

在进行气路连接时，请注意各气缸的初始位置，其中，挡料气缸在伸出位置，手爪提升气缸在提起位置。

### （三）认知光纤传感器

光纤传感器由光纤检测头、光纤放大器两部分组成，光纤放大器和光纤检测头是分离的两个部分，光纤检测头的尾端部分分成两条光纤，使用时分别插入光纤放大器的两个光纤孔。光纤传感器是光电传感器的一种。光纤传感器具有下述优点：抗电磁干扰、可工作于恶劣环境，传输距离远，使用寿命长，此外，由于光纤头具有较小的体积，所以可以安装在很小空间的地方。

光纤传感器的灵敏度调节范围较大。当光纤传感器灵敏度调得较小时，反射性较差的黑色物体，光电探测器无法接收到反射信号；而反射性较好的白色物体，光电探测器就可以接收到反射信号。反之，若调高光纤传感器灵敏度，则即使对反射性较差的黑色物体，光电探测器也可以接收到反射信号。

光纤传感器组件和放大器单元的俯视图如图4-3-11所示。调节其中8旋转灵敏度高速旋钮就能进行放大器灵敏度调节（顺时针旋转灵敏度增大）。调节时，会看到"入光量显示灯"发光的变化。当探测器检测到物料时，"动作指示灯"会亮，提示检测到物料。

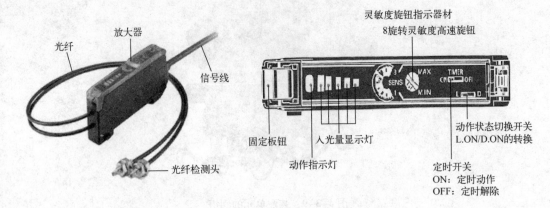

图4-3-11　光纤传感器组件和放大器单元的俯视图

E3Z－NA11型光纤传感器电路框图如图4-3-12所示，接线时请注意根据导线颜色判断电源极性和信号输出线，切勿把信号输出线直接连接到电源+24V端。

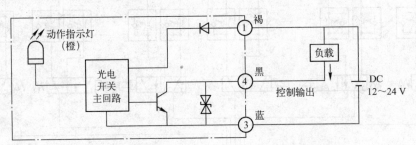

图4-3-12　E3X－NA11型光纤传感器电路框图

 **任务实施**

**（一）选择按钮指示灯模块**

工作站的主令信号及运行过程中的状态显示信号，来源于该工作站的按钮指示灯模块。

**（二）选择主机主控板和I/O口电平隔离板**

选用生产线单站单片机控制系统的主机主控板和I/O口电平隔离板。

**（三）装配站单片机硬件电路**

在装配站单片机系统中，用到挡料气缸、顶料气缸、装配机械手和物料夹紧气缸等，其对应硬件电路如图4-3-13所示。装配站单片机I/O口信号对照表如表4-3-1所示。

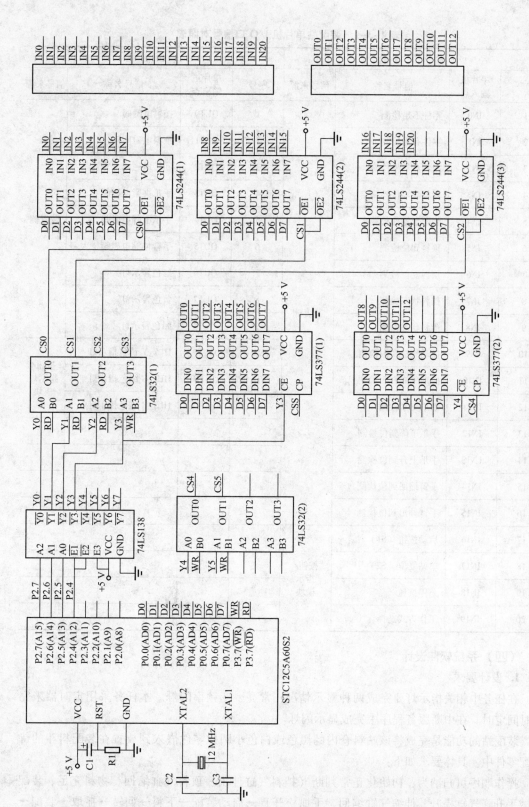

图4-3-13 装配站单片机硬件电路

表 4-3-1　装配站单片机 I/O 口信号对照表

| 输 入 信 号 | | | | 输 出 信 号 | | | |
|---|---|---|---|---|---|---|---|
| 序号 | 单片机输入点 | 信号名称 | 信号来源 | 序号 | 单片机输出点 | 信号名称 | 信号来源 |
| 1 | IN0 | 零件不足检测 | | 1 | OUT0 | 挡料电磁阀 | |
| 2 | IN1 | 零件有无检测 | | 2 | OUT1 | 顶料电磁阀 | |
| 3 | IN2 | 左料盘零件检测 | | 3 | OUT2 | 回转电磁阀 | |
| 4 | IN3 | 右料盘零件检测 | | 4 | OUT3 | 手爪夹紧电磁阀 | |
| 5 | IN4 | 装配台零件检测 | | 5 | OUT4 | 手爪下降电磁阀 | 装置侧 |
| 6 | IN5 | 顶料到位检测 | | 6 | OUT5 | 手臂伸缩电磁阀 | |
| 7 | IN6 | 顶料复位检测 | | 7 | OUT6 | 红色警示灯 | |
| 8 | IN7 | 挡料状态检测 | | 8 | OUT7 | 黄色警示灯 | |
| 9 | IN8 | 落料状态检测 | 装置侧 | 9 | OUT8 | 绿色警示灯 | |
| 10 | IN9 | 摆动气缸左限检测 | | 10 | OUT9 | HL1_Y 黄色指示灯 | 按钮/指示灯模块 |
| 11 | IN10 | 摆动气缸右限检测 | | 11 | OUT10 | HL2_G 绿色指示灯 | |
| 12 | IN11 | 手爪夹紧检测 | | 12 | OUT11 | HL3_R 红色指示灯 | |
| 13 | IN12 | 手爪下降到位检测 | | | | | |
| 14 | 1N13 | 手爪上升到位检测 | | | | | |
| 15 | IN14 | 手臂缩回到位检测 | | | | | |
| 16 | IN15 | 手臂伸出到位检测 | | | | | |
| 17 | IN16 | 启动按钮（S1） | | | | | |
| 18 | IN17 | 单站复位（S2） | 按钮/指示模块 | | | | |
| 19 | IN18 | 急停按钮 | | | | | |
| 20 | IN19 | 工作方式选择 | | | | | |

### （四）系统软件设计

**1. 设计要求**

在任务中相关指示灯要完成两种显示情况：常亮、变频率闪烁。本任务采用定时器来完成时间定时。在中断服务程序中完成显示闪烁。

装配站的功能是完成将该站料仓内的黑色或白色小圆柱零件嵌入到放置在装配料斗的待装配零件中。具体要求如下：

操作顺序可归纳为：初始化正常判断（挡料气缸伸出、顶料气缸缩回、物料充足、装配机械手升降气缸提升、伸缩气缸缩回、手抓松开）→启动装配→下料→回转→抓取→装配→机械手缩回。

**2. 流程图**（见图4-3-14）

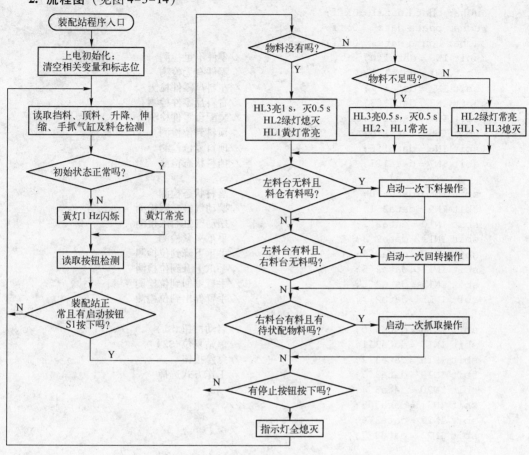

图4-3-14　流程图

**3. 参考程序**

```
/* ------------------------------------------------------------
访问外部 IN0 ～ IN7 的地址为              0X0FFF
访问外部 IN8 ～ IN15 的地址为             0X2FFF
访问外部 IN16 ～ IN23 的地址为            0X4FFF
访问外部 OUT0 ～ OUT7 的地址为            0X6FFF
访问外部 OUT8 ～ OUT15 的地址为           0X8FFF
访问外部 OUT16 ～ OUT23 的地址为          0XAFFF
                                              ------------------ */
#include < REG52.h >                 //预处理命令,REG52.h 定义了单片机的 SFR
#include < ABSACC.h >
#define uint unsigned int
#define uchar unsigned char
/* -------------- 延时程序, n:入口参数,单位:1ms -------------- */
void delay(uint n)
{
    uchar i;
    while(n--)
        for(i = 0; i < 123; i++);
}
```

```
/* ------------------------------------------------------------ */
uchar bdata data1 = 0xff;
uchar bdata data2 = 0xff;
uchar bdata data3 = 0xff;
sbit IN0 = data1^0;                          //零件不足检测
sbit IN1 = data1^1;                          //零件有无检测
sbit IN2 = data1^2;                          //左料盘零件检测
sbit IN3 = data1^3;                          //右料盘零件检测
sbit IN4 = data1^4;                          //装配台零件检测
sbit IN5 = data1^5;                          //顶料到位检测
sbit IN6 = data1^6;                          //顶料复位检测
sbit IN7 = data1^7;                          //挡料状态检测

sbit IN8 = data2^0;                          //落料状态检测
sbit IN9 = data2^1;                          //摆动气缸左限检测
sbit IN10 = data2^2;                         //摆动气缸右限检测
sbit IN11 = data2^3;                         //手爪夹紧检测
sbit IN12 = data2^4;                         //手爪下降到位检测
sbit IN13 = data2^5;                         //手爪上升到位检测
sbit IN14 = data2^6;                         //手臂缩回到位检测
sbit IN15 = data2^7;                         //手臂伸出到位检测

sbit IN16 = data3^0;                         //启动按钮(S1)
sbit IN17 = data3^1;                         //单站复位(S2)
sbit IN18 = data3^2;                         //急停按钮
sbit IN19 = data3^3;                         //工作方式选择
sbit IN20 = data3^4;                         //
sbit IN21 = data3^5;                         //
sbit IN22 = data3^6;                         //
sbit IN23 = data3^7;                         //

uchar bdata data4 = 0xff;
uchar bdata data5 = 0xff;
sbit OUT0 = data4^0;                         //挡料电磁阀
sbit OUT1 = data4^1;                         //顶料电磁阀
sbit OUT2 = data4^2;                         //回转电磁阀
sbit OUT3 = data4^3;                         //手爪夹紧电磁阀
sbit OUT4 = data4^4;                         //手爪下降电磁阀
sbit OUT5 = data4^5;                         //手臂伸缩电磁阀
sbit OUT6 = data4^6;                         //红色警示灯
sbit OUT7 = data4^7;                         //黄色警示灯

sbit OUT8 = data5^0;                         //绿色警示灯
sbit OUT9 = data5^1;                         //HL1_Y 黄色指示灯
sbit OUT10 = data5^2;                        //HL2_G 绿色指示灯
sbit OUT11 = data5^3;                        //HL3_R 红色指示灯
sbit OUT12 = data5^4;                        //
sbit OUT13 = data5^5;                        //
sbit OUT14 = data5^6;
sbit OUT15 = data5^7;
/* ------------------------------------------------------------ */
uchar start = 0;
//start = 0;黄灯常亮, 绿灯熄灭          start = 1; 黄灯 1 Hz 闪烁, 绿灯熄灭
//start = 2;HL3 亮 1 s, 灭 0.5 s, 黄灯常亮, 绿灯熄灭
```

//start = 3;HL3 亮 0.5 s, 灭 0.5 s, 黄灯、绿灯常亮　start = 4; 黄灯熄灭, 绿灯常亮

```c
uchar t_count = 0;
bit stop_key = 0;
bit start_key = 0;
bit reset_key = 0;
/* --------------------T0 初始化----------------------------- */
void initimer()
{
    TMOD = 0X01;
    TH0 = (65536 - 50000)/256;
    TL0 = (65536 - 50000)%256;
    EA = 1;ET0 = 1;TR0 = 1;
}
/* ----------------------T0 中断函数------------------------ */
void timer0() interrupt 1 using 1
{
    TH0 = (65536 - 50000)/256;
    TL0 = (65536 - 50000)%256;
    t_count ++ ;
    switch(start)
    {
        case 0: OUT9 = 0;OUT10 = 1;OUT11 = 1; break;
        case 1:
            OUT10 = 1;OUT11 = 1;
        if(t_count < 10)
            OUT9 = 1;
        else if(t_count < 20)
                OUT9 = 1;
            else t_count = 0;
        break;
    case 2:
        OUT9 = 0;OUT10 = 1;
        if(t_count < 20)
            OUT11 = 0;
        else if(t_count < 30)
                OUT11 = 1;
            else t_count = 0;
        break;
    case 3:
            OUT9 = 0; OUT10 = 0;
            if(t_count < 10)
                OUT11 = 1;
            else if(t_count < 20)
                OUT11 = 1;
                else t_count = 0;
            break;
    case 4:
            OUT9 = 1;OUT10 = 0;break;
    default:t_count = 0;break;
    }
    * ((char xdata * )0x8fff) = data5;
}
/* ----------------------------------------------------------- */
```

项目 4 基于装配站的单片机技术应用

```
void main()                              //主函数名
{
    initimer();
    while(1)                             //条件为真,无限循环"{……}"里的语句
    {
        data1 = ( * ((char xdata * )0x0fff));
        data2 = ( * ((char xdata * )0x2fff));
        data3 = ( * ((char xdata * )0x4fff));
/* ---------------------工作台初始状态判断------------------- */
    while((IN16 ==1) || (IN7 ==1) || (IN6 ==1) || (IN1 ==1) || (IN14 ==1) || (IN13
==1) || (IN11 ==0))
    {
    if((IN7 ==0)&&(IN6 ==0)&&(IN1 ==0)&& (IN14 ==0)&& (IN13 ==0)&& (IN11 ==1))
            start =0;   //黄灯常亮,绿灯熄灭
        else
            start =1;   //黄灯1 Hz闪烁,绿灯熄灭
        data1 = ( * ((char xdata * )0x0fff));
        data2 = ( * ((char xdata * )0x2fff));
        data3 = ( * ((char xdata * )0x4fff));

    }
/* -----------------工作台初始状态正常有启动按钮------------------- */
        do
        {
        data1 = ( * ((char xdata * )0x0fff));
        data2 = ( * ((char xdata * )0x2fff));
        data3 = ( * ((char xdata * )0x4fff));
        if(IN1 ==1)
            start =2;//无料,HL3亮1 s,灭0.5 s,黄灯常亮,绿灯熄灭
        else if(IN0 ==1)
                start =3;//料不足,HL3亮0.5 s,灭0.5 s,黄灯绿灯常亮
            else
                start =4;   //黄灯熄灭,绿灯常亮
/* ---------------------判下料--------------------------------- */
        if((IN2 ==1)&& (IN1 ==0)&&((IN9 ==0) || (IN10 ==0)))   //
        { //
            OUT1 = 0;               //启动顶料
            * ((char xdata * )0x6fff) = data4;
            data1 = ( * ((char xdata * )0x0fff));
            while(IN5 !=0)
                data1 = ( * ((char xdata * )0x0fff));
            OUT0 = 0;               //挡料缩回
            * ((char xdata * )0x6fff) = data4;
            data2 = ( * ((char xdata * )0x2fff));
            while(IN8 !=0)
                data2 = ( * ((char xdata * )0x2fff));
            data1 = ( * ((char xdata * )0x0fff));
            while(IN2 !=0)          //检测左料台落下
                data1 = ( * ((char xdata * )0x0fff));
            OUT1 = 1;               //顶料缩回
            * ((char xdata * )0x6fff) = data4;
            data1 = ( * ((char xdata * )0x0fff));
            while(IN6 !=0)
                data1 = ( * ((char xdata * )0x0fff));
        }
```

```
/* ------------------------判旋转-------------------------- */
        data1 = (*((char xdata *)0x0fff));
        if((IN2 ==0)&& (IN3 ==1))                    //左料台有料，右料台空，旋转
        {
            if((IN9 ==0)&&(IN10 ==1))                //左旋转到位，则右旋转
            {
                OUT2 =0;
                *((char xdata *)0x6fff) =data4;
                data2 = (*((char xdata *)0x2fff));
                while(IN10 ⊨0)
                    data2 = (*((char xdata *)0x2fff));
                delay(250);
            }
            else
            {
                OUT2 =1;
                *((char xdata *)0x6fff) =data4;
                data2 = (*((char xdata *)0x2fff));
                while(IN9 ⊨0)
                    data2 = (*((char xdata *)0x2fff));
                delay(250);
            }
        }
/* ------------------------判抓取零件--------------------- */
        data1 = (*((char xdata *)0x0fff));
        data2 = (*((char xdata *)0x2fff));
        data3 = (*((char xdata *)0x4fff));
        if((IN4 ==0)&&(IN3 ==0)&&(IN11 ==1))//右料台有料，手抓放松
        {
            OUT4 =0;                                  //手抓下降
            *((char xdata *)0x6fff) =data4;
            data2 = (*((char xdata *)0x2fff));
            while(IN12 ⊨0)
                data2 = (*((char xdata *)0x2fff));
            OUT3 =0;                                  //手抓抓紧
            *((char xdata *)0x6fff) =data4;
            data2 = (*((char xdata *)0x2fff));
            while(IN11 ⊨0)
                data2 = (*((char xdata *)0x2fff));
            OUT4 =1;                                  //手抓上升
            *((char xdata *)0x6fff) =data4;
            data2 = (*((char xdata *)0x2fff));
            while(IN13 ⊨0)
                data2 = (*((char xdata *)0x2fff));
            OUT5 =0;                                  //手抓伸出
            *((char xdata *)0x6fff) =data4;
            data2 = (*((char xdata *)0x2fff));
            while(IN15 ⊨0)
                data2 = (*((char xdata *)0x2fff));
            OUT4 =0;                                  //手抓下降
            *((char xdata *)0x6fff) =data4;
            data2 = (*((char xdata *)0x2fff));
            while(IN12 ⊨0)
                data2 = (*((char xdata *)0x2fff));
```

```
        OUT3 = 1;                                      //手抓放松
        * ((char xdata * )0x6fff) = data4;
        data2 = (* ((char xdata * )0x2fff));
        while(IN11⊨0)
            data2 = (* ((char xdata * )0x2fff));
        OUT4 = 1;                                      //手抓上升
        * ((char xdata * )0x6fff) = data4;
        data2 = (* ((char xdata * )0x2fff));
        while(IN13⊨0)
            data2 = (* ((char xdata * )0x2fff));
        OUT5 = 1;                                      //手抓缩回
        * ((char xdata * )0x6fff) = data4;
        data2 = (* ((char xdata * )0x2fff));
        while(IN14⊨0)
            data2 = (* ((char xdata * )0x2fff));
        data3 = (* ((char xdata * )0x4fff));
        data1 = (* ((char xdata * )0x0fff));
      }
   }while((IN4⊨0)&&(IN17 ==0));
/* ------------------------有停止按钮--------------------- */
        t_count = 0; start = 0;                        //黄灯常亮
        * ((char xdata * )0x8fff) = data5;
   }
}
```

## 思考与练习

### （一）简答题

（1）简述装配站的控制过程。

（2）回转物料台的作用是什么?

（3）简述光纤传感器在装配站的作用。

### （二）实践题

（1）使用光纤传感器完成黑色物体和白色物体的检测，并在数码管上显示检测计数结果。

（2）完成红、黄、绿 3 色警示灯的单片机控制系统硬件电路设计。

→ 基于分拣站的单片机技术应用

## 任务1　直流电动机控制技术实践与应用

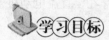

学习目标

(1) 了解直流电动机 PWM 调速原理。

(2) 会直流电动机驱动电路设计。

(3) 会运用单片机编写 PWM 调速程序。

(4) 初步了解 STC12C5A60S2 单片机 PWM 模块的使用。

任务描述

设计一个直流电动机控制系统。要求能实现电动机正转、反转、启动和停止功能，电动机转速有 10 级调速。

相关知识

### （一）直流电动机调速方法

近年来，随着科技的进步，直流电动机得到了广泛的应用。直流电动机具有优良的调速特性，调速平滑、方便，调速范围广，过载能力强，能承受频繁的冲击负载，可实现频繁的无极快速启动、制动和反转。

直流电动机有 3 种不同的调速方法：调节电枢供电电压、改变电枢回路电阻和调节励磁磁通。对于要求在一定范围内无级平滑调速的系统来说，以调节电枢供电电压的方法最佳。因为改变电阻只能有极调速，而调节磁通范围很小，所以直流调速系统以变压调速为主。

变压的方式有很多，例如：采用模拟电路输出可调电压、直流斩波器或 PWM 脉宽调制变换器。采用 PWM 技术，实现了数字信号控制模拟信号，可以大幅度减低成本和功耗。并且 PWM 调速系统开关频率较高，仅靠电枢电感的滤波作用就可以获得平滑的直流电流，低速特性好；同时，开关频率高，快响应特性好，动态抗干扰能力强，可获很宽的频带；开关元件只需工作在开关状态，主电路损耗小，装置的效率高，具有节约空间、经济好等特点。目前在单片机应用系统中一般采用 PWM 脉宽调制变换器实现直流电动机直流调速。

### （二）PWM 脉宽调制变换器的基本工作原理

PWM 脉宽调制变换器的基本工作原理是：利用大功率晶体管的开关作用，将直流电压转换成一定频率的方波电压，加到直流电动机的电枢上。通过对方波脉冲宽度的控制，改变电枢的平均电压，从而调节直流电动机的转速。图 5-1-1 所示为 PWM 脉宽调制变换器的工作原理。

设将图 5-1-1 中的开关 SW 周期地闭合、断开，在一个周期 $T$ 内，闭合的时间为 $t_{on}$，断开的时间为 $(T-t_{on})$。若外加电源的电压 $E$ 是常数，则电源加到直流电动机电枢上的电压波形将是一个方波列，其高度为 $E$，宽度为 $T$，它的平均值 $V_d = t_{on}E/T = \delta E$。其中 $\delta = t_{on}/T$，称为导通率。当 $T$ 不变时，只要连续地改变 $t_{on}$，就可使电枢电压的平均值（即直流分量）由 0 连续变化至 $E$，从而连续地改变直流电动机的转速。实际的 PWM 系统用大功率三极管代替开关 SW。

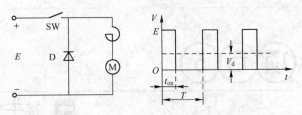

图 5-1-1　PWM 脉宽调制变换器的工作原理

图 5-1-1 中的二极管是续流二极管，当 SW 断开时，由于电枢电感的存在，直流电动机的电枢电流可通过它形成回路而流通。

### （三）直流电动机驱动硬件电路设计与分析

直流电动机 PWM 驱动模块的电路设计与实现参考电路如图 5-1-2 所示。本电路采用的是基于 PWM 原理的 H 型桥式驱动电路。

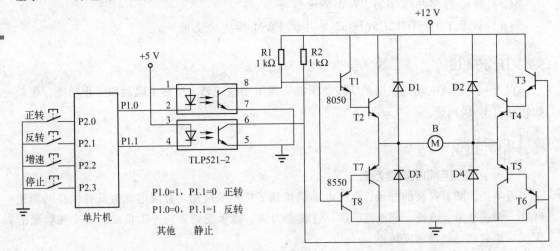

图 5-1-2　直流电动机 PWM 子驱动模块的电路设计与实现参考电路

PWM 电路由复合晶体管组成 H 型桥式驱动电路构成。晶体管以对角组合分为两组：根据两个输入端的高低电平决定晶体管的导通和截止，4 个二极管在电路中起保护作用。

TLP521-2 光耦将控制部分与直流电动机的驱动部分隔离开来。输入端各通过一个三极管增大光耦的驱动电流，直流电动机驱动部分通过外接 12 V 电源驱动。

脉冲频率对直流电动机转速有影响，脉冲频率较高时，连续性好，但带负载能力差，当直流电动机转动平稳，加负载后，速度会下降明显，低速时甚至会停转；脉冲频率在 10 Hz 以下，直流电动机转动有明显跳动现象。而具体采用的频率应根据直流电动机性能在合适范围内调节。通过 P1.0 输入高电平信号，P1.1 输入低电平信号，直流电动机正转；通过 P1.0 输入低电平信号，P1.1 输入高电平信号，直流电动机反转；P1.0、P1.1 同时为高电平或低电平时，直流电动机不转。通过对信号占空比的调整来对直流电动机转速进行调节。

任务实施

### （一）硬件电路设计

为了实现直流电动机的正反转调速，就必须实现直流电动机电枢电压调速的电路设计。在图 5-1-2 中，采用了 PWM 脉宽调制变换器控制电路。

由于直流电动机功率不大，选用了小功率组成的 PWM 脉宽调制变换器控制电路，电路采用功率晶体管 8050 和 8550，以满足直流电动机启动瞬间的大电流要求。

当 P1.0 输出高电平、P1.1 输出低电平时，晶体管功率放大器 T1、T2、T5、T6 导通，T3、T4、T7、T8 截至，与直流电动机一起形成一个回路，驱动直流电动机正转。

当 P1.0 输出低电平、P1.1 输出高电平时，晶体管功率放大器 T3、T4、T7、T8 导通，T1、T2、T5、T6 截至，驱动直流电动机反转。4 个二极管 D1 ～ D4 起到保护晶体管的作用。

功率三极管采用 TLP521 光耦驱动，将控制部分与直流电动机驱动部分隔离。光耦合器的电源为 +5 V，H 型桥式驱动电路中晶体管功率放大器所加的电压为 +12 V。

根据任务要求，在单片机最小系统的基础上，设计了 4 个按钮开关，分别连到 P2.0、P2.1、P2.2 和 P2.3 口，用作直流电动机正转、反转、增速和停止。直流电动机控制通过 P1.0、P1.1 口完成，均为高电平时直流电动机停止，有一个低电平时直流电动机运转，禁止两个都为低电平。

### （二）软件设计

**1. 程序流程图**

PWM 周期为 100 ms，分成 10 级调速，每一级为 10 ms。时间通过定时器 T0 实现。设晶振频率为 12 MHz，12 分频。即通用 51 单片机模式。程序流程图如图 5-1-3 所示。

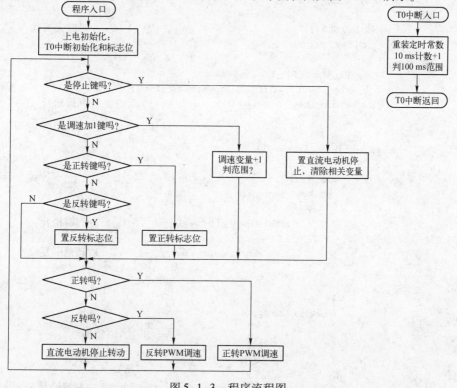

图 5-1-3　程序流程图

**2. 参考程序**

```
#include <reg51.h>
#define uchar unsigned char
sbit key_z = P2^0;
sbit key_f = P2^1;
sbit key_inc = P2^2;
sbit key_stop = P2^3;
sbit P1_1 = P1^1;
sbit P1_0 = P1^0;
bit flag_z = 0;
bit flag_f = 0;
uchar key_count = 0,t_count = 0;
/* 延时 ---------------------1ms 函数 --------------------- */
void delay(uchar n)
{
    unsigned char i;
    while(n --)
        for(i = 0; i < 123; i ++);
}
void main(void)
{
    TMOD = 0x01;                                    //T0 方式 1 定时 10 ms
    TH0 = (65536 -10000)/256;
    TL0 = (65536 -10000)%256;
    ET0 = 1;EA = 1;TR0 = 1;
    while(1)
    {
        if(key_stop == 0)
        {
            delay(10);                              //延时去抖动
            if(key_stop == 0)
            {
                P1_0 = 1;P1_1 = 1;
                key_count = 0;flag_z = 0;flag_f = 0;
                while(key_stop == 0);               //判键松开
            }
        }
        else   if(key_inc == 0)
            {
                delay(10);
                if(key_inc == 0)
                  {
                    while(key_inc == 0);            //判键松开
                    if( ++key_count >= 11)
                        key_count = 0;              //超范围复位
                  }

            }
                else if(key_z == 0)
                  {
                    delay(10);
                    if(key_z == 0)
                       {
                         while(key_z == 0);         //判键松开
```

```
                                flag_z =1;
                            }
                        }
                    else if(key_f ==0)
                        {
                            delay(10);
                            if(key_f ==0)
                            {
                                while(key_f ==0);          //判键松开
                                flag_f =1;
                            }
                        }
                    else;
            if(flag_z ==1)
            {
                if(key_count > t_count)
                    {P1_0 =0; P1_1 =1;}                    //启动正转
                else {P1_0 =1; P1_1 =1;}
            }
            else if(flag_f ==1)
                {
                    if(key_count > t_count)
                        {P1_0 =1; P1_1 =0;}                //启动反转
                    else{P1_0 =1; P1_1 =1;}
                }
            else
                    {P1_1 =1;P1_0 =1;}
        }
    }
    void timet0 () interrupt 1 using 1
    {
        TH0 = (65536 -10000)/256;
        TL0 = (65536 -10000)% 256;
        if( ++t_count >10)
            t_count = 0;
    }
```

 知识拓展

**STC12C5A60S2 单片机 PWM 模块**

STC12C5A60S2 单片机集成了两路可编程计数器阵列（PCA）模块。有 4 种工作模式：捕获模式、16 位软件定时器模式、高速输出模式以及脉宽调制（PWM）输出模式。

**1. PCA/PWM 模块**

PCA 含有一个特殊的 16 位定时器，有两个 16 位的捕获/比较模块与之相连，模块 0 连接到 P1.3/CCP0，模块 1 连接到 P1.4/CCP1。PCA/PWM 模块的结构如图 5-1-4 所示。

16 位 PCA 定时器/计数器是两个模块的公共时间基准，其结构如图 5-1-5 所示。PCA 定时器/计数器的时钟源有：1/12 系统时钟、1/8 系统时钟、1/6 系统时钟、1/4 系统时钟、1/2 系统时钟、系统时钟、定时器 0 溢出脉冲或 ECI 引脚（STC12C5A60S2 单片机在 P1.2 口）的输入脉冲，由 PCA 工作模式寄存器 CMOD、PCA 控制寄存器 CCON 中的相应位完成功能设置。寄存器 CH 和 CL 存放递增计数的 16 位 PCA 定时器的值，所有模块共用一个中断向量。

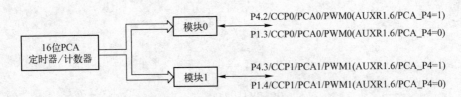

图 5-1-4 PCA/PWM 模块的结构

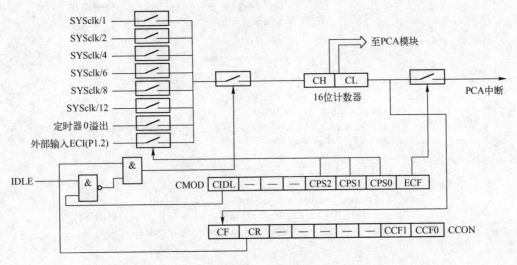

图 5-1-5 16 位 PCA 定时器/计数器结构

## 2. 与 PCA/PWM 模块有关的特殊功能寄存器

（1）PCA 工作模式寄存器 CMOD。

| CMOD: | B7 | B6 | B5 | B4 | B3 | B2 | B1 | B0 | 复位值 |
|---|---|---|---|---|---|---|---|---|---|
| (D9H) | CIDL | — | — | — | CPS2 | CPS1 | CPS0 | ECF | 0xxx 0000 |

① CIDL：空闲模式下是否停止 PCA 计数的控制位。=0，计数器继续工作；=1，停止。
② CPS2、CPS1、CPS0：PCA 计数脉冲源选择控制位，如表 5-1-1 所示。

表 5-1-1 PCA 计数脉冲源选择控制位

| CPS2 | CPS1 | CPS0 | 选择 PCA/PWM 时钟源输入 |
|---|---|---|---|
| 0 | 0 | 0 | 系统时钟/12，SYSclk/12 |
| 0 | 0 | 1 | 系统时钟/2，SYSclk/2 |
| 0 | 1 | 0 | 定时器 0 的溢出脉冲。由于定时器 0 可以工作在 1T 模式，所以可以达到计一个时钟就溢出，从而达到最高频率 CPU 工作时钟 SYSclk。通过改变定时器 0 的溢出率，可以实现可调频率的 PWM 输出 |
| 0 | 1 | 1 | ECI/P1.2 引脚输入的外部时钟（最大速率 = SYSclk/2） |
| 1 | 0 | 0 | 系统时钟，SYSclk |
| 1 | 0 | 1 | 系统时钟/4，SYSclk/4 |
| 1 | 1 | 0 | 系统时钟/6，SYSclk/6 |
| 1 | 1 | 1 | 系统时钟/8，SYSclk/8 |

③ ECF：PCA 计数器溢出中断使能位。=0，禁止 CF 位的中断；=1，允许中断。

（2）PCA 控制寄存器 CCON。

| CCON：<br>（D8H） | B7 | B6 | B5 | B4 | B3 | B2 | B1 | B0 | 复位值 |
|---|---|---|---|---|---|---|---|---|---|
| | CF | CR | — | — | — | — | CCF1 | CCF0 | 00xx xx00 |

① CF：PCA 计数器阵列溢出标志位。由硬件溢出置位，只可通过软件清零。

② CR：PCA 计数器阵列运行控制位。=0，PCA 关闭；=1，PCA 开通。

③ CCF1：PCA 模块 1 中断标志。当出现匹配或捕获时该位由硬件置位。该位软件清零。

④ CCF0：PCA 模块 0 中断标志。参考 CCF1 功能。

（3）PCA 比较/捕获方式寄存器 CCAPM0 和 CCAPM1（CCAPMn 寄存器：n=0，1）。

| CCAPMn：<br>（DAH） | B7 | B6 | B5 | B4 | B3 | B2 | B1 | B0 | 复位值 |
|---|---|---|---|---|---|---|---|---|---|
| | — | ECOMn | CAPP0 | CAPNn | MATn | TOGn | PWMn | ECCFn | x0 000 000 |

① ECOMn：允许比较器功能控制位。=1 时，允许比较器功能；=0 时，禁止；

② CAPPn：正捕获控制位。=1 时，允许上升沿捕获；=0，禁止。

③ CAPNn：负捕获控制位。=1 时，允许下降沿捕获；=0，禁止。

④ MATn：匹配控制位。=1 时，PCA 的计数值（CH、CL）与模块比较/捕获寄存器（CCAPnH、CCAPnL）的值匹配时将置位 CCON 寄存器的中断标志位 CCFn；=0 时，其他模式。

⑤ TOGn：翻转控制位。=1 时，PCA 模块工作在高速输出模式。PCA 计数器的值与模块比较/捕获寄存器的值匹配时将使 CCPn 引脚翻转；=0 时，其他模式。

⑥ PWMn：脉宽调制模式控制位。=1 时，脉宽调制模式，允许对应引脚用作脉宽调节输出；=0 时，其他模式。

⑦ ECCFn：使能 CCFn 中断允许控制位。=1 时，允许产生中断；=0 时，禁止。

PCA 模块的工作模式设定表如表 5-1-2 所示。

表 5-1-2  PCA 模块工作模式设定（CCAPMn 寄存器：n=0，1）

| - | ECOMn | CAPPn | CAPNn | MATn | TOGn | PWMn | ECCFn | 模 块 功 能 |
|---|---|---|---|---|---|---|---|---|
| X | 0 | 0 | 0 | 0 | 0 | 0 | 0 | 无此操作 |
| X | 1 | 0 | 0 | 0 | 0 | 1 | 0 | 8 位 PWM，无中断 |
| X | 1 | 1 | 0 | 0 | 0 | 1 | 1 | 8 位 PWM 输出，由低变高可产生中断 |
| X | 1 | 0 | 1 | 0 | 0 | 1 | 1 | 8 位 PWM 输出，由高变低可产生中断 |
| X | 1 | 1 | 1 | 0 | 0 | 1 | 1 | 8 位 PWM 输出，由低变高或者由高变低均可产生中断 |
| X | X | 1 | 0 | 0 | 0 | 0 | X | 16 位捕获模式，由 CCPn/PCAn 的上升沿触发 |
| X | X | 0 | 1 | 0 | 0 | 0 | X | 16 位捕获模式，由 CCPn/PCAn 的下降沿触发 |
| X | X | 1 | 1 | 0 | 0 | 0 | X | 16 位捕获模式，由 CCPn/PCAn 的跳变触发 |
| X | 1 | 0 | 0 | 1 | 0 | 0 | X | 16 位软件定时器 |
| X | 1 | 0 | 0 | 1 | 1 | 0 | X | 16 位高速输出 |

项目 5 基于分拣站的单片机技术应用

（4）PCA16 位计数器存放寄存器。PCA16 位计数器的低 8 位 CL，PCA16 位计数器的高 8 位 CH，用于保存 PCA 的装载值。

（5）PCA 捕捉/比较保存寄存器 CCAPnL（低位字节）和 CCAPnH（高位字节）。当 PCA 模块用于捕获或比较时，它们用于保存各个模块的 16 位捕捉计数值；当 PCA 模块用于 PWM 模式时，它们用来控制输出的占空比。

CCAP0L、CCAP0H：模块 0 的捕捉/比较寄存器。

CCAP1L、CCAP1H：模块 1 的捕捉/比较寄存器。

（6）PCA 模块 PWM 寄存器 PCA_PWMn（n = 0，1）。

| PCA_PWMn: | B7 | B6 | B5 | B4 | B3 | B2 | B1 | B0 | 复位值 |
|---|---|---|---|---|---|---|---|---|---|
| | — | — | — | — | — | — | EPCnH | EPCnL | xxxx xx00 |

① EPCnH：在 PWM 模式下，与 CCAPnH 组成 9 位数。

② EPCnL：在 PWM 模式下，与 CCAPnL 组成 9 位数。

（7）将单片机的 PCA/PWM 功能从 P1 口设置到 P4 口的辅助寄存器 AUXR1。

| AUXR1: | B7 | B6 | B5 | B4 | B3 | B2 | B1 | B0 | 复位值 |
|---|---|---|---|---|---|---|---|---|---|
| (A2H) | — | PCA_P4 | SPI_P4 | S2_P4 | GF2 | ADRJ | — | DPS | 0xxx xx0x |

① ADRJ：=0 时，10 位 A/D 转换结果的高 8 位放在 ADC_RES 寄存器，低 2 位放在 ADC_RESL 寄存器；

=1 时，10 位 A/D 转换结果的最高 2 位放在 ADC_RES 寄存器的低 2 位，低 8 位放在 ADC_RESL 寄存器。

② DPS：=0 时，使用默认数据指针 DPTR0。=1 时，使用另一个数据指针 DPTR1。

**3. PCA 模块的工作模式与应用**

PCA 模块的应用编程包括两个部分：一是初始化，完成控制字、捕获常数的设置等；二是中断服务程序的编写。PCA 模块的初始化部分大致如下：

（1）设置 PCA 模块的工作方式，将控制字写入 CMOD、CCON 和 CCAPMn 寄存器；

（2）设置 CCAPnL、CCAPnH 初始值；

（3）根据需要开放 PCA 中断（包括 ECF、ECCF0 和 ECCF1），并置 EA = 1；

（4）置位 CR，启动 PCA 定时器计数寄存器（CH、CL）计数。

PCA 模块有 4 种工作模式，下面分别介绍各种工作模式设置与应用。

（1）捕获模式。当寄存器 CCAPMn 中的两位（CAPNn、CAPPn）中至少有一位为"1"时，PCA 模块工作于捕获模式，PCA 捕获模式的结构如图 5-1-6 所示。

PCA 模块工作在捕获模式时，对模块外部输入引脚 CCPn（CCP0/P1.3，CCP1/P1.4）的跳变进行采样。当采样到有效跳变时，PCA 硬件就将 PCA 计数器阵列寄存器（CH 和 CL）的值捕获并装载到模块的捕获寄存器中（CCAPnL 和 CCAPnH），置位 CCFn。如果模块 0 和模块 1 中断允许（ECCFn 位被置位），将向 CPU 申请中断。在 PCA 中断服务程序中判断哪一个模块产生了中断，并用软件清除对应的标志位。

【例 5-1-1】选用 PCA 模块方式实现按钮控灯显示功能。将 PCA0（P1.3）引脚扩展为下降沿触发的外部中断，通过 1 只按钮开关实现下降沿触发过程，P1.0 引脚接一只发光二极管。

每操作一次按钮开关，改变 LED 的显示状态，即实现 LED 交替闪烁显示。

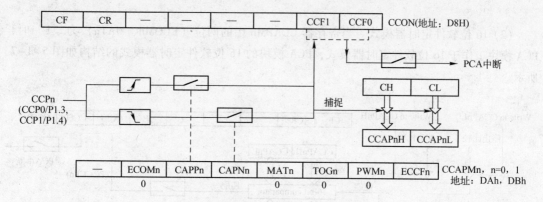

图 5-1-6　PCA 捕获模式的结构图

解：

参考程序如下：

```c
#include < reg51.h >
/* ----------------------------------------------------------- */
sfr CCON = 0xD8;
sbit CCF0 = CCON^0;
sbit CCF1 = CCON^1;
sbit CR = CCON^6;
sbit CF = CCON^7;
/* ----------------------------------------------------------- */
sfr CMOD = 0xD9;
sfr CL = 0xE9;
sfr CH = 0xF9;
sfr CCAPM0 = 0xDA;
sfr CCAP0L = 0xEA;
sfr CCAP0H = 0xFA;
sfr CCAPM1 = 0xDB;
sfr CCAP1L = 0xEB;
sfr CCAP1H = 0xFB;
sfr PCAPWM0 = 0xf2;
sfr PCAPWM1 = 0xf3;
sbit PCA_LED = P1^0;
void PCA_int () interrupt 7 using 1
{
    CCF0 = 0;
    PCA_LED = ~ PCA_LED;
}
void main ()
{
    CCON = 0;
    CL = 0;
    CH = 0;
    CMOD = 0x00;
    CCAPM0 = 0x11;
    CR = 1;
    EA = 1;
```

```
        while (1);
    }
```

（2）16 位软件定时器模式。当寄存器 CCAPMn 中的两位（ECOMn、MATn）为"1"时，PCA 模块工作于 16 位软件定时器模式，PCA 模块的 16 位软件定时器模式的结构如图 5-1-7 所示。

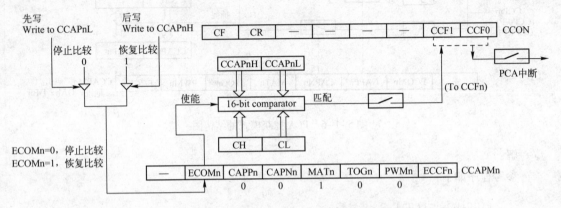

图 5-1-7　PCA 模块的 16 位软件定时器模式的结构

在此模式下，PCA 定时器（CH 和 CL）的值与模块捕获寄存器的值相比较，当两者相等时，置位 CCFn。如果模块 0 和模块 1 中断允许（ECCFn 位被置位），将向 CPU 申请中断。

PCA 定时器（CH，CL）自动加 1 的时间，取决于选择的时钟源。例如：当选择的时钟源为 SYSclk/12，每 12 个时钟周期（CH，CL）加 1。当（CH，CL）增加到等于（CCAPnH，CCAPnL）时，CCFn = 1，产生中断请求。在中断服务程序（CCAPnH，CCAPnL）不改变，将（CH，CL）清零，那么下次中断来临的间隔时间 $T$ 也是相同的，从而实现了定时功能。定时时间的长短取决于时钟源的选择以及 PCA 计数器计数值（CCAPnH，CCAPnL）的设置。其计算公式为

PCA 计数器的计数值（CCAPnH，CCAPnL）= 定时时间/计数脉冲源周期

例如：设系统时钟频率 SYSclk = 18.432 MHz，选择的时钟源为 SYSclk/12，定时时间 $T$ 为 5 ms，则 PCA 计数器计数值为

PCA 计数器的计数值 = $T/((1/SYSclk) \times 12)$ = 0.005/$((1/18\ 432\ 000) \times 12)$ = 7 680 = 1E00H。也就是说，PCA 计时器计数 1E00H 次，定时时间才是 5 ms，这也就是每次给（CCAPnH，CCAPnL）增加的数值（步长）。

【例 5-1-2】利用 PCA 模块的软件定时功能，在 P1.0 引脚输出周期为 1 s 的方波信号。设晶振频率为 18.432 MHz。

解：

参考程序如下：

```
#include "reg51.h"
#include "intrins.h"
#define FOSC 18432000L
#define T200Hz (FOSC/12/200)
/* ---------------------------------------------------------------- */
sfr CCON = 0xD8;
```

```
sbit CCF0 = CCON^0;
sbit CCF1 = CCON^1;
sbit CR = CCON^6;
sbit CF = CCON^7;
/* ----------------------------------------------------------- */
sfr CMOD = 0xD9;
sfr CL = 0xE9;
sfr CH = 0xF9;
sfr CCAPM0 = 0xDA;
sfr CCAP0L = 0xEA;
sfr CCAP0H = 0xFA;
sfr CCAPM1 = 0xDB;
sfr CCAP1L = 0xEB;
sfr CCAP1H = 0xFB;
sfr PCAPWM0 = 0xf2;
sfr PCAPWM1 = 0xf3;
sbit PCA_LED = P1^0;
unsigned char cnt;
unsigned int value;
void PCA_INT() interrupt 7 using 1
{
    CCF0 = 0;
    CCAP0L = value;
    CCAP0H = value >> 8;
    value += T200Hz;
    if (cnt -- ==0)
    {
        cnt = 200;
        PCA_LED = !PCA_LED;
    }
}
void main()
{
    CCON = 0;
    CL = 0;
    CH = 0;
    CMOD = 0x00;
    value = T200Hz;
    CCAP0L = value;
    CCAP0H = value >> 8;
    value += T200Hz;
    CCAPM0 = 0x49;
    CR = 1;
    EA = 1;
    cnt = 200;
    while (1);
}
```

（3）高速输出模式。当寄存器 CCAPMn 中的 ECOMn、MATn 和 TOGn 均为"1"时，PCA 模块工作于高速输出模式，PCA 模块的高速输出模式的结构如图 5-1-8 所示。

该模式下，当 PCA 计数器 CH、CL 的计数值与模块捕获寄存器 CCAPnH、CCAPnL 的值相匹配时，PCA 模块的 CCPn 输出将发生翻转。

CCAPnL 的值决定了 PCA 模块 n 的输出脉冲频率。当 PCA 时钟源是 SYSclk/2 时，输出脉

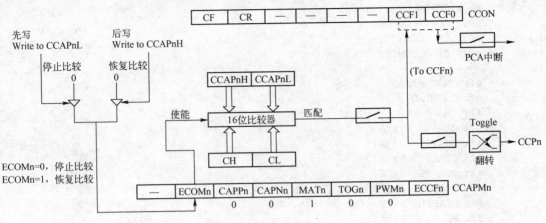

图 5-1-8　PCA 模块的高速输出模式的结构

冲的频率 $f$ 为

$$f = \text{SYSclk}/(4 \times \text{CCAPnL})$$

其中，SYSclk 为系统时钟频率。由此，可以得到 CCAPnL 的值 $\text{CCAPnL} = \text{SYSclk}/(4 \times f)$。

如果计算出的结果不是整数，则进行四舍五入取整，即

$$\text{CCAPnL} = \text{INT}(\text{SYSclk}/(4 \times f) + 0.5)$$

其中，INT( ) 为取整运算，直接去掉小数。例如，假设 SYSclk = 20 MHz，要求 PCA 高速脉冲输出 125 kHz 的方波，则 CCAPnL 中的值应为

$$\text{CCAPnL} = \text{INT}(20\,000\,000/(4 \times 125\,000) + 0.5) = \text{INT}(40 + 0.5) = 40 = 28\text{H}。$$

高速输出周期 = PCA 计数器时钟源周期 × 计数次数（[CCAPnH、CCAPnL] − [CH、CL]）× 2

计数次数（取整数）= PCA 计数器时钟源周期/（高速输出频率 × 2）

【例 5-1-3】利用 PCA 模块 1 实现高速输出，在 P1.0 引脚输出频率为 40 kHz 的方波信号。设晶振频率为 18.432 MHz。

解：

```
#include "reg51.h"
#include "intrins.h"
#define FOSC 18432000L
#define T40KHz (FOSC/4/40000)
/* ------------------------------------------------------------ */
sfr CCON = 0xD8;
sbit CCF0 = CCON^0;
sbit CCF1 = CCON^1;
sbit CR = CCON^6;
sbit CF = CCON^7;
/* ------------------------------------------------------------ */
sfr CMOD = 0xD9;
sfr CL = 0xE9;
sfr CH = 0xF9;
sfr CCAPM0 = 0xDA;
sfr CCAP0L = 0xEA;
sfr CCAP0H = 0xFA;
sfr CCAPM1 = 0xDB;
sfr CCAP1L = 0xEB;
```

```
sfr CCAP1H = 0xFB;
sfr PCAPWM0 = 0xf2;
sfr PCAPWM1 = 0xf3;
sbit PCA_LED = P1^0;
unsigned int value;
void PCA_INT() interrupt 7 using 1
{
    CCF0 = 0;
    CCAP0L = value;
    CCAP0H = value >>8;
    value += T40KHz;
}
void main()
{
    CCON = 0;
    CL = 0;
    CH = 0;
    CMOD = 0x02;
    value = T40KHz;
    CCAP0L = value;
    CCAP0H = value >>8;
    value += T40KHz;
    CCAPM0 = 0x4d;
    CR = 1;
    EA = 1;
    while (1);
}
```

（4）脉宽调制（PWM）输出模式。脉宽调制是一种使用程序来控制波形占空比、周期、相位波形的技术，在三相电动机驱动、D/A 转换等场合有广泛的应用。STC12C5A60S2 单片机的 PCA 模块可以通过程序设定，使其工作于 8 位 PWM 模式。当寄存器 CCAPMn 中的 ECOMn 和 PWMn 均为"1"时，PCA 模块工作于脉宽调制（PWM）输出模式，PCA 模块脉宽调制输出模式的结构如图 5-1-9 所示。

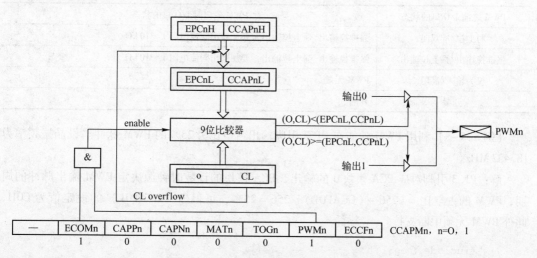

图 5-1-9　PCA 模块脉宽调制输出模式的结构

CPS2/CPS1/CPS0 = 1/0/0 时，PCA/PWM 的时钟源是 SYSclk，不用 T0，PWM 的频率为 SYSclk/256，如果要使用系统时钟/3 来作为 PCA 的时钟源，应让 T0 工作在 1T 模式，计数 3 个脉冲即产生溢出，此时使用内部 RC 作为系统时钟，可以输出 14～19 kHz 频率的 PWM。用 T0 的溢出可对系统时钟进行 1～256 级分频。

所有 PCA 模块都可用作 PWM 输出。PWM 输出频率取决于 PCA 定时器的时钟输入源频率，即

PWM 输出频率 = PCA 时钟输入源频率/256

由于所有模块共用仅有的 PCA 定时器，所有它们的输出频率相同。各个模块的输出占空比是独立变化的，与使用的捕获寄存器（EPCnL，CCAPnL）有关。当寄存器 CL 的值小于（EPCnL，CCAPnL）时，输出为低；当寄存器 CL 的值等于或大于（EPCnL，CCAPnL）时，输出为高。当 CL 的值由 FF 变为 00 溢出时，（EPCnH，CCAPnH）的内容装载到（EPCnL，CCAPnL）中。这样就可实现无干扰地更新 PWM。

由于 PWM 是 8 位的，PCA 时钟输入源可以从以下 8 种中选择一种：SYSclk，SYSclk/2，SYSclk/4，SYSclk/6，SYSclk/8，SYSclk/12，定时器 0 的溢出，ECI/P3.4 输入。

【例 5-1-4】要求 PWM 输出频率为 38 kHz，选 SYSclk 为 PWM 时钟输入源，求 SYSclk 的值。

解：由计算公式 38 000 = SYSclk/256，得到外部时钟频率 SYSclk = 38 000 × 256 × 1 = 9 728 000。

如果要实现可调频率的 PWM 输出，可选择定时器 0 的溢出率或者 ECI 引脚的输入信号作为 PWM 的时钟输入源。

当 EPCnL = 0 及 ECCAPnL = 00H 时，PWM 固定输出高；

当 EPCnL = 1 及 CCAPnL = 0FFH 时，PWM 固定输出低。

当某个 I/O 口作为 PWM 使用时，该口的状态如表 5-1-3 所示。

表 5-1-3　I/O 口作为 PWM 使用时的状态

| PWM 之前 I/O 口的状态 | PWM 输出时 I/O 口的状态 |
| --- | --- |
| 弱上拉/准双向 | 强推挽输出/强上拉输出，要加输出限流电阻 1～10 kΩ |
| 强推挽输出/强上拉输出 | 强推挽输出/强上拉输出，要加输出限流电阻 1～10 kΩ |
| 仅为输入/高阻 | PWM 无效 |
| 开漏 | 开漏 |

【例 5-1-5】利用 PWM 功能在 P1.3 引脚输出占空比为 25% 的 PWM 脉冲。设晶振频率为 18.432 MHz。

解：P1.3 引脚对应 PCA 模块 0 的输出，PCA 模块的计数时钟源决定 PWM 输出脉冲的周期，PWM 的占空比 = [256 - (CCAP0L)]/256 = 25%，可得出（CCAP0L）的设定值为 C0H，此外 PWM 无须中断支持。

```
#include "reg51.h"
#include "intrins.h"
#define FOSC 18432000L
/* -------------------------------------------------------- */
```

```
sfr CCON = 0xD8;
sbit CCF0 = CCON^0;
sbit CCF1 = CCON^1;
sbit CR = CCON^6;
sbit CF = CCON^7;
/* ----------------------------------------------------------- */
sfr CMOD = 0xD9;
sfr CL = 0xE9;
sfr CH = 0xF9;
sfr CCAPM0 = 0xDA;
sfr CCAP0L = 0xEA;
sfr CCAP0H = 0xFA;
sfr CCAPM1 = 0xDB;
sfr CCAP1L = 0xEB;
sfr CCAP1H = 0xFB;
sfr PCAPWM0 = 0xf2;
sfr PCAPWM1 = 0xf3;
void main()
{
    CCON = 0;
    CL = 0;
    CH = 0;
    CMOD = 0x02;
    CCAP0H = CCAP0L = 0xc0;   //25%
    PCAPWM1 = 0x03;
    CCAPM1 = 0x42;
    CR = 1;
    while (1);
}
```

### 4. 利用 PWM 实现 D/A 转换

利用 PWM 输出功能可实现 D/A 转换，典型应用电路如图 5-1-10 所示。

图 5-1-10　PWM 实现 D/A 转换典型应用电路

 思考与练习

**（一）简答题**

（1）直流电动机调速有哪几种方式？常用的方式是哪一种？

（2）脉宽调制变换器的基本工作原理是什么？其最终目的改变的是什么？

（3）如何改变直流电动机的运转方向？

（4）简述 STC12C5A60S2 单片机的捕捉模式含义。

（5）如何设置 STC12C5A60S2 单片机的脉宽调制（PWM）输出模式？

**（二）实践题**

利用 PCA 模块的 PWM 输出功能，实现控制 LED 灯的亮度，使 LED 的亮度循环逐渐变亮与逐渐变暗。

# 任务 2　伺服电动机控制技术实践与应用

学习目标

（1）了解伺服电动机调速原理。

（2）会伺服电动机驱动电路设计。

（3）初步了解伺服驱动器的位置方式驱动，会伺服驱动器部分基本参数设置。

（4）会编写伺服电动机的驱动程序。

**任务描述**

在伺服电动机与伺服驱动器连接正确的情况下，编程实现伺服电动机的正转、反转和停止功能。

**相关知识**

### （一）伺服电动机简介

伺服电动机又称执行电动机，在自动控制系统中，用作执行元件，把所收到的电信号转换成电动机轴上的角位移或角速度输出。伺服电动机分为交流伺服电动机和直流伺服电动机两大类。

#### 1. 交流伺服电动机

交流伺服电动机的工作原理：伺服电动机内部的转子是永磁铁，驱动器控制的 U/V/W 三相电形成电磁场，转子在此磁场的作用下转动，同时电动机自带的编码器反馈信号给驱动器，驱动器根据反馈值与目标值进行比较，调整转子转动的角速度。伺服电动机的精度决定于编码器的精度（线数），与普通电动机相比，具有转子电阻大和转动惯量小这两个特点。其定子上装有两个位置互差 90° 的绕组，一个是励磁绕组，它始终接在交流电压上；另一个是控制绕组，连接控制信号电压。所以交流伺服电动机又称两个伺服电动机。伺服电动机与异步电动机相比，有 3 个显著特点：

（1）启动转矩大。当定子一有控制电压，转子立即转动，即具有启动快、灵敏度高的特点。

（2）运行范围较广、运行稳定、可控性好，转速随着转矩的增加而匀速下降。

（3）无自转现象。正常运转的伺服电动机，只要失去控制电压，电动机立即停止运转。

#### 2. 直流伺服电动机

直流伺服电动机的工作原理与一般直流电动机相同。改变电枢电压或改变磁通量，均可控制直流伺服电动机的转速。在永磁式直流伺服电动机中，励磁绕组被永久磁铁所取代，磁通恒定。

### （二）永磁交流伺服系统概述

伺服系统大多数采用永磁交流伺服系统，其中包括永磁同步交流伺服电动机和全数字交流永磁同步伺服驱动器两部分。

全数字交流永磁同步伺服驱动器主要有伺服控制单元、功率驱动单元、通信接口单元、伺服电动机及相应的反馈检测器件组成，其中伺服控制单元包括位置控制器、速度控制器、转矩和电流控制器等。结构组成如图 5-2-1 所示。

### （三）松下 MINAS A4 系列交流伺服电动机

在生产线中，采用了松下 MHMD022P1U 永磁同步交流伺服电动机。MHMD022P1U 的含义：MHMD 表示电动机类型为大惯量，02 表示电动机的额定功率为 200 W，2 表示电压规格为200 V，P 表示编码器为 5 线制反馈增量式编码器，脉冲数为 2 500 p/r（分辨率：10 000），额定转速 3 000 r/min。图 5-2-2 为伺服电动机结构示意图。

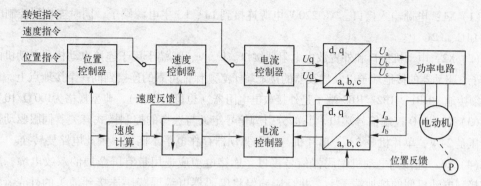

图 5-2-1　伺服控制单元结构

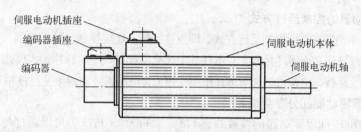

图 5-2-2　伺服电动机结构示意图

## （四）松下 MADDT1207003 全数字交流永磁同步伺服驱动器简介

### 1. MADDT1 207003 的含义

A 表示松下 A4 系列类型 A 型驱动器，D 表示交流伺服驱动器，T1 表示最大瞬时输出电流为 10 A，2 表示电源电压规格为单相 200 V，07 表示电流监测器额定电流为 7.5 A，003 表示脉冲控制专用。

### 2. 接线端口功能

MADDT1207003 全数字交流永磁同步伺服驱动器接线图如图 5-2-3 所示。

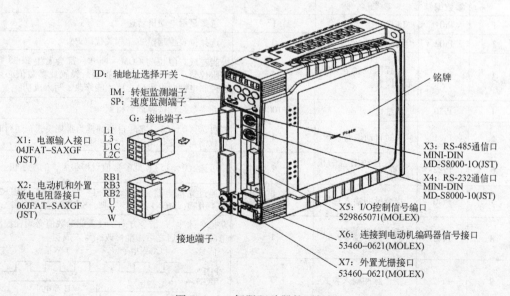

图 5-2-3　伺服驱动器的面板图

（1）X1：电源输入接口。AC 220 V 电源连接到 L1、L3 主电源端子，同时连接到控制电源端子 L1C、L2C 上。

（2）X2：电动机接口和外置放电电阻器接口。U、V、W 端子用于连接电动机。电动机的接线端子、驱动器的接地端子以及滤波器的接地端子必须保证可靠的连接到同一个接地点上。机身也必须接地。RB1、RB2、RB3 端子是外接放电电阻器（也可以不接），典型规格为100 Ω／10 W。

（3）X5：I/O 控制信号端口。其部分引脚信号定义与选择的控制模式有关。伺服驱动器工作电压是 24 V，单片机是 5 V，单片机与伺服驱动器存在电平不匹配，因此电路要转换。

（4）X6：连接到电动机编码器信号接口。连接电缆应选用带有屏蔽层的双绞电缆，屏蔽层应接到电动机侧的接地端子上，并且应确保将编码器电缆屏蔽层连接到插头的外壳（FG）上。E5 V 和 E0 V 为编码器电源输出。

**3. 伺服驱动器的控制运行方式**

松下的伺服驱动器有 7 种控制运行方式，即位置控制、速度控制、转矩控制、位置/速度控制、位置/转矩、速度/转矩和全闭环控制。在本任务中选择位置方式中的脉冲输入模式，通过输入脉冲串来使电动机定位运行，电动机转速与脉冲串频率相关，电动机转动的角度与脉冲个数相关。

**（五）伺服驱动器部分参数说明**

MADDT1207003 伺服驱动器的参数共有 128 个，Pr00 ～ Pr7F，可以通过与 PC 连接后在专门的调试软件上进行设置，也可以在驱动器的面板上进行设置。

伺服驱动装置工作于位置控制模式时，如图 5-2-4 所示，可用单片机 P1.0 输出脉冲作为伺服驱动器的位置指令，脉冲的数量决定伺服电动机的旋转位移，即机械手的直线位移，脉冲的频率决定了伺服电动机的旋转速度，即机械手的运动速度，P1.1 输出脉冲作为伺服驱动器的方向指令。对于控制要求较为简单，伺服驱动器可采用自动增益调整模式。根据上述要求，伺服驱动器参数设置如表 5-2-1 所示。

表 5-2-1　伺服参数设置表格

| 序　号 | 参　数 | | 设　置数　值 | 功能和含义 |
|---|---|---|---|---|
| | 参数编号 | 参数名称 | | |
| 1 | Pr01 | LED 初始状态 | 1 | 选择显示电动机转速 |
| 2 | Pr02 | 控制模式 | 0 | 选择位置控制模式（相关代码 P） |
| 3 | Pr04 | 行程限位禁止输入无效设置 | 2 | 当左或右限位与 COM - 断开，都会发生 Err38 行程限位禁止输入信号出错报警。设置此参数值必须在控制电源断电重启之后才能修改、写入成功 |
| 4 | Pr20 | 惯量比 | 0～100 000 | 此参数自动估算调整得到 |
| 5 | Pr21 | 实时自动增益设置 | 1 | 可选（0～6），实时自动调整为常规模式，运行时负载惯量的变化情况为没有变化 |
| 6 | Pr22 | 实时自动增益的机械刚性选择 | 1 | 可选（0～15），此参数值设得很大，响应越快 |
| 7 | Pr40 | 指令脉冲输入选择 | 0 | 通过光耦电路输入，PULS1：第 3 引脚，PULS2：第 4 引脚，SIGN1：第 5 引脚，SIGN2：第 6 引脚 |
| 8 | Pr41 | 指令脉冲旋转方向设置 | 1 | 指令脉冲 + 指令方向。设置此参数值必须在控制电源断电重启之后才能修改、写入成功 |
| 9 | Pr42 | 指令脉冲输入方式 | 3 | |

| 序　号 | 参　　数 | | 设 置 数 值 | 功能和含义 |
|---|---|---|---|---|
| | 参数编号 | 参 数 名 称 | | |
| 10 | Pr48 | 指令脉冲分倍频第1分子 | 10 000 | |
| 11 | Pr49 | 指令脉冲分倍频第2分子 | 0 | DIV 与 COM – 开路，选择 Pr.48 第1分子每转所需指令脉冲数 $= 编码器分辨率 \times Pr.4B /( Pr.48 \times 2^{Pr.4A})$ |
| 12 | Pr4A | 指令脉冲分倍频分子倍率 | 0 | |
| 13 | Pr4B | 指令脉冲分倍频分母 | 5000 | |

【例】编码器相关参数设置。

（1）要求指令脉冲 $f = 5\,000$（单位：脉冲 pulse），即 5 000 个脉冲驱动电动机转一周。编码器的分辨率为 10 000（2 500 p/r × 4 倍率）。可设置 Pr48：10 000，Pr4A：0，Pr4B：5 000。则下式符合要求：$F = f \times (Pr48 \times 2^{Pr4A})/Pr4B = 5\,000 \times (10\,000 \times 2^0)/5\,000 = 10\,000$。

（2）要求指令脉冲 $f = 40\,000$（单位：脉冲 pulse），即 40 000 个脉冲驱动电动机转一周。编码器的分辨率为 10 000（2 500 p/r × 4 倍率）。可设置 Pr48：2 500，Pr4A：0，Pr4B：10 000。则下式符合要求：$F = f \times (Pr48 \times 2^{Pr4A})/Pr4B = 40\,000 \times (2\,500 \times 2^0)/10\,000 = 10\,000$。

## 任务实施

### （一）硬件电路设计

与任务 1 类似，安排了 3 个按钮开关控制电动机的正转、反转和停止。伺服电动机连接到伺服驱动器上，工作于位置控制模式，相关参数已设定正确，线路连接如图 5-2-4 所示。

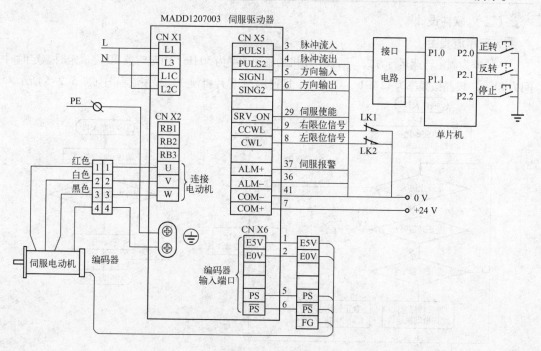

图 5-2-4　伺服电动机与伺服驱动器接线图

其中单片机 P1.0 输出脉冲作为伺服驱动器的位置指令，P1.1 输出脉冲作为伺服驱动器的方向指令，其中 SRV_ON 与 COM－(0 V)短接，进入伺服使能状态（电动机通电）。右限位和左限位信号通过限位开关与 COM－(0 V)短接。伺服报警没有选择。指令脉冲的最高频率是 200 kp/s。伺服驱动器相关引脚如表 5-2-2 所示。

表 5-2-2　伺服驱动器相关引脚

| 信　号 | 符　号 | 引　脚 | 功　能 | | |
| --- | --- | --- | --- | --- | --- |
| 控制信号电源 | COM＋ | 7 | 电源（12～24 V）正极 | | |
| | COM－ | 41 | 电源（12～24 V）负极 | | |
| 伺服使能 | SRV_ON | 29 | 伺服使能控制。与 COM－短接，即进入伺服使能状态（电动机通电）。断开，不进入伺服使能状态（电动机无电流流入）。使用中，伺服使能信号在电源接通 2 s 后输入才有效，并且在使能信号接通至少 100 ms 以后再输入脉冲信号 | | |
| 控制模式切换 | C－MODE | 32 | Pr02 值 | 与 COM－开路 | 与 COM－短接 |
| | | | 3 | 位置控制 | 速度控制 |
| | | | 4 | 位置控制 | 转矩控制 |
| | | | 5 | 速度控制 | 转矩控制 |
| CW 行程限位 | CWL | 8 | 右限位（顺时针）行程限位信号。CWL 信号与 COM－开路，电动机在 CW 方向不产生转矩。 | | |
| CCW 行程限位 | CCWL | 9 | 左限位（逆时针）行程限位开关 | | |
| 偏差计数器清零 | CL | 30 | 与 COM－短接，计数器内容清零 | | |
| 指令脉冲禁止输入 | INH | 33 | 与 COM－开路，禁止指令脉冲输入。 | | |
| 指令脉冲分倍频选择 | DIV | 28 | 与 COM－开路，选择 Pr48 第 1 分子与 COM－短接，选择 Pr49 第 2 分子 | | |
| 报警解除 | A－CLR | 31 | 与 COM－保持闭合 120 ms 以上，解除警报 | | |

### （二）软件设计

#### 1. 程序流程图

本任务为固定转速运行方式，伺服电动机的驱动频率为 50 Hz，由定时器 T0 完成定时，定时时间为 10 ms。设晶振频率为 12 MHz，12 分频。即通用 51 单片机模式。程序流程图如图 5-2-5 所示。

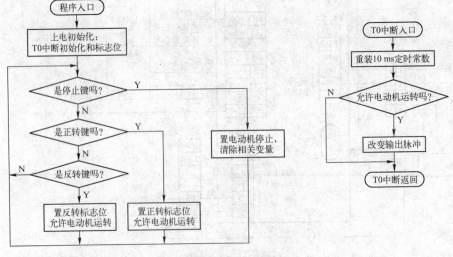

图 5-2-5　程序流程图

## 2. 参考程序

```c
#include <reg51.h>
#define uchar unsigned char
sbit key_z = P2^0;
sbit key_f = P2^1;
sbit key_stop = P2^2;
sbit P1_1 = P1^1;
sbit P1_0 = P1^0;
bit run_bit = 0;
/*延时---------------------1ms 函数---------------------*/
void delay(uchar n)
{
    unsigned char i;
    while(n--)
        for(i = 0; i < 123; i++);
}
void main(void)
{
    TMOD = 0x01;                          //T0 方式 1 定时 10 ms
    TH0 = (65536 - 10000)/256;
    TL0 = (65536 - 10000)%256;
    ET0 = 1; EA = 1; TR0 = 1;
    while(1)
    {
        if(key_stop == 0)
        {
            delay(10);                     //延时去抖动
            if(key_stop == 0)
            {
                P1_0 = 1; P1_1 = 1;
                run_bit = 0;
                while(key_stop == 0);      //判键松开
            }
        }
        else  if(key_z == 0)
        {
            delay(10);
            if(key_z == 0)
            {
                while(key_z == 0);         //判键松开
                run_bit = 1;
                P1_1 = 1;
            }
        }
        else if(key_f == 0)
        {
            delay(10);
            if(key_f == 0)
            {
                while(key_f == 0);         //判键松开
                run_bit = 1;
                P1_1 = 0;
            }
        }
```

```
            else;
        }
    }
    void timet0()interrupt 1 using 1
    {
        TH0 = (65536 - 10000) /256;
        TL0 = (65536 - 10000) % 256;
        if(run_bit == 1)
            P1_1 = !P1_1;
    }
```

 **思考与练习**

### （一）简答题

（1）伺服电动机的特点是什么？

（2）为什么要使用伺服驱动器？是否可以不用？

（3）在伺服驱动器位置控制方式中，如何实现电动机定位运行、电动机转速调整、电动机转动？

### （二）实践题

（1）设定伺服电动机的驱动频率为 30 Hz 固定转速运行方式，要求伺服电动机正转 20 转后停止。

（2）设定伺服电动机的驱动频率为 20 Hz 固定转速运行方式，完成伺服电动机正转 10 转、停止 1 s、反转 2 s 后停止运转的功能。

## 任务 3　交流异步电动机控制技术实践与应用

### 学习目标

（1）了解交流异步电动机调速原理。

（2）熟悉变频器技术应用，会变频器电压调速系统设计，能完成变频器相关参数设置。

（3）掌握 D/A 转换器应用，会编写 D/A 转换单片机应用程序。

### 任务描述

在三相电动机与变频器连接正确的情况下，编程实现三相交流电动机以 20 Hz 的频率正转、反转和停止功能操作。

### 相关知识

#### （一）变频器简介

三相异步电动机是运动控制过程的主要部分，由定子和转子构成。电动机在正常运转时，其转速 $n$ 总是稍低于同步转速 $n_0$，因而称为异步电动机。三相异步电动机的调速有 3 种方法：变极调速、变频调速和变转差率调速。

变极调速通过改变电动机的定子绕组所形成的磁极对数 $p$ 来调速，这种方法使得电动机的转速不能连续、平滑地进行调节；变频调速通过改变频率，使电动机的速度得到调节，属于无级调速；变转差率调速通过改变转子绕组中串接调速电阻的大小来调速，调速比较麻烦。

目前三相异步电动机调速主要采用变频调速。

变频调速通过调节三相异步电动机工作频率和电压来实现调速，这种技术常常采用变频器来实现。国内使用的变频器产品较多，本书以西门子 MM420（6SE6420 - 2UD17 - 5AA1）变频器为例。该变频器额定参数如下：

（1）电源电压：380 ～ 480 V，三相交流电源

（2）额定输出功率：0.75 kW

（3）额定输入电流：2.4 A

（4）额定输出电流：2.1 A

（5）外形尺寸：A 型

**1. MM420 变频器的主电路接线**

图 5-3-1 为变频器典型接线图，其中滤波器为可选项。交流接触器用作变频器安全保护的目的，注意不要通过此交流接触器来启动或停止变频器，否则可能降低变频器寿命。

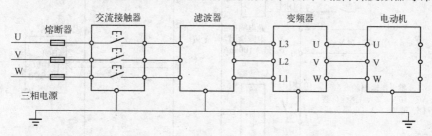

图 5-3-1　变频器典型接线电路图

**2. 变频器的接线端子**

图 5-3-2 所示为变频器的接线端子。

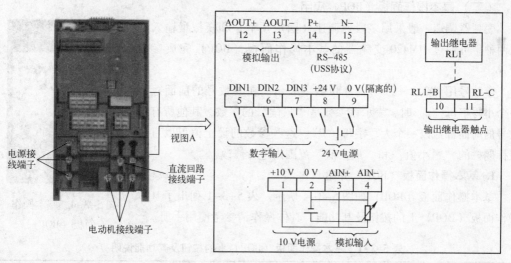

图 5-3-2　变频器的接线端子

（1）1、2 引脚：变频器输出的 + 10 V 电源。

（2）3、4 引脚：变频器模拟电压输入，用于电压方式时变频器调速。

（3）5、6、7 引脚：内部光电隔离的外接端子排数字输入。用于电动机启动、停止、正转、反转及多段速控制的输入信号。

（4）8、9引脚：变频器输出的+24 V电源。用于5、6、7引脚的供电电源。

（5）10、11引脚：故障输出控制。可驱动交流250 V、2 A感性负载，DC 30 V、5 A电阻负载。

（6）12、13引脚：模拟输出0～20 mA电流。

（7）14、15引脚：RS-485通信接口。

图5-3-3为MM420变频器内部框图。

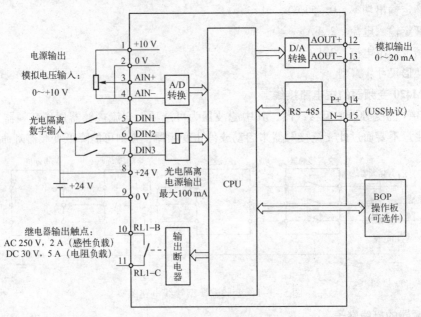

图5-3-3　MM420变频器内部框图

## （二）基本操作面板（BOP）应用

变频器调速一般采用多段速调速（固定频率）和模拟量输入调速两种。可通过MM420变频器的基本操作面板（BOP）完成参数设置。

参数号用0000～9999的4位数字表示。在参数号的前面冠以一个小写字母"r"时，表示该参数是"只读"的参数，其他所有参数号的前面都冠以一个大写字母"P"。这些参数的设定值可以直接在标题栏的"最小值"和"最大值"范围内进行修改。

### 1. 基本操作面板（BOP）介绍

基本操作面板（BOP）如图5-3-4所示。表5-3-1列出了基本操作面板（BOP）上的按钮及其功能。具体操作请参考使用手册。

图5-3-4　基本操作面板（BOP）

表5-3-1　基本操作面板（BOP）上的按钮及其功能说明

| 显示/按钮 | 功　能 | 功　能　说　明 |
| --- | --- | --- |
| r0000 | 状态显示 | LCD显示变频器当前的设定值 |
| I | 启动变频器 | 按此键启动变频器。默认值运行时此键是被封锁的。为了使此键的操作有效，应设定P0700＝1 |

| 显示/按钮 | 功　能 | 功　能　说　明 |
|---|---|---|
|  | 停止变频器 | OFF1：按此键，变频器将按选定的斜坡下降速率减速停车，默认值运行时此键被封锁；为了允许此键操作，应设定 P0700 = 1；<br>OFF2：按此键两次（或一次，但时间较长）电动机将在惯性作用下自由停车。此功能总是"使能"的 |
| | 改变电动机的转动方向 | 按此键可以改变电动机的转动方向，电动机的反向时，用负号表示或用闪烁的小数点表示。默认值运行时此键是被封锁的，为了使此键的操作有效应设定 P0700 = 1 |
| | 电动机点动 | 在变频器无输出的情况下按此键，将使电动机启动，并按预设定的点动频率运行。释放此键时，变频器停车。如果变频器/电动机正在运行，按此键将不起作用 |
| | 功能 | 此键用于浏览辅助信息。<br>变频器运行过程中，在显示任何一个参数时按下此键并保持不动 2 s，将显示以下参数值（在变频器运行中从任何一个参数开始）：<br>（1）直流回路电压（用 d 表示，单位为 V）；<br>（2）输出电流（A）；<br>（3）输出频率（Hz）；<br>（4）输出电压（用 o 表示，单位为 V）；<br>（5）由 P0005 选定的数值［如果 P0005 选择显示上述参数中的任何一个（3）、（4）或（5），这里将不再显示］。<br>连续多次按下此键将轮流显示以上参数。<br>　　跳转功能：在显示任何一个参数（rXXXX 或 PXXXX）时短时间按下此键，将立即跳转到 r0000，如果需要的话，可以接着修改其他的参数。跳转到 r0000 后，按此键将返回原来的显示点 |
| | 访问参数 | 按此键即可访问参数 |
| | 数值增加 | 按此键即可增加面板上显示的参数数值 |
| | 数值减少 | 按此键即可减少面板上显示的参数数值 |

## 2. 用 BOP 进行的基本操作

（1）先决条件：

① P0010 = 0（为了正确地进行运行命令的初始化）。

② P0700 = 1（使能 BOP 操作板上的启动/停止按钮）。

③ P1000 = 1（使能电动电位计的设定值）。

（2）基本操作：

① 按下"启动变频器"按钮，启动电动机。

② 按下"数值增加"按钮，电动机转动，其速度逐渐增加到 50 Hz。

③ 当变频器的输出频率达到 50 Hz 时，按下"数值减少"按钮，电动机的速度及其显示值逐渐下降。

④ 按下"改变电动机的转动方向"按钮，可以改变电动机的转动方向。

⑤ 按下"停止变频器"按钮持续 2 s，电动机停车。

## 3. 用 BOP 进行的 P0004 基本操作流程

用 BOP 可以修改和设定系统参数，使变频器具有期望的特性，例如：斜坡时间、最小和最大频率等。选择的参数号和设定的参数值在 5 位数字的 LCD 上显示。

更改参数数值的步骤可大致归纳为查找所选定的参数号；进入参数值访问级，修改参数值；确认并存储修改好的参数值。

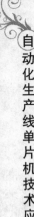

假设参数 P0004 设定值 = 0，需要把设定值改为 3。改变设定值步骤如表 5-3-2 所示。

表 5-3-2　改变参数 P0004 设定数值的步骤

| 序　号 | 操 作 内 容 | 显示的结果 |
|:---:|:---|:---:|
| 1 | 按 P 访问参数 | ┌0000 |
| 2 | 按 ▲ 直到显示出 P0004 | P0004 |
| 3 | 按 P 进入参数数值访问级 | 0 |
| 4 | 按 ▲ 或 ▲ 达到所需要的数值 | 3 |
| 5 | 按 P 确认并存储参数的数值 | P0004 |
| 6 | 使用者只能看到命令参数 | |

### （三）MM420 变频器常用的参数设定值命令

**1. P0004（参数过滤器）**

参数 P0004 可能的设定值如表 5-3-3 所示，默认值为 0。

变频器有数千个参数，参数过滤器是采用把参数分类，屏蔽（过滤）不需要访问的类别，实现快速访问指定参数。当完成了 P0004 的设定以后再进行参数查找时，在 LCD 上只能看到 P0004 设定值所指定类别的参数。

表 5-3-3　参数 P0004 可能的设定值

| 设 定 值 | 所指定参数组意义 | 设 定 值 | 所指定参数组意义 |
|:---:|:---|:---:|:---|
| 0 | 全部参数 | 12 | 驱动装置的特征 |
| 2 | 变频器参数 | 13 | 电动机的控制 |
| 3 | 电动机参数 | 20 | 通信 |
| 7 | 命令，二进制 I/O | 21 | 报警/警告/监控 |
| 8 | 模 - 数转换和数 - 模转换 | 22 | 工艺量控制器（例如 PID） |
| 10 | 设定值通道/RFG（斜坡函数发生器） | | |

**2. P0700（选择命令信号源）**

参数 P0700 可能的设定值如表 5-3-4 所示，默认值为 2。

表 5-3-4　参数 P0700 可能的设定值

| 设 定 值 | 命令信号源来源 | 设 定 值 | 命令信号源来源 |
|:---:|:---|:---:|:---|
| 0 | 工厂的默认设置 | 4 | 通过 BOP 链路的 USS 设置 |
| 1 | BOP（键盘）设置 | 5 | 通过 COM 链路的 USS 设置 |
| 2 | 由端子排输入 | 6 | 通过 COM 链路的通信板（CB）设置 |

**3. P1000（频率设定值的选择）**

参数 P1000 设定值可达 0 ~ 66，默认值为 2。实际上，当设定值 ≥10 时，频率设定值将来源于 2 个信号源的叠加。其中，主设定值由最低一位数字（个位数）来选择（即 0 ~ 6），而附加设定值由最高一位数字（十位数）来选择（即 X0 ~ X6，其中，X = 1 ~ 6）。例如 P1000 = 12，说明设定值 12 选择的主设定值（2）由模拟输入，附加设定值（1）则来自电动电位计。图 5-3-5 为频率选择示意图，表 5-3-5 只说明常用主设定值信号源的意义。

表 5-3-5　P1000 常用主设定值信号源的意义

| 设定值 | 频率设定值的信号源来源 | 设定值 | 频率设定值的信号源来源 |
|---|---|---|---|
| 0 | 无主设定值 | 10 | 无主设定值 + MOP 设定值 |
| 1 | MOP（电动电位差计）设定值，选择基本操作板（BOP）的按钮指定输出频率 | 11 | MOP 设定值 + MOP 设定值 |
| 2 | 模拟设定值，输出频率由 3～4 端子两端的模拟电压（0～10 V：当于 0～50 Hz）设定 | 12 | 模拟设定值 + MOP 设定值 |
| 3 | 固定频率，输出频率由数字输入端子 DIN1～DIN3 的状态指定。用于多段速控制 | 13 | 固定频率 + MOP 设定值 |
| 4 | 通过 BOP 链路的 USS 设定 | 14 | 通过 BOP 链路的 USS 设定 + MOP 设定值 |
| 5 | 通过 COM 链路的 USS 设定，即通过按 USS 协议的串行通信线路设定输出频率 | 15 | 通过 COM 链路的 USS 设定 + MOP 设定值 |
| 6 | 通过 COM 链路的 CB 设定 | 16 | 通过 COM 链路的 CB 设定 + MOP 设定值 |

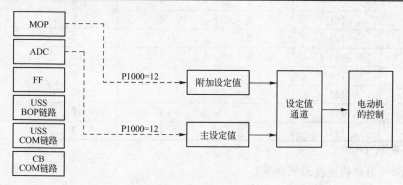

图 5-3-5　频率选择示意图

**4. P1001～P1007（7 路固定频率设置值）**

默认的设置值依次为：0 Hz、5 Hz、10 Hz、15 Hz、20 Hz、25 Hz、30 Hz。

**5. P0701、P0702、P0703（选择数字输入 1～3 的功能）**

P0701（DIN1）默认的设置值为 1；P0702（DIN2）默认的设置值为 12；P0703（DIN3）默认的设置值为 9。它们可能的设定值如表 5-3-6 所示。

表 5-3-6　参数 P0701、P0702、P0703 可能的设定值

| 设定值 | 所指定参数值意义 | 设定值 | 所指定参数值意义 |
|---|---|---|---|
| 0 | 禁止数字输入 | 13 | MOP（电动电位计）升速（增加频率） |
| 1 | 接通正转/断开停车命令 | 14 | MOP 降速（减少频率） |
| 2 | 接通反转/断开停车命令 1 | 15 | 固定频率设定值（直接选择） |
| 3 | 接通停车命令 2（按惯性自由停车） | 16 | 固定频率设定值（直接选择 + ON 命令） |
| 4 | 接通停车命令 3（按斜坡函数曲线快速降速停车） | 17 | 固定频率设定值［二进制编码的十进制数（BCD 码）选择 + ON 命令］ |
| 9 | 故障确认 | 21 | 机旁/远程控制 |
| 10 | 正向点动 | 25 | 直流注入制动 |
| 11 | 反向点动 | 29 | 由外部信号触发跳闸 |
| 12 | 反转 | 33 | 禁止附加频率设定值 |
|  |  | 99 | 使能 BICO 参数化 |

参数 P0701、P0702、P0703 均属于"命令，二进制 I/O"参数组（P0004 = 7）。有 3 种选择固定频率的方法：直接选择；直接选择 + ON 命令；二进制编码选择 + ON 命令。

（1）P0701 ～ P0703 = 15：直接选择模式。在这种操作方式下，一个数字输入选择一个固定频率。如果有几个固定频率输入同时被激活，选定的频率是它们的总和，例如：FF1 + FF2 + FF3。在这种方式下，还需要一个 ON 命令才能使变频器投入运行。

（2）P0701 ～ P0703 = 16：直接选择 + ON 命令。选择固定频率时，既有选定的固定频率，又带有 ON 命令，把它们组合在一起。如果有几个固定频率输入同时被激活，选定的频率是它们的总和。

（3）P0701 ～ P0703 = 17：二进制编码的十进制数（BCD 码）选择 + ON 命令。使用这种方法最多可以选择 7 个固定频率，如表 5-3-7 所示。

表 5-3-7　固定频率的数值选择

| 选择模式 | 设定频率 | DIN3 | DIN2 | DIN1 | 输出频率 |
|---|---|---|---|---|---|
| | | 0 | 0 | 0 | 0 |
| P1001 | FF1 | 0 | 0 | 1 | FF1 |
| P1002 | FF2 | 0 | 1 | 0 | FF2 |
| P1003 | FF3 | 0 | 1 | 1 | FF3 |
| P1004 | FF4 | 1 | 0 | 0 | FF4 |
| P1005 | FF5 | 1 | 0 | 1 | FF5 |
| P1006 | FF6 | 1 | 1 | 0 | FF6 |
| P1007 | FF7 | 1 | 1 | 1 | FF7 |

注：0—不激活，1—激活

**6. P1080**（电动机速度最低频率）

P1080 默认值为 0.00 Hz。

**7. P1082**（电动机速度最高频率）

P1082 默认值为 50.00 Hz。

**8. P1120**（斜坡上升时间）

P1120 默认值为 10 s，表示电动机从静止状态加速到最高频率（P1082）所用的时间。

**9. P1121**（斜坡下降时间）

P1121 默认值为 10 s，表示电动机从最高频率减速到静止停车所用的时间所用的时间。

**（四）变频器多段速控制**

当变频器的命令源参数 P0700 = 2（外部 I/O，由端子输入），选择频率设定的信号源参数 P1000 = 3（固定频率），并设定数字输入端子 DIN1、DIN2、DIN3 等相应的功能后，就可以通过外接的开关器件的组合通断改变输入端子的状态来实现电动机速度的有级调速。这种控制频率的方式称为多段速控制。

实现多段速控制的参数设置步骤如下：

（1）设置 P0004 = 7，选择"外部 I/O"参数组，然后设定 P0700 = 2；指定命令源为"由端子排输入"。

（2）设定 P0701、P0702、P0703 = 15 ～ 17，确定数字输入 DIN1、DIN2、DIN3 的功能。

（3）设置 P0004 = 10，选择"设定值通道"参数组，然后设定 P1000 = 3，指定频率设定值信号源为固定频率。

（4）设定相应的固定频率值，即设定参数 P1001 ～ P1007 有关对应项。

**【例】**要求电动机能实现正反转和高、中、低 3 种转速的调整，高速时运行频率为 40 Hz，中速时运行频率为 25 Hz，低速时运行频率为 15 Hz。

解：选择数字输入端子 DIN3 作为正反转控制，DIN1 控制输出 25 Hz 频率，DIN2 控制输出 15 Hz 频率。采用多段速固定频率叠加控制方法，变频器参数调整步骤如表 5-3-8 所示。

表 5-3-8　变频器参数调整步骤

| 步 骤 号 | 参 数 号 | 出 厂 值 | 设 置 值 | 说 明 |
|---|---|---|---|---|
| 1 | P0003 | 1 | 1 | 设用户访问级为标准级，可以访问最近常使用的一些参数 |
| 2 | P0004 | 0 | 7 | 命令组为命令和数字 I/O |
| 3 | P0700 | 2 | 2 | 命令源选择"由端子排输入" |
| 4 | P0003 | 1 | 2 | 设用户访问级为扩展级，允许扩展访问参数的范围 |
| 5 | P0701 | 1 | 16 | DIN1 功能设定为固定频率设定值（直接选择 + ON） |
| 6 | P0702 | 12 | 16 | DIN2 功能设定为固定频率设定值（直接选择 + ON） |
| 7 | P0703 | 9 | 12 | DIN3 功能设定为接通时反转 |
| 8 | P0004 | 0 | 10 | 命令组为设定值通道和斜坡函数发生器 |
| 9 | P1000 | 2 | 3 | 频率给定输入方式设定为固定频率设定值 |
| 10 | P1001 | 0 | 25 | 固定频率 1 |
| 11 | P1002 | 5 | 15 | 固定频率 2 |

设置上述参数后，DIN2 置为"0"，DIN1 置为"1"，变频器输出 25 Hz（中速）；DIN2 置为"1"，DIN1 置为"0"，变频器输出 15 Hz（低速）；DIN1、DIN2 均置为"1"，变频器输出 40 Hz（15 Hz + 25 Hz，高速）；DIN3 置为"1"，电动机反转，DIN3 置为"0"，电动机正转。设置斜坡上升时间参数 P1120 设定为 1 s，斜坡下降时间参数 P1121 设定为 0.2 s。

**（五）D/A 转换器概述**

变频器调速除了采用多段速调速（固定频率）外，还可以采用模拟量输入实现变频器无级调速。而模拟量输入模式在单片机系统应用中可以采用 D/A 转换接口技术来实现。

实现数字量转换为模拟量的器件称为数 - 模转换器（DAC），简称 D/A 转换器。按照其转换工作原理的不同，D/A 转换器可分成两大类，即直接 D/A 转换器和间接 D/A 转换器；按照连接方式，D/A 转换器可分为并行 D/A 转换器和串行 D/A 转换器；按输入端的结构，D/A 转换器大致又可以分为两种：一种是数据输入端带有数据锁存器的 D/A 转换器，这种 D/A 转换器的数据线可以直接和单片机的数据总线相接，另一种 D/A 转换器的数据输入端不带数据锁存器，这时需要另配数据寄存器。

**1. D/A 转换器的主要性能指标**

（1）分辨率。指输入的数字量发送单位数码变化时，对应的模拟量输出的变化量，常用输入数字量的位数表示，一个 $n$ 位的 D/A 转换器所能分辨的最小电压增量为满量程值的 $2^{-n}$ 倍。例如：满量程为 5 V 的 8 位 D/A 芯片的分辨率为 $5\,V \times 2^{-8} = 19.6\,mV$，而 16 位的 D/A 芯片分辨率是为 $5\,V \times 2^{-16} = 76\,\mu V$。

（2）建立时间。从输入的数字量发生突变（从最小值突变到最大值）开始，直到输出电压达到与其稳定值之间的差值在 $\pm 1/2 LSB$ 以内的时间，即稳定时间。

（3）转换精度。指 D/A 转换器的整个工作区间，实际的输出电压与理想输出电压之间的偏差，可以用绝对值或相对值来表示。例如：满量程时理论输出值为 10 V，实际输出值是在 9.99 ～ 10.01 V 之间，则其转换精度为 ±10 mV。

**2. D/A 转换器的选择**

选择 D/A 转换芯片时，主要考虑芯片的性能、结构及应用特性。在性能上必须满足 D/A 转换的技术要求；在结构和应用特性上应满足接口方便、外围电路简单、价格低廉等要求。

（1）输入信号的形式。输入信号有并行和串行两种形式，根据实际要求选定。

（2）分辨率和转换精度。根据对输出模拟量的精度要求来确定 D/A 转换器的分辨率和转换精度。常用的分辨率有 8 位、10 位和 12 位。在精度指标方面，零点误差和满量程误差可以通过电路调整进行补偿，因此主要看芯片的非线性误差和微分非线性误差。

（3）建立时间。D/A 转换器的电流建立时间很短，一般为 50 ～ 500 ns。若是输出电压形式，加上运算放大器电路，电压建立时间一般为 1 ～ 10 μs，一般都能满足系统要求。

（4）转换结果的输出形式。转换结果的输出形式有电流型/电压型，有单极性/双极性，有并行接口/串行接口，还有多通道输出方式。这需根据应用系统对模拟量形式的实际要求来确定。

**（六）串行 D/A 转换器 TLC5615 及其应用**

TLC5615 是美国德州仪器公司生产的一款 10 位电压输出型 DAC 产品，只需要通过 3 根串行总线就可以完成 10 位数据的串行输入，易于和工业标准的微处理器或微控制器接口，适用于数字失调与增益调整以及工业控制场合。该芯片带有上电复位功能功能，即把 DAC 寄存器复位至全零。

**1. TLC5615 转换器的主要特点**

（1）10 位 CMOS 电压输出；

（2）5 V 单电源供电；

（3）与 CPU 3 线串行接口；

（4）最大输出电压可达基准电压的 2 倍；

（5）输出电压具有和基准电压相同极性；

（6）建立时间 12.5 μs，转换速率快，更新频率为 1.21 MHz；

（7）内部上电自动复位；

（8）低功耗，最大仅 1.75 mW。

**2. TLC5615 转换器的功能框图**

TLC5615 转换器的功能框图如图 5-3-6 所示，它主要由以下几部分组成：

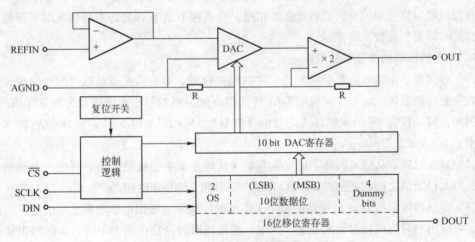

图 5-3-6　TLC5615 转换器功能框图

（1）10 位 DAC 电路；

（2）1 个 16 位移位寄存器，接受串行移入的二进制数，并且有 1 个级联的数据输出端 DOUT；

（3）并行输入/输出的 10 位 DAC 寄存器，为 10 位 DAC 电路提供待转换的二进制数据；

（4）电压跟随器为参考电压端 REFIN 提供很高的输入阻抗，大约 10 MΩ；

（5）电路提供最大值为 2 倍于 REFIN 的输出；

（6）上电复位电路和控制电路。

TLC5615 内部集成了运算放大器，使得输出的电压带有 2 倍的增益。具体的输出电压公式为：输出电压 $V_0 = 2 \times$ 基准电压 × 转换数值/1 024。输出电路带有短路保护并能驱动有 100 pF 负载电容器的 2 kΩ 负载。

TLC5615 转换精度 10 bit，转换后输出最大输出电压为（$V_{DD} - 0.4$ V）。若采用 5 V 的逻辑电平，其最大输入电压为 4.6 V。故参考电压 $V_{ref}$ 输入必须在 0 ～ 2.3 V 范围之内，一般 $V_{ref} = 2.048$ V。

TLC5615 面向 CPU 的接口采用 SPI 串行传输，其最大传输速度为 1.21 MHz，D/A 转换时间为 12.5 μs，故一次写入数据 $\overline{CS}$ 引脚从低电平至高电平跳跃后必须延时 15 μs 左右才可第二次刷入数据再次启动 D/A 转换。

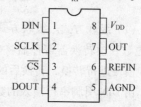

### 3. TLC5615 引脚说明

DIP 封装的 TLC5615 引脚排列如图 5-3-7 所示。引脚功能说明

图 5-3-7　TLC5615 引脚排列

如表 5-3-9 所示。TLC5615 是一种串行驱动的 DAC 芯片，典型的接口有 SPI、Microwire 或 I/O 驱动。

表 5-3-9　TLC5615 引脚功能说明

| 引脚编号 | 引脚名称 | 功　　能 |
|---|---|---|
| 1 | DIN | 串行数据输入端 |
| 2 | SCLK | 串行同步时钟输入端 |
| 3 | $\overline{CS}$ | 芯片片选端，低电平有效 |
| 4 | DOUT | 用于级联时的串行数据输出端 |
| 5 | AGND | 模拟地 |
| 6 | REFIN | 基准电压输入端，2～（$V_{DD}-2$）V，通常取 2.048 V |
| 7 | OUT | DAC 模拟电压输出端 |
| 8 | $V_{DD}$ | 正电源端，4.5～5.5 V，通常取 5 V |

### 4. TLC5615 工作时序

TLC5615 工作时序如图 5-3-8 所示。要想串行输入数据和输出数据必须满足两个条件：第一时钟 SCLK 的有效跳变；第二片选 $\overline{CS}$ 为低电平。

当片选 $\overline{CS}$ 为高电平时，串行输入数据不能由同步时钟送入移位寄存器，输出数据 DOUT 保持最近的数值不变而不进入高阻状态，此时，输入时钟 SCLK 应设置为低电平。

当片选 $\overline{CS}$ 为低电平时，按照最高有效位在最前，最低有效位在最后的顺序，在每一个 SCLK 时钟的上升沿将 16 位的 DIN 数据序列依次写入 TLC5615 的 16 位移位寄存器，在 SCLK 的下降沿输出串行数据 DOUT。而在片选 $\overline{CS}$ 的上升沿把 16 位移位寄存器的 10 位有效数据锁存于 10 位 DAC 寄存器，供 DAC 电路进行转换。

### 5. TLC5615 的两种工作方式

串行数-模转换器 TLC5615 的使用有两种方式，即级联方式和非级联方式。

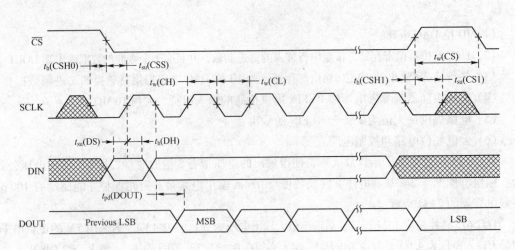

图 5-3-8　TLC5615 工作时序图

（1）级联方式。级联方式为 16 位数据序列，设计中将本片的 DOUT 接到下一片的 DIN。10 位数－模转换器寄存器将串行输入的 16 位数据中的 10 个有效数据位取出，并送入数－模转换模块进行转换，转换后的结果由 OUT 引脚输出。

由 DIN 引脚串行输入的数据在延迟 16 个时钟周期加一个时钟宽度后出现在 DOUT 引脚，DOUT 引脚是低功耗的推拉输出电流，当片选 $\overline{\text{CS}}$ 为低电平时，DOUT 在 SCLK 的下降沿处变化；当片选 $\overline{\text{CS}}$ 为高电平时，DOUT 保持在最近数据位的值而并不进入高阻状态。

按先后顺序依次向 16 位移位寄存器输入高 4 位虚拟位、10 位有效位和低 2 位填充位。由于增加了高 4 位虚拟位，所以需要 16 个时钟脉冲，高 4 位虚拟位一般取 0。此时，16 位的数据格式如下：

| X | X | X | X | D9 | D8 | D7 | D6 | D5 | D4 | D3 | D2 | D1 | D0 | 0 | 0 |
|---|---|---|---|----|----|----|----|----|----|----|----|----|----|---|---|

（2）非级联方式。DIN 只需输入 12 位数据。此时，12 位的数据格式如下：

| D9 | D8 | D7 | D6 | D5 | D4 | D3 | D2 | D1 | D0 | 0 | 0 |
|----|----|----|----|----|----|----|----|----|----|---|---|

DIN 输入的 12 位数据中，前 10 位为 TLC5615 输入的 D/A 转换数据，且输入时高位在前，低位在后，后两位必须写入零数值。

 任务实施

**（一）硬件电路设计**

变频器的参数在出厂默认值时，命令源参数 P0700 = 2，指定命令源为"外部 I/O"；频率设定值信号源 P1000 = 2，指定频率设定信号源为"模拟量输入"。这时，只需在 AIN + 端子与 AIN - 端加上模拟电压（DC 0 ～ 10 V 可调），并使 DIN1 端子的开关短接，即可启动/停止变频器，即可启动电动机实现电动机速度连续调整。

依据任务要求安排了 3 个按钮开关控制电动机的正转、反转和停止。三相交流电动机连接到变频器上，用单片机 P1.0 ～ P1.3 控制 D/A 转换器的电压输出，实现变频器的速度由单片机输出的电压模拟量（0 ～ 10 V）调节，启停由 P3.0 ～ P3.2 通过接口电路来控制，P2.0 ～ P2.2 作为按钮开关输入，线路连接如图 5-3-9 所示。变频器参数调整步骤如表 5-3-10 所示。

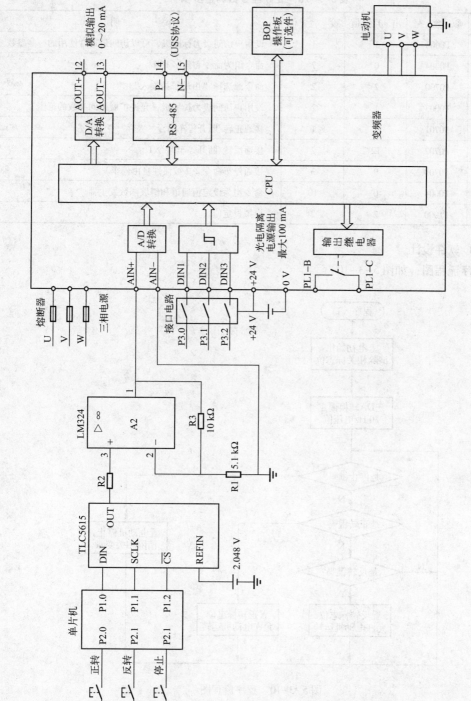

图 5-3-9　单片机与TLC5615数-模转换器和变频器连接图

**表 5-3-10 变频器参数调整步骤**

| 步骤号 | 参数号 | 出厂值 | 设置值 | 说　　明 |
|---|---|---|---|---|
| 1 | P0003 | 1 | 1 | 设用户访问级为标准级，可以访问最近常使用的一些参数 |
| 2 | P0004 | 0 | 7 | 命令组为命令和数字 I/O |
| 3 | P0700 | 2 | 2 | 命令源选择"由端子排输入" |
| 4 | P0003 | 1 | 2 | 设用户访问级为扩展级，允许扩展访问参数的范围 |
| 5 | P0701 | 1 | 1 | 接通正转/断开停车命令 |
| 6 | P0702 | 12 | 2 | 接通反转/断开停车命令 1 |
| 7 | P0703 | 9 | 3 | 接通停车命令 2（按惯性自由停车） |
| 8 | P0004 | 0 | 10 | 命令组为设定值通道和斜坡函数发生器 |
| 9 | P1000 | 2 | 2 | 模拟设定值 |

### （二）软件设计

**1. 程序流程图**（如图 5-3-10）

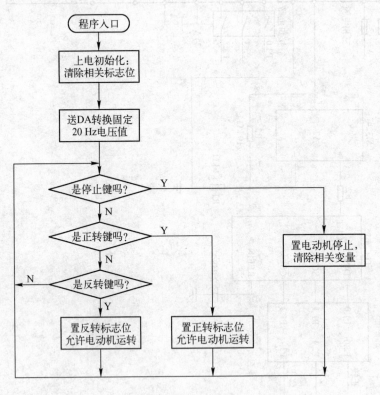

图 5-3-10　程序流程图

### 2. 参考程序

```c
#include <reg51.h>
#define uchar unsigned char
sbit key_z = P2^0;
sbit key_f = P2^1;
sbit key_stop = P2^2;
```

```
sbit run_z = P3^0;
sbit run_f = P3^1;
sbit run_stop = P3^2;

sbit TLC_SI = P1^0;                              //对应于 TLC5615 的 DIN 引脚
sbit TLC_SCLK = P1^1;                           //对应于 TLC5615 的 CLK 引脚
sbit TLC_CS = P1^2;                             //对应于 TLC5615 的 CS 引脚

unsigned char bdata dat;
sbit _dat0 = dat^0;
sbit _dat1 = dat^1;
sbit _dat2 = dat^2;
sbit _dat3 = dat^3;
sbit _dat4 = dat^4;
sbit _dat5 = dat^5;
sbit _dat6 = dat^6;
sbit _dat7 = dat^7;
void SPI_Write_Byte(unsigned char data_in)
/* ------------------------------------------------------------
```
TLC5615 是上升沿写入数据, 由于 TLC5615 最先写入的数据被放到移位寄存器的最左边而每次都是左移, 因此最先写入的位最后会被左移为最高位, 所以 1 字节的数据位中最高位应该最先被写入 TLC 5615 的移位寄存器
```
   ------------------------------------------------------------ */
{
    dat = data_in;
    TLC_SCLK = 0;TLC_SI = _dat7;TLC_SCLK = 1;
    TLC_SCLK = 0; TLC_SI = _dat6;TLC_SCLK = 1;
    TLC_SCLK = 0;TLC_SI = _dat5;TLC_SCLK = 1;
    TLC_SCLK = 0;TLC_SI = _dat4;TLC_SCLK = 1;
    TLC_SCLK = 0;TLC_SI = _dat3;TLC_SCLK = 1;
    TLC_SCLK = 0;TLC_SI = _dat2;TLC_SCLK = 1;
    TLC_SCLK = 0;TLC_SI = _dat1;TLC_SCLK = 1;
    TLC_SCLK = 0;TLC_SI = _dat0;TLC_SCLK = 1;
}
void D_A_Converter(unsigned int data_in)
{
    unsigned char h_data;
    unsigned char l_data;
    data_in <<= 2;
    h_data = (data_in >> 8);
    l_data = (0x00ff&data_in);
    TLC_SCLK = 0;TLC_CS = 0;
    SPI_Write_Byte(h_data);                     //高 8 位先送往 DAC
    SPI_Write_Byte(l_data);                     //低 8 位送往 DAC
    TLC_SCLK = 0;TLC_CS = 1;
}
/* 延时 --------------------1 ms 函数 --------------------- */
void delay(uchar n)
{
    unsigned char i;
    while(n --)
        for(i = 0; i < 123; i ++);
}
```

```
void main(void)
{
    D_A_Converter(400);                          //400×50 Hz/1 024=20 Hz
    while(1)
    {
        if(key_stop==0)
        {
            delay(10);                           //延时去抖动
            if(key_stop==0)
            {
                run_z=0;run_f=0;run_stop=1;
                while(key_stop==0);              //判键松开
            }
        }
        else if(key_z==0)
        {
            delay(10);
            if(key_z==0)
            {
                while(key_z==0);                 //判键松开
                run_z=1;run_f=0;run_stop=0;
            }
        }
        else if(key_f==0)
        {
            delay(10);
            if(key_f==0)
            {
                while(key_f==0);                 //判键松开
                run_z=0;run_f=1;run_stop=0;
            }
        }
        else;
    }
}
```

 思考与练习

### （一）简答题

（1）交流电动机的特点是什么？三相异步电动机的调速有几种方法？

（2）变频调速是如何实现三相异步电动机调速？

（3）画出电源、变频器和三相异步电动机的主电路接线原理图。

（4）D/A 转换器的概念是什么？简述它的主要性能指标。

### （二）实践题

（1）使用按钮及 D/A 转换器 TLC5615 完成 0 V、1 V、2 V、3 V、4 V、5 V 单极性直流电压选择性输出系统设计。

（2）使用 D/A 转换器 TLC5615 完成单极性方波、三角波和锯齿波 3 种电压波形选择输出。

# 任务4 分拣站单片机技术综合应用

学习目标

（1）了解分拣站的结构和工作过程。

（2）熟悉分拣站气动元件及控制回路组成及应用。

（3）掌握单片机外围接口增量式光电编码器、金属传感器的应用技术。

（4）进一步熟悉单片机综合系统的应用。

任务描述

（1）设备的工作目标是完成对白色芯的金属工件、白色芯的塑料工件和黑色芯的金属或塑料工件进行分拣。为了在分拣时准确推出工件，要求使用旋转编码器作定位检测。并且工件材料和芯体颜色属性应在推料气缸前的适当位置被检测出来。

（2）设备上电和气源接通后，若工作站的3个气缸均处于缩回位置，则按钮指示灯模块"正常工作"指示灯HL1常亮，表示设备准备好。否则，该指示灯以1 Hz频率闪烁。

（3）若设备准备好，按下启动按钮，系统启动，按钮指示灯模块"设备运行"指示灯HL2常亮。当传送带入料口人工放下已装配的工件时，变频器即启动，驱动传动电动机以频率固定为30 Hz的速度，把工件带往分拣区。

如果工件为白色芯的金属工件，则该工件对到达1号滑槽中间，传送带停止，工件对被推到1号槽中；如果工件为白色芯的塑料工件，则该工件对到达2号滑槽中间，传送带停止，工件对被推到2号槽中；如果工件为黑色芯，则该工件对到达3号滑槽中间，传送带停止，工件对被推到3号槽中。工件被推出滑槽后，该工作站的一个工作周期结束。仅当工件被推出滑槽后，才能再次向传送带下料。

如果在运行期间按下停止按钮，该工作站在本工作周期结束后停止运行。

相关知识

## （一）分拣站硬件组成

### 1. 分拣站的结构

分拣站完成对上一站送来的已加工、装配的工件进行分拣，使不同颜色的工件从不同的料槽分流。分拣站的机械结构总成如图5-4-1所示。

### 2. 传送和分拣机构

传送和分拣机构主要由传送带、出料滑槽、推料（分拣）气缸、漫射式光电传感器、光纤传感器、磁感应接近式传感器组成。当送来工件放到传送带上并为入料口光电传感器检测到时，即启动变频器，工件开始送入分拣区进行分拣。

三相电动机是传动机构的主要部分，电动机转速的快慢由变频器来控制。联轴器由于把电动机的轴和传送带主动轮的轴连接起来，从而组成一个传动机构。

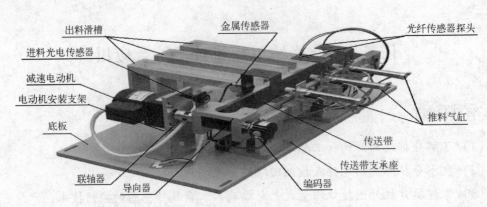

图 5-4-1　分拣站的机械结构总成

**3. 电磁阀组和气动控制回路**

　　分拣站的电磁阀组使用了 3 个由二位五通的带手控开关的单电控电磁阀，它们安装在汇流板上。这 3 个阀分别对金属、白料和黑料推动气缸的气路进行控制，以改变各自的动作状态。

**（二）增量式光电编码器简介**

　　光电编码器是一种通过光电转换，将输出轴上的机械几何位移量转换成脉冲或数字信号的传感器，主要用于机械运动的速度、位置、角度和距离的检测。按脉冲与对应位置（角度）的关系，光电编码器可分为增量式、绝对式以及将上述两者结合为一体的混合式 3 类。自动化生产线上常采用增量式光电编码器。

　　增量式光电编码器由光源、光敏元件、光栅盘和光电检测装置（透镜、光敏元件等）组成。光栅盘是在一定直径的圆板上等分地开通若干个长方形狭缝。由于光电码盘与电动机同轴，电动机旋转时，光栅盘与电动机同速旋转，经发光二极管等电子元件组成的检测装置检测输出两路相位相差 90° 的数字脉冲信号。其原理示意图如图 5-4-2 所示，通过计算每秒旋转编码器输出脉冲的个数就能反映当前电动机的转速。

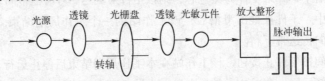

图 5-4-2　增量式光电编码器原理示意图

　　增量式光电编码器是直接利用光电转换原理输出 3 组方波脉冲 A 相、B 相和 Z 相。A、B两相脉冲相位差 90°，可方便地判断出旋转方向，当 A 相脉冲超前 B 相时，则为正转方向，而当 B 相脉冲超前 A 相时则为反转方向；Z 相用于基准点定位，用来指示机械位置或对累计量清零，圆盘每转动一周，只发出一个标志脉冲。脉冲的个数与位移量成比例关系，通过计算每秒光电编码器输出脉冲的个数就能反映当前电动机的转速。图 5-4-3 为增量式光电编码器鉴相输出波形图。

**（三）分拣站传感器应用**

　　电感式接近传感器是利用电涡流效应制造的传感器。电涡流效应是指：当金属物体处于一个交变的磁场中，在金属内部会产生交变的电涡流，该涡流又会反作用于产生它的磁场。如果这个交变的磁场是由一个电感线圈产生的，则这个电感线圈中的电流就会发生变化，用

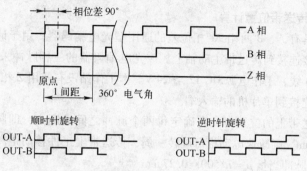

图 5-4-3　增量式光电编码器鉴相输出波形图

于平衡涡流产生的磁场。

利用这一原理，以高频振荡器（LC 振荡器）中的电感线圈作为检测元件，当被测金属物体接近电感线圈时产生了电涡流效应，引起振荡器振幅或频率的变化，由传感器的信号调理电路（包括检波、放大、整形、输出等电路）将该变化转换成开关量输出，从而达到检测目的。电感式接近传感器工作原理框图如图 5-4-4 所示。

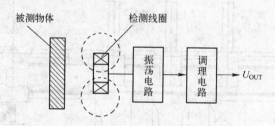

图 5-4-4　电感式接近传感器工作原理框图

电感式接近传感器在选用和安装中，必须认真考虑检测距离、设定距离，保证生产线上的传感器可靠动作。安装距离注意说明如图 5-4-5 所示。

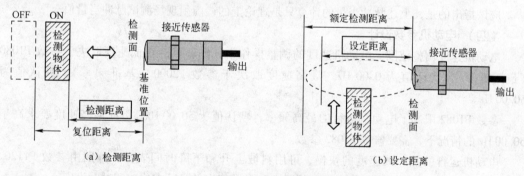

图 5-4-5　电感式接近传感器安装距离注意说明

 **任务实施**

### （一）　选择按钮指示灯模块

工作站的主令信号及运行过程中的状态显示信号，来源于该工作站的按钮指示灯模块。

### （二）　选择主机主控版和 I/O 口电平隔离板

选用生产线单站单片机控制系统的主机主控版和 I/O 口电平隔离板。

### （三）　分拣站传送带位置计算

分拣站使用了具有 A、B 两相 90°相位差的通用型光电编码器，用于计算工件在传送带上的位置。编码器直接连接到传送带主动轴上。该光电编码器的三相脉冲采用 NPN 型集电极开路输出，分辨率 500 线，工作电源 DC 12 ～ 24 V。本工作站没有使用 Z 相脉冲，A、B 两相输出端经过驱动电路连接到单片机的输入端。

计算工件在传送带上的位置时，需确定每两个脉冲之间的距离，即脉冲当量。分拣站主动轴的直径 $d = 43$ mm，则减速电动机每旋转一周，传送带上工件移动距离 $L = \pi d = 3.141\,5 \times 43 \approx 135.08$ mm。故脉冲当量 $\mu = L/500 \approx 0.27$ mm。

按如图 5-4-6 所示的安装尺寸，当工件从下料口中心线移动时：

移至第 1 个推杆中心点时，约发出 607 个脉冲；

移至第 2 个推杆中心点时，约发出 950 个脉冲；

移至第 3 个推杆中心点时，约发出 1 293 个脉冲。

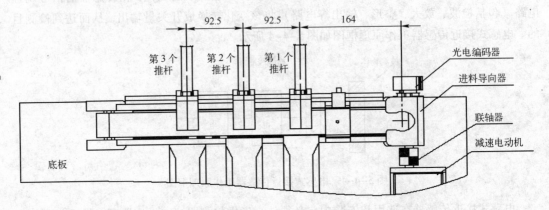

图 5-4-6　传送带位置计算图

应该指出的是，上述脉冲当量的计算只是理论上的，尚须现场测试脉冲当量值。

### （四）　电动机参数设计

电动机速度调整范围：电动机速度的调整操作中，电动机的最低速度取决于参数 P1080（最低频率），默认值为 0.00 Hz。最高速度取决于参数 P2000（基准频率），默认值为 50.00 Hz。

参数 P1082 限制了电动机运行的最高频率，默认值为 50.00 Hz。因此最高速度要求高于 50.00 Hz 的情况下，需要修改 P1082 参数。

电动机运行的加、减速度的快慢，可用斜坡上升和下降时间表征，分别由参数 P1120、P1121 设定。这两个参数均属于"设定值通道"参数组，并且可在快速调试时设定。

P1120 是斜坡上升时间，即电动机从静止状态加速到最高频率（P1082）所用的时间。设定范围为 0 ～ 650 s，默认值为 10 s。

P1121 是斜坡下降时间，即电动机从最高频率（P1082）减速到静止停车所用的时间。设定范围为 0 ～ 650 s，默认值为 10 s。

电动机参数设置见表 5-4-1 所示。

表 5-4-1 电动机参数设置

| 参数号 | 出厂值 | 设置值 | 说 明 |
|---|---|---|---|
| P0003 | 1 | 1 | 设用户访问级为标准级 |
| P0010 | 0 | 1 | 快速调试 |
| P0100 | 0 | 0 | 设置使用地区，0 表示欧洲，功率以 kW 表示，频率为 50 Hz |
| P0304 | 400 | 380 | 电动机额定电压（V） |
| P0305 | 1. 90 | 0. 18 | 电动机额定电流（A） |
| P0307 | 0. 75 | 0. 03 | 电动机额定功率（kW） |
| P0310 | 50 | 50 | 电动机额定频率（Hz） |
| P0311 | 1 395 | 1 300 | 电动机额定转速（r/min） |

## （五）分拣站参考单片机硬件电路

根据工作任务要求，分拣站装置侧的接线端口信号端子的分配如表 5-4-2 所示。

表 5-4-2 分拣站装置侧的接线端口信号端子的分配

| 输 入 信 号 | | | | 输 出 信 号 | | | |
|---|---|---|---|---|---|---|---|
| 序号 | 输入点 | 信号名称 | 信号来源 | 序号 | 输出点 | 信号名称 | 信号输出目标 |
| 1 | IN0 | 光电编码器 B 相 | | 1 | OUT0 | 电动机启动 | 变频器 |
| 2 | IN1 | 光电编码器 A 相 | | 2 | OUT1 | 黄灯 | |
| 3 | IN2 | 编码器 Z 相 | | 3 | OUT2 | 绿灯 | 信号指示模块 |
| 4 | IN3 | 进料口工件检测 | | 4 | OUT3 | 备用 | |
| 5 | IN4 | 金属传感器 | 装置侧 | 5 | OUT4 | 推杆 1 电磁阀 | |
| 6 | IN5 | 白料光纤传感器 1 | | 6 | OUT5 | 推杆 2 电磁阀 | 气缸 |
| 7 | IN6 | 光纤传感器 2 | | 7 | OUT6 | 推杆 3 电磁阀 | |
| 8 | IN7 | 推杆 1 推出到位 | | 8 | OUT7 | HL1_Y | |
| 9 | IN8 | 推杆 2 推出到位 | | 9 | OUT8 | HL2_G | 按钮/指示灯模块 |
| 10 | IN9 | 推杆 3 推出到位 | | 10 | OUT9 | HL3_R | |
| 11 | IN10 | 启动按钮 | | | | | |
| 12 | IN11 | 单站复位 | 按钮/指示灯模块 | | | | |
| 13 | IN12 | 急停按钮 | | | | | |
| 14 | IN13 | 单站/全线 | | | | | |

由于用于判别工件材料和芯体颜色属性的传感器只需安装在传感器支架上的金属传感器和一个白色光纤传感器 1，故光纤传感器 2 可不使用。其对应硬件电路图如图 5-4-7 所示。

## （六）系统软件设计

### 1. 设计要求

本项目工作任务仅要求以 30 Hz 的固定频率驱动电动机运转，只需用固定频率方式控制变频器即可。本例中，选用 MM420 的端子"5"（DIN1）作电动机启动和频率控制。

### 2. 程序流程图

程序流程图如图 5-4-8 所示。

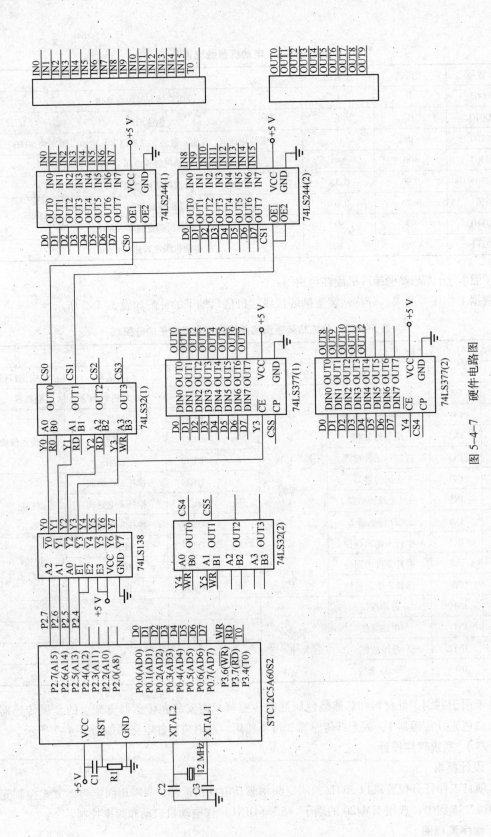

图 5-4-7　硬件电路图

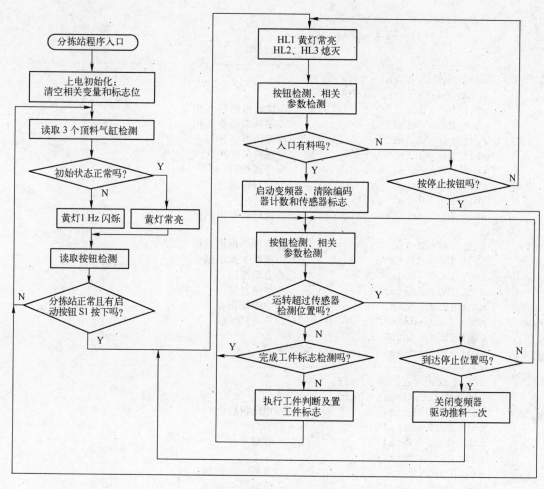

图 5-4-8　程序流程图

## 3. 参考程序

```
/* ------------------------------------------------------------
访问外部 IN0 ～ IN7 的地址为          0X0FFF
访问外部 IN8 ～ IN15 的地址为         0X2FFF
访问外部 IN16 ～ IN23 的地址为        0X4FFF
访问外部 OUT0 ～ OUT7 的地址为        0X6FFF
访问外部 OUT8 ～ OUT15 的地址为       0X8FFF
访问外部 OUT16 ～ OUT23 的地址为      0XAFFF
------------------------------------------------------------*/
#include <REG52.h>                //预处理命令，REG52.h 定义了单片机的 SFR
#include <ABSACC.h>
#define uint unsigned int
#define uchar unsigned char
#define ct    (TH1 * 256 + TL1)

/* --------------延时程序，n：入口参数，单位：1 ms ----------------------*/
void delay(uint n)
{
    uchar i;
```

```
    while(n -- )
        for(i = 0; i < 123; i ++);
}
/* ------------------------------------------------------------*/
uchar bdata data1 = 0xff;
uchar bdata data2 = 0xff;
sbit IN0 = data1^0;              //旋转编码器 B 相
sbit IN1 = data1^1;              //旋转编码器 A 相
sbit IN2 = data1^2;              //编码器 Z 相
sbit IN3 = data1^3;              //进料口工件检测
sbit IN4 = data1^4;              //金属检测
sbit IN5 = data1^5;              //白料检测
sbit IN6 = data1^6;              //
sbit IN7 = data1^7;              //推杆 1 推出到位

sbit IN8 = data2^0;              //推杆 2 推出到位
sbit IN9 = data2^1;              //推杆 3 推出到位
sbit IN10 = data2^2;             //启动按钮
sbit IN11 = data2^3;             //单站复位
sbit IN12 = data2^4;             //急停按钮
sbit IN13 = data2^5;             //单站/全线
sbit IN14 = data2^6;
sbit IN15 = data2^7;
/* ------------------------------------------------------------*/
uchar bdata data4 = 0xff;
uchar bdata data5 = 0xff;
sbit OUT0 = data4^0;             //电动机启动
sbit OUT1 = data4^1;             //黄灯
sbit OUT2 = data4^2;             //绿灯
sbit OUT3 = data4^3;             //
sbit OUT4 = data4^4;             //推杆 1 电磁阀
sbit OUT5 = data4^5;             //推杆 2 电磁阀
sbit OUT6 = data4^6;             //推杆 3 电磁阀
sbit OUT7 = data4^7;             //HL1_Y

sbit OUT8 = data5^0;             //HL2_G
sbit OUT9 = data5^1;             //HL3_R
sbit OUT10 = data5^2;            //
sbit OUT11 = data5^3;            //
sbit OUT12 = data5^4;            //
sbit OUT13 = data5^5;            //
sbit OUT14 = data5^6;            //
sbit OUT15 = data5^7;            //
/* ------------------------------------------------------------*/
uchar metal = 0;   //
uchar white = 0;   //
uchar black = 0;   //
uchar start = 0;
//start = 0; 黄灯常亮, 绿灯熄灭 start = 1; 黄灯 1 Hz 闪烁, 绿灯熄灭
//start = 2; HL3 亮 1 s, 灭 0.5 s, 黄灯常亮, 绿灯熄灭
//start = 3; HL3 亮 0.5 s, 灭 0.5 s, 黄灯绿灯常亮 start = 4; 黄灯熄灭, 绿灯常亮

uchar t_count = 0;
bit stop_key = 0;
```

```
bit start_key = 0;
bit reset_key = 0;
/* ------------------------T0 初始化 ------------------------*/
void initimer()
{
    TMOD = 0X51;
    TH0 = (65536 - 50000)/256;
    TL0 = (65536 - 50000)%256;
    EA = 1;ET0 = 1;ET1 = 1;TR0 = 1;TR1 = 1;
}
/* ------------------------T0 中断函数 ------------------------*/
void timer0() interrupt 1 using 1
{
    TH0 = (65536 - 50000)/256;
    TL0 = (65536 - 50000)%256;
    t_count ++ ;
    switch(start)
    {
        case 0 : OUT7 = 0;break;
        case 1 :
                if(t_count <10)
                  OUT7 = 0;
                else if(t_count <20)
                        OUT7 = 1;
                    else t_count = 0; OUT7 = 0;
                break;
            default : t_count = 0;break;
    }
    * ((char xdata *)0x8fff) = data5;
}
/* --------------------------------------------------*/
void main()                              //主函数名
{
    initimer();
    while(1)                             //条件为真，无限循环"{……}"里的语句
    {
        data1 = (* ((char xdata *)0x0fff));
        data2 = (* ((char xdata *)0x2fff));
/* ------------------------工作台初始状态判断 ------------------------*/
        while((IN10 ==1) || (IN3 ==1))
        {
            if(IN3 ==0)
                start = 0;               //黄灯常亮，绿灯熄灭
            else
                start = 1;               //黄灯 1 Hz 闪烁，绿灯熄灭
            data1 = (* ((char xdata *)0x0fff));
            data2 = (* ((char xdata *)0x2fff));
        }
/* ----------------工作台初始状态正常有启动按钮 ----------------*/
        start = 1;TH1 = 0;TL1 = 0;
        do
        {
            data1 = (* ((char xdata *)0x0fff));
            data2 = (* ((char xdata *)0x2fff));
```

```
/* ---------------------判下料---------------------------*/
            if(IN3 ==0)   //
            {   //
                delay(1000);TH1 =0;TL1 =0;
                OUT0 =0;                             //启动变频器
                *((char xdata *)0x6fff) =data4;
                do
                {
                    data1 =(*((char xdata *)0x0fff));
                    data2 =(*((char xdata *)0x2fff));
                }while(IN3 ==0);                     //判离开原点
                metal =0;
                white =0;
                do
                {
                    data1 =(*((char xdata *)0x0fff));
                    data2 =(*((char xdata *)0x2fff));
                    if(IN4 ==0)
                      metal =1;
                    if(IN5 ==0)
                      white =0;
                }while(ct >500);
                if((metal ==1)&&(ct >625))
                {
                    OUT0 =0;                         //关闭变频器
                    *((char xdata *)0x6fff) =data4;
                    delay(100);
                    OUT4 =0;                         //驱动金属气缸
                    *((char xdata *)0x6fff) =data4;
                    do
                    {
                      data1 =(*((char xdata *)0x0fff));
                      data2 =(*((char xdata *)0x2fff));
                    }while(IN7 ==1);                 //判推杆到位
                    OUT4 =0;                         //推杆缩回
                    *((char xdata *)0x6fff) =data4;
                    metal =0; white =0;
                }
                else if((white ==1)&&(ct >960))
                    {
                      OUT0 =0;                       //关闭变频器
                      *((char xdata *)0x6fff) =data4;
                      delay(100);
                      OUT5 =0;                       //驱动金属气缸
                      *((char xdata *)0x6fff) =data4;
                      do
                      {
                          data1 =(*((char xdata *)0x0fff));
                          data2 =(*((char xdata *)0x2fff));
                      }while(IN8 ==1);               //判推杆到位
                      OUT5 =0;                       //推杆缩回
                      *((char xdata *)0x6fff) =data4;
                      metal =0; white =0;
                    }
```

```
                else if((metal = 0)&&(white ==0)&&(ct >960))
                    {
                      OUT0 = 0;                        //关闭变频器
                       * ((char xdata * )0x6fff) = data4;
                      delay(100);
                      OUT6 = 0;                        //驱动金属气缸
                       * ((char xdata * )0x6fff) = data4;
                      do
                      {
                          data1 = ( * ((char xdata * )0x0fff));
                          data2 = ( * ((char xdata * )0x2fff));

                      }while(IN9 ==1);                 //判推杆到位
                      OUT6 = 0;                        //推杆缩回
                       * ((char xdata * )0x6fff) = data4;
                      metal = 0; white = 0;
                    }
                }
          }while(IN11 ==1);
           metal = 0; white = 0;
        }
    }
```

 思考与练习

### （一） 简答题

（1）简述分拣站的控制过程。

（2）分拣站中为什么要使用光电编码器？是如何安装的？

（3）如何判断金属、黑色和白色不同颜色工件？

### （二） 实践题

（1）在分拣站生产线上完成工件的传输。要求按照工件摆放顺序分别放置对应的出料滑槽。

（2）在分拣站生产线上完成金属工件传输。当检测为金属工件才允许输出到出料滑槽，其他时红色指示灯以 1 Hz 频率闪烁。

项 目 ⑥

➡ 自动化生产线工作站显示与通信接口技术应用

## 任务 1　显示接口技术与 A/D 转换技术实践与应用

### 学习目标

(1) 会依据任务要求选择合适显示器件。

(2) 了解点阵 LED 显示原理，会 LCD 系统应用。

(3) 熟悉 A/D 转换技术应用。

### 任务描述

要求在 128×64 点阵 LCD 液晶显示器上显示如图 6-1-1 所示内容。

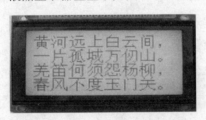

图 6-1-1　128×64 点阵 LCD 液晶显示器上显示的内容

### 相关知识

#### （一）点阵 LED 技术应用

**1. 8×8 点阵 LED 显示屏结构与显示原理**

LED 显示屏是利用发光二极管点阵模块或像素单元组成的平面式显示屏幕。它的基本组成为 8×8 点阵 LED。它具有发光效率高、使用寿命长、组态灵活、色彩丰富以及对室内外环境适应能力强等优点，广泛的应用于公共汽车、码头、商店、学校和银行等公共场合的信息发布和广告宣传。LED 显示屏经历了从单色、双色图文显示屏到现在的全彩色视频显示屏的发展过程。LED 显示屏基本组成单位为 8×8 点阵 LED，其电路结构图和实物图如图 6-1-2 所示。

从图 6-1-2 中可以得出，8×8 点阵共需要 64 个发光二极管组成，且每个发光二极管是放置在行线和列线的交叉点上，当对应的某一列置 0 电平，某一行置 1 电平，则相应的二极管就亮，因此，利用行线和列线的不同组合，8×8 点阵 LED 可以显示不同数字、汉字和图形。选用多片 8×8 点阵 LED 可组成 16×16 点阵 LED、32×32 点阵 LED 等，可以显示复杂图形和汉字。

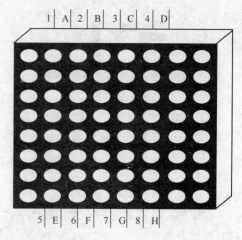

图 6-1-2　8×8 点阵 LED 结构电路结构图和实物图

### 2. 16×16 汉字的点阵显示原理及字库代码获取方法

由于 8×8 点阵 LED 像素较低，不能显示较为复杂的汉字。因此，通常采用 16×16 点阵 LED、32×32 点阵 LED 等 LED 显示屏来显示汉字。16×16 点阵 LED 显示屏子模块选用 4 片 8×8 点阵 LED 块拼成 1 个 16×16 点阵 LED 显示屏，用 1 片 51 单片机完成扫描动态显示。

国标汉字库中的每一个字均由 256（16×16）点阵 LED 来表示。可以把每一个点理解为一个像素，而把每一个字的字形理解为一幅图像。事实上这个汉字屏不仅可以显示汉字，也可以显示在 256 像素范围内的任何图形。

由于选用 8 位的 51 单片机控制，单片机的总线为 8 位，一个字 256（16×16）点阵共需 256/8=32 字节来描述，如图 6-1-3 所示。汉字可拆分为上部和下部，上部由 8×16 点阵组成，下部也由 8×16 点阵组成。

在图 6-1-3 中，对应列线（0～F）接低电平，对应行线（P0.7～P2.0）为高电平点亮对应像素，为低电平不亮。本图通过列扫描方法（依次输出"0"）显示汉字"我"。

首先显示左上角的第 0 列的上半部分（P0.7～P0.0 口），显示汉字"我"时，P0.2 点亮，得出 P0.7～P0.0=04H，第 0 列的下半部分 P2.5 点亮，得出 P2.7～P2.0=20H。当第 0 列显示完毕后，依次扫描下一列，从 0～F 反复循环，就可显示稳定的数据。下面是通过列扫描方法获取汉字"我"的代码。

```
/* -- 文字：我 -- 宋体 12；此字体下对应的点阵为：宽 × 高 =16×16 -- */
0x04,0x04,0x44,0x44,0x7F,0x84,0x84,0x04,0x04,0xFF,0x04,0x44,0x35,0x04,
0x04,0x00, //上半部
0x20,0x20,0x42,0x41,0xFE,0x80,0x80,0x08,0x08,0x10,0xE0,0x58,0x84,0x02,
0x0F,0x00; //下半部
```

由这个原理可以得出：无论显示何种字体或图像，都可以用这个方法来分析出它的扫描代码从而显示在屏幕上。上述方法虽然能够让我们弄清楚汉字点阵代码的获取过程，但是依靠人工方法获取汉字代码是一件非常烦琐的事情。为此，人们经常采用字库软件查找字符代码，十六进制数据的汉字代码即可自动生成，把所需要的竖排数据复制到程序中即可。图 6-1-4 所示为某种汉字取模软件界面，大家可从相关单片机网站下载。

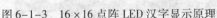

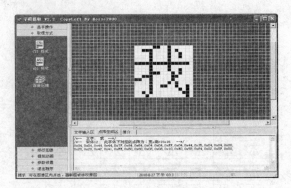

图 6-1-3　16×16 点阵 LED 汉字显示原理　　　　图 6-1-4　某种汉字取模软件界面

由于单片机驱动能力不强，因此驱动一列或一行时需外加驱动电路来提高电流，否则 LED 亮度会不足。

## （二）字符型 LCD1602 液晶显示器的相关知识及其应用

在小型的智能化电子产品中，若只显示数字，可选择普通的 7 段 LED 数码管，但若要显示英文字母或图像、汉字时，一般选用液晶显示器（英文缩写为 LCD）。LCD 常用的是字符模式 LCD 和点阵图形模式 LCD。

### 1. 字符型 LCD1602 概述

字符型液晶显示器是一类专门用于显示字母、数字、符号等的点阵型液晶显示器。目前常用的有 16 字×1 行、16 字×2 行、20 字×2 行和 40 字×2 行等的字符模组，它是由若干个 5×7 或 5×11 等点阵字符位组成。每一个点阵字符位都可以显示一个字符。点阵字符位之间空有一个点距的间隔，起到了字符间距和行距的作用。这些 LCD 虽然显示的字数各不相同，但是具有相同的输入/输出界面。目前最常用的字符型液晶显示器是日立公司 HD44780 及其替代品。因此本书介绍 HD44780 的应用。

HD44780 可实现字符移动、闪烁等功能。与 CPU 的数据传输可采用 8 位并行传输或 4 位并行传输两种方式。HD44780 不仅作为控制器，而且还具有驱动 40×16 点阵液晶像素的能力。HD44780 内部的自定义字符发生器 RAM（CGRAM）的部分未用位还可作一般数据存储器应用。

### 2. LCD1602 引脚描述

LCD1602 采用标准的 16 引脚接口，其引脚功能如表 6-1-1 所示

表 6-1-1　LCD1602 引脚功能

| 引脚号 | 符　号 | 功　能　说　明 |
|---|---|---|
| 1 | $V_{SS}$ | 电源地 |
| 2 | $V_{DD}$ | +5 V 电源 |
| 3 | $V_O$ | 液晶显示亮度调节。接 +5 V 电源对比度最低，接地最高，可接电位器 |
| 4 | RS | 寄存器选择（ =0：指令寄存器； =1：数据寄存器） |
| 5 | R/$\overline{W}$ | 读写位（ =0：写； =1：读） |
| 6 | E | 使能信号，R/$\overline{W}$=0，E 下降沿有效；R/$\overline{W}$=1，E 高电平有效 |
| 7～10 | DB0～DB3 | 数据总线。在与 CPU4 位传送时此 4 位不用 |
| 11～14 | DB4～DB7 | 数据总线 |
| 15 | LEDA | 背光电源线（接到 +5 V 或串联一个 10 Ω 左右电阻器接 +5 V，可调节亮度） |
| 16 | LEDK | 背光电源地线（接到 $V_{ss}$） |

### 3. HD44780 的内部结构

控制电路主要由指令寄存器（IR）、数据寄存器（DR）、忙标志（BF）、地址寄存器（AC）、显示数据寄存器（DDRAM）、字符发生器 ROM（CGROM）、字符发生器 RAM（CGRAM）和时序发生器电路构成。

（1）指令寄存器（IR）。用于寄存指令码。只能写入，不能读出。例如：清显示器指令等。

（2）数据寄存器（DR）。用于寄存 DDRAM 和 CGRAM 写入或读出的数据。

（3）忙标志（BF）。BF = 1 时，表示正在进行内部操作，此时 LCD 不接受任何外部数据和指令。当 RS = 0，R/$\overline{\text{W}}$ = 1 时，在 E 信号高电平的作用下，BF 输出到 DB7。

（4）地址计数器（AC）。AC 地址计数器为 DDRAM 和 CGRAM 的地址指针，具有自动加 1 和减 1 的功能。

（5）显示数据寄存器（DDRAM）。液晶显示器的显示方式有整屏显示或单独显示两种，整屏显示是将所要显示的数据一次性发送到显示数据 RAM 中。而单独显示是在屏幕上的指定位置进行。

要想把显示字符显示在某一指定位置，就必须先将显示数据写在相应的 DDRAM 地址中。因此，在指定位置显示一个字符，需要两个步骤：写地址和写数据。

DDRAM 用来存放要 LCD 显示的数据，只要将标准的 ASCII 码送入 DDRAM，内部，控制电路会自动将数据传送到显示器上，例如：要 LCD 显示字符"A"，则只需将 ASCII 码"41H"存入 DDRAM 即可。DDRAM 有 80 字节空间，共可显示 80 个字（每个字为 1 字节），其存储器地址与实际显示位置的排列顺序与液晶显示器型号有关，DDRAM 地址与字符位置的对应关系如下：

① 1 行显示对应关系：

| 字符显示位置 | 1 | 2 | 3 | …… | 78 | 79 | 80 |
|---|---|---|---|---|---|---|---|
| 第 1 行 | 00 | 01 | 02 | …… | 65 | 66 | 67 |

注：前 40 字符和后前 40 字符 DDRAM 地址不连续（地址为十六进制）

② 2 行显示对应关系

| 字符显示位置 | 1 | 2 | 3 | …… | 38 | 39 | 40 |
|---|---|---|---|---|---|---|---|
| 第 1 行 | 00 | 01 | 02 | …… | 25 | 26 | 27 |
| 第 2 行 | 40 | 41 | 42 | …… | 65 | 66 | 67 |

③ 4 行显示对应关系

| 字符显示位置 | 1 | 2 | 3 | …… | 18 | 19 | 20 |
|---|---|---|---|---|---|---|---|
| 第 1 行 | 00 | 01 | 02 | …… | 11 | 12 | 13 |
| 第 2 行 | 40 | 41 | 42 | …… | 51 | 52 | 53 |
| 第 3 行 | 14 | 15 | 16 | …… | 25 | 26 | 27 |
| 第 4 行 | 54 | 55 | 56 | …… | 65 | 66 | 67 |

这种地址分配是 HD44780 内定的，是不可更改的。

### 4. 字符发生器 ROM（CGROM）

HD44780 中集成了两个字符发生器：一个是 64 字节的字符发生器 CGRAM，另一个是

1 240 字节的字符发生器 CGROM。字符发生器 CGROM 中存放了一些标准字符点阵，统称为标准字符库，如图 6-1-5 所示，需要时可直接调用。如字符"A"的地址为 41H。字符发生器 CGRAM 是用于用户编写特殊字符的，这里不作介绍，读者可参考 HD44780 使用手册。

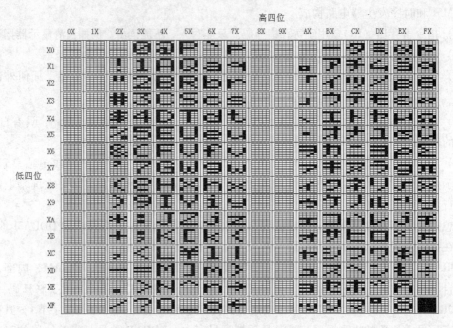

图 6-1-5    HD44780 标准字字库

### 5. HD44780 的指令

HD44780 的指令集见表 6-1-2，共有 11 条指令。

表 6-1-2    HD44780 的指令集

| 指令名称 | 控制信号 | | 指令代码 | | | | | | | | 运行时间 | 功能 |
|---|---|---|---|---|---|---|---|---|---|---|---|---|
| | RS | R/$\overline{W}$ | D7 | D6 | D5 | D4 | D3 | D2 | D1 | D0 | | |
| 清屏 | 0 | 0 | 0 | 0 | 0 | 0 | 0 | 0 | 0 | 1 | 1.64 ms | 清除屏幕，空码送 DDRAM，AC = 0 |
| 归位 | 0 | 0 | 0 | 0 | 0 | 0 | 0 | 0 | 1 | * | 1.64 ms | AC = 0，光标、显示回到原始位置上 |
| 设置输入模式 | 0 | 0 | 0 | 0 | 0 | 0 | 0 | 1 | I/D | S | 40 μs | 设置光标、显示画面移动方向：<br>I/D = 1：数据读、写后，AC + 1；<br>I/D = 0：数据读、写后，AC − 1；<br>S = 1：数据读、写后，画面平移；<br>S = 0：数据读、写后，画面不动 |
| 显示开关控制 | 0 | 0 | 0 | 0 | 0 | 0 | 1 | D | C | B | 40 μs | 设置光标、显示、闪烁开关：<br>D = 1：显示开；D = 0：显示关；<br>C = 1：光标开；C = 0：光标关；<br>B = 1：闪烁开；B = 0：闪烁关 |
| 光标、显示画面位移 | 0 | 0 | 0 | 0 | 0 | 1 | S/C | R/L | * | * | 40 μs | 在不改变 DDRAM 内容下移动光标：<br>S/C = 1：画面平移 1 个字符；<br>S/C = 0：光标平移 1 个字符；<br>R/L = 1：右移；<br>R/L = 0：左移 |

| 指令名称 | 控制信号 | | 指令代码 | | | | | | | | 运行时间 | 功 能 |
|---|---|---|---|---|---|---|---|---|---|---|---|---|
| | RS | R/$\overline{W}$ | D7 | D6 | D5 | D4 | D3 | D2 | D1 | D0 | | |
| 功能设置 | 0 | 0 | 0 | 0 | 1 | DL | N | F | * | * | 40 μs | 工作方式设置（初始化设置）：<br>DL = 1：8 位数据接口设置；<br>DL = 0：4 位数据接口设置；<br>N = 1：2 行显示；<br>N = 0：1 行显示；<br>F = 1：5×10 点阵显示；<br>F = 0：5×7 点阵显示 |
| CGRAM<br>地址设置 | 0 | 0 | 0 | 1 | A5 | A4 | A3 | A2 | A1 | A0 | 40 μs | 设置 CGRAM 地址 6 位有效 |
| DDRAM<br>地址设置 | 0 | 0 | 1 | A6 | A5 | A4 | A3 | A2 | A1 | A0 | 40 μs | 设置 DDRAM 地址 7 位有效：<br>第 1 行地址：80H～8FH；<br>第 2 行地址：C0H～CFH |
| 忙标志<br>及 AC 值 | 0 | 1 | BF | AC6 | AC5 | AC4 | AC3 | AC2 | AC1 | AC0 | 40 μs | 读 BF 及地址计数器 AC 值；<br>BF = 1：忙；BF = 0：准备好 |
| 写数据 | 1 | 0 | | | | 数据 | | | | | 40 μs | 把数据写入 DDRAM 或 CGRAM |
| 读数据 | 1 | 1 | | | | 数据 | | | | | 40 μs | 从 DDRAM 或 CGRAM 读数据 |

**6. LCD 初始化流程**

（1）功能（001DL N F ＊＊）设置：设置单片机与 LCD 接口数据位数 DL、显示行数 N、字形 F。例如：0011 1000B（38H）　//设置 8 位数据位数、2 行显示、5×7 点阵显示。

（2）显示开关（0000 1DCB）控制：设置整体显示开关 D、光标开关 C、字符闪烁 B。例如：00001100B（0CH）　//设置打开 LCD 显示、光标不显示、光标位字符不闪烁。

（3）清屏（01H）：光标设置为左上角。（第 1 行第 1 列）

（4）输入方式（0000 01I/D S）设置：设置光标移动方向并确定整体显示是否移动。例如：00000110B（06H）　//设置光标增量方式右移，显示字符不移动。

**7. LCD1602 液晶显示器应用**

【例 6-1-1】在 LCD1602 上，第 1 行显示"－－－－Welcome! －－－－"，第 2 行显示"时、分、秒"时间。

解：

（1）硬件连接。LCD1602 与单片机的连接如图 6-1-6 所示。采用 8 位数据传送方式，每行 16 个显示字符，$f_{osc}$ = 12 MHz。

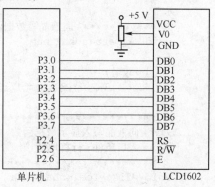

图 6-1-6　LCD1602 与单片机的连接

（2）参考程序如下：

```
#include < reg52.h >
#define uchar unsigned char
#define uint unsigned int
uchar code Welcome[16] = {"----Welcome!----"};   //定义第 1 行显示数组
```

```
uchar data lcdtimer[16] = {"----00:00:00----"};//定义第 2 行显示数组，对应
                                                              "时：分：秒"
bit timeflag;
sbit RS = P2^4;
sbit RW = P2^5;
sbit E = P2^6;
uchar timecount = 100;
// ***********************************************************
// ** 软件延时程序 (系统晶振频率为 12 MHz), 延时时间约 40 μs
// ** 入口条件: 无符号整型变量 m, 最终延时时间 = (m×40 μs)
// ***********************************************************
void delay(uint m)
{
    uchar n;
    for(;m > 0;m --)
        for(n = 10;n > 0;n --);
}
// *********** 液晶判忙程序 ************************************
void busy()
{
    uchar temp;
    temp = 0x00;RS = 0;RW = 1;
    while((temp&0x80) == 0x80);
    {
        P3 = 0xff;E = 1;temp = P3;E = 0;
    }
}
// *********** 向液晶写命令函数 *******************************
void WR_Com(uchar temp)
{
    busy();
    RS = 0;RW = 0;P3 = temp;E = 1;E = 0;
}
// *********** 向液晶写数据函数 *******************************
void WR_Data(uchar num)
{
    busy();
    RS = 1;RW = 0;P3 = num;E = 1;E = 0;
}
// ***********************************************************
// ** 向液晶写入显示数据函数
// ** 入口条件: 行首地址 (第 1 行还是第 2 行) 和待显示数组的首地址
// ***********************************************************
void  disp_lcd(uchar addr, uchar *temp1)
{
    uchar i;
    WR_Com(addr);
    delay(100);
    for(i = 0; i < 16; i ++)
    {
        WR_Data(temp1[i]);
        delay(100);
    }
}
```

```c
// *****************************************************************
// ** 液晶初始化函数
// *****************************************************************
void lcd_ini()
{
    char i;
    for(i =3; i >0; i --)
    {
        P3 =0x38;RS =0;RW =0;E =1;E =0;
        delay(100);
    }
}
// *****************************************************************
// ** 液晶复位函数
// *****************************************************************
void lcd_reset()
{
    WR_Com(0x01);      delay(100);
    WR_Com(0x06);      delay(100);
    WR_Com(0x0c);      delay(100);
}
// *****************************************************************
// ** 定时器/计数器中断函数 10 ms 一次
// *****************************************************************
void timer0() interrupt 1
{
    TH0 = (65536 -10000)/256;
    TL0 = (65536 -10000)% 256;
    if((--timecount) ==0)
    {
        timecount =100;                    //重装定时常数
        timeflag =1;
    }
}
// *****************************************************************
// ** 主函数
// *****************************************************************
void main()
{
    lcd_ini();                             //液晶初始化
    lcd_reset();                           //复位
    disp_lcd(0x80, welcome);               //第 1 行显示
    disp_lcd(0xc0, lcdtimer);              //第 2 行显示
    TMOD = 0x01;                           //定时器初始化
    TH0 = (65536 -10000)/256;              //定时常数 =10 ms 一次
    TL0 = (65536 -10000)% 256;
    TR0 =1;
    IE = 0x82;                             //中断开放
    timeflag =0;                           //初始值
    timecount =100;                        //定时中断计数单元(0~100 次 * 10 ms)
    while(1)
    {
        if(timeflag ==1)
        {
```

```
                timeflag=0;                      //到1s(0x30～0x39)→(0～9)
                lcdtimer[11]+=1;                 //秒个位(0x30～0x39)→(0～9)
                if(lcdtimer[11]>=0x3a)
                {
                    lcdtimer[11]=0x30;
                    lcdtimer[10]+=1;             //秒十位(0x30～0x35)→(0～5)
                    if(lcdtimer[10]>=0x36)
                    {
                        lcdtimer[10]=0x30;
                        lcdtimer[8]+=1;          //分个位(0x30～0x39)→(0～9)
                        if(lcdtimer[8]>=0x3a)
                        {
                            lcdtimer[8]=0x30;
                            lcdtimer[7]+=1;       //分十位(0x30～0x35)→(0～5)
                            if(lcdtimer[7]>=0x36)
                            {                            //20～23h
                                lcdtimer[7]=0x30;
                                lcdtimer[5]+=1;          //时个位+1:(0～3)或(0～9)
                                if(lcdtimer[4]==0x32)
                                {
                                    if(lcdtimer[5]>=0x34)   //判20～24h
                                    {
                                        lcdtimer[5]=0x30;    //小时个位清0
                                        lcdtimer[4]=0x30;    //小时十位清0
                                    }
                                }
                                else
                                {                            //0～19h
                                    if(lcdtimer[5]>=0x3a)
                                    {
                                        lcdtimer[5]=0x30;
                                        lcdtimer[4]+=1; //时十位+1:(0～2)或(0～9)
                                    }
                                }
                            }
                        }
                    }
                }
                disp_lcd(0xc0,lcdtimer);                      //1s送一次显示
            }
        }
    }
```

### （三） 带中文字库的 LCD12864 液晶显示器的相关知识及其应用

**1. 带中文字库的 LCD12864 液晶显示器概述**

汉字图形点阵液晶显示器可以分为内带字库和不带字库两种。内带中文字库液晶显示模块采用 ST7920 控制芯片，该模块的主要特性有：

（1）汉字显示：内置汉字字库，可提供 8 192 个 16×16 点阵中文汉字（简体）。

（2）半宽字符显示：内置 128 个 8×16 点阵字符。

（3）绘图显示：提供 64×256 点阵绘图区域（GDRAM）。

（4）自定义区域：含 CGRAM 提供 2 组软件可编程的 16×16 点阵造字功能。

（5）电源：+5V单电源；显示分辨率：128×64点；与MCU接口：8/4位并行方式或3位串行方式。

**2. LCD12864液晶显示器引脚说明**

LCD12864液晶显示器有20个引脚，其引脚说明如表6–1–3所示。

表6–1–3 LCD12864液晶显示器引脚说明

| 引脚号 | 引脚名称 | 逻辑电平 | 功 能 说 明 |
| --- | --- | --- | --- |
| 1 | $V_{ss}$ | 0 V | 模块的电源地 |
| 2 | $V_{DD}$ | 3～5 V | 模块的电源正端 |
| 3 | $V_0$ | 0～5 V | LCD驱动电压输入端 |
| 4 | RS（CS） | H/L | （1）并行的指令/数据选择信号。RS=1，选择数据寄存器；RS=0，选择指令寄存器；<br>（2）串行的片选信号，高电平有效 |
| 5 | R/W（SID） | H/L | （1）R/W=1，E=1时，从LCD模块中读数据；<br>R/W=0，E由1→0时，DB0～DB7的数据写到IR或DR。<br>（2）串行传输的数据口 |
| 6 | E（SCLK） | H/L | （1）使能信号：E=1时，从LCD模块中读数据；<br>E由1→0时，DB0～DB7的数据写到IR或DR；<br>E由0→1时，无动作。<br>（2）串行的同步时钟 |
| 7～14 | DB0～DB7 | H/L | 三态数据线 |
| 15 | PSB | H/L | 并/串行端口选择：=1，并行；=0，串行 |
| 16 | NC | — | 空引脚 |
| 17 | $\overline{RST}$ | H/L | 复位端，低电平有效。模块内部有上电复位电路，因此在不需要复位的场合可将该端悬空 |
| 18 | NC | — | 空引脚 |
| 19 | LED_A | $V_{DD}$ | 背光源正极（LED+5V） |
| 20 | LED_K | $V_{ss}$ | 背光源负极（LED–0V） |

**3. 连接方式**

模块有并行和串行两种连接方法（时序如下）：

（1）8位并行连接时序图。并行连接时序如图6–1–7和图6–1–8所示。

（2）串行连接时序图。串行连接时序图如图6–1–9所示。

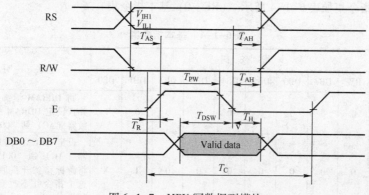

图6–1–7 MPU写数据到模块

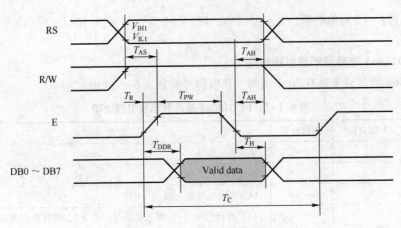

图 6-1-8　MPU 从模块读数据

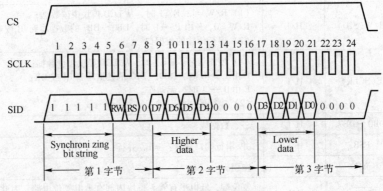

图 6-1-9　串行连接时序图

串行数据传送共分 3 字节完成：

第 1 字节：串行端口控制。格式 11111AB0。

RW 为数据传送方向控制：H 表示数据从 LCD 到 MCU，L 表示数据从 MCU 到 LCD。

RS 为数据类型选择：H 表示数据是显示数据，L 表示数据是控制指令。

第 2 字节：（并行）8 位数据的高 4 位。格式 DDDD0000。

第 3 字节：（并行）8 位数据的低 4 位。格式 DDDD0000。

**4. 用户指令集**

（1）基本指令集如表 6-1-4 所示。（RE = 0：基本指令集）

表 6-1-4　基本指令集

| 指　令 | 指　令　码 | | | | | | | | | 说　　明 | 执行时间 |
| --- | --- | --- | --- | --- | --- | --- | --- | --- | --- | --- | --- |
| | RS | RW | DB7 | DB6 | DB5 | DB4 | DB3 | DB2 | DB1 | DB0 | | |
| 清除显示 | 0 | 0 | 0 | 0 | 0 | 0 | 0 | 0 | 0 | 1 | 将 DDRAM 填满 "20H"，并且设定 DDRAM 的地址计数器（AC）到 "00H" | 4.6 ms |
| 地址归位 | 0 | 0 | 0 | 0 | 0 | 0 | 0 | 0 | 1 | X | 设定 DDRAM 的地址计数器（AC）到 "00H"，并且将游标移到开头原点位置；这个指令并不改变 DDRAM 的内容 | 4.6 ms |

| 指令 | 指令码 | | | | | | | | | | 说明 | 执行时间 |
|---|---|---|---|---|---|---|---|---|---|---|---|---|
| | RS | RW | DB7 | DB6 | DB5 | DB4 | DB3 | DB2 | DB1 | DB0 | | |
| 进入模式设定 | 0 | 0 | 0 | 0 | 0 | 0 | 0 | 1 | I/D | S | 设定游标移动方向及指定显示的移位：<br>I/D = 1：光标右移；<br>I/D = 0：光标左移；<br>S = 1：允许屏幕上文字移动；<br>S = 0：禁止屏幕上文字移动 | 72 μs |
| 显示状态开/关 | 0 | 0 | 0 | 0 | 0 | 0 | 1 | D | C | B | D = 1：整体显示 ON；<br>C = 1：游标 ON；<br>B = 1：游标位置 ON | 72 μs |
| 游标或显示移位控制 | 0 | 0 | 0 | 0 | 0 | 1 | S/C | R/L | X | X | 设定游标的移动与显示的移位控制位元；这个指令并不改变 DDRAM 的内容 | 72 μs |
| 功能设定 | 0 | 0 | 0 | 0 | 1 | DL | X | RE | X | X | DL = 0/1：4/8 位数据；<br>RE = 1：扩充指令集动作；<br>RE = 0：基本指令集动作 | 72 μs |
| 设定 CGRAM 地址 | 0 | 0 | 0 | 1 | AC5 | AC4 | AC3 | AC2 | AC1 | AC0 | 设定 CGRAM 地址到地址计数器（AC） | 72 μs |
| 设定 DDRAM 地址 | 0 | 0 | 1 | AC6 | AC5 | AC4 | AC3 | AC2 | AC1 | AC0 | 设定 DDRAM 地址到地址计数器（AC） | 72 μs |
| 读取忙标志 BF 和地址 | 0 | 1 | BF | AC6 | AC5 | AC4 | AC3 | AC2 | AC1 | AC0 | 读取忙碌标志（BF）可以确认内部动作是否完成，同时可以读出地址计数器（AC）的值 | 0 μs |
| 写数据到 RAM | 1 | 0 | D7 | D6 | D5 | D4 | D3 | D2 | D1 | D0 | 写入数据到内部的 RAM（DDRAM/CGRAM/IRAM/GDRAM） | 72 μs |
| 读出 RAM 值 | 1 | 1 | D7 | D6 | D5 | D4 | D3 | D2 | D1 | D0 | 从内部 RAM 读取数据（DDRAM/CGRAM/IRAM/GDRAM） | 72 μs |

（2）扩充指令集如表 6-1-5 所示。（RE = 1：扩充指令集）

表 6-1-5　扩充指令集

| 指令 | 指令码 | | | | | | | | | | 说明 | 执行时间 |
|---|---|---|---|---|---|---|---|---|---|---|---|---|
| | RS | RW | DB7 | DB6 | DB5 | DB4 | DB3 | DB2 | DB1 | DB0 | | |
| 待命模式 | 0 | 0 | 0 | 0 | 0 | 0 | 0 | 0 | 0 | 1 | 将 GDRAM 填满 "20H"，并且设定 GDRAM 的地址计数器（AC）到 "00H" | 72 μs |

项目 6　自动化生产线工作站显示与通信接口技术应用

| 指　令 | 指　令　码 | | | | | | | | | | 说　明 | 执行时间 |
|---|---|---|---|---|---|---|---|---|---|---|---|---|
| | RS | RW | DB7 | DB6 | DB5 | DB4 | DB3 | DB2 | DB1 | DB0 | | |
| 卷动地址或 IRAM 地址选择 | 0 | 0 | 0 | 0 | 0 | 0 | 0 | 0 | 1 | SR | SR = 1：允许输入垂直卷动地址；<br>SR = 0：允许输入 IRAM 地址 | 72 μs |
| 反白选择 | 0 | 0 | 0 | 0 | 0 | 0 | 0 | 1 | R1 | R0 | R1R0：选择 4 行中的任一行作反白显示，并可决定反白与否 | 72 μs |
| 睡眠模式 | 0 | 0 | 0 | 0 | 0 | 0 | 1 | SL | X | X | SL = 1：脱离睡眠模式；<br>SL = 0：进入睡眠模式 | 72 μs |
| 扩充功能设定 | 0 | 0 | 0 | 0 | 1 | 1 | X | RE | G | 0 | RE = 1：扩充指令集；<br>RE = 0：基本指令集；<br>G = 1：绘图显示 ON；<br>G = 0：绘图显示 OFF | 72 μs |
| 设定 IRAM 地址或卷动地址 | 0 | 0 | 0 | 1 | AC5 | AC4 | AC3 | AC2 | AC1 | AC0 | SR = 1：AC5 ～ AC0 为垂直卷动地址；<br>SR = 0：AC3 ～ AC0 为 ICON IRAM 地址 | 72 μs |
| 设定绘图 RAM 地址 | 0 | 0 | 1 | 0<br>AC6 | 0<br>AC5 | 0<br>AC4 | AC3<br>AC3 | AC2<br>AC2 | AC1<br>AC1 | AC0<br>AC0 | 设定 GDRAM：先设定垂直（列）地址 AC6AC5…AC0，再设定水平（行）地址 AC3AC2AC1AC0，将以上 16 位地址连续写入 | 72 μs |

（3）应用说明：

① 使用前必须对液晶显示器进行初始化设置。

② 当模块在接受指令前，微处理器必须先确认模块内部处于非忙碌状态，即读取 BF 标志时 BF 须为 0，方可接受新的指令；如果在送出一个指令前并不检查 BF 标志，那么在前一个指令和这个指令中间必须延迟一段较长的时间。

③ 显示中文字符时，应先设定显示字符位置（地址），再写入中文字符编码。

④ 显示 ASCII 字符过程与显示中文字符过程相同，不过在显示连续字符时，只须设定一次显示地址，由模块自动对地址加 1 指向下一个字符位置，否则，显示的字符中将有一个空 ASCII 字符位置。

⑤ 当字符编码为 2 字节时，应先写入高位字节，后写入低位字节。

⑥ RE 为基本指令集与扩充指令集的选择控制位元，当变更 RE 位元后，往后的指令集将维持在最后的状态，除非再次变更 RE 位元，使用相同指令集时，不需每次重设 RE 位元。

**5. 显示坐标关系**

（1）128×64 点阵图形显示坐标如图 6-1-10 所示，坐标从左向右，GDRAM 高位在左，低位在右。垂直方向（Y）分为上半屏和下半屏，以位为单位。水平方向（X）以字节单位，分为上半屏 00 ～ 07、下半屏 08 ～ 0F 两部分。绘图 RAM 的地址计数器（AC）只会对水平地址（X 轴）自动加 1，当水平地址 = 0FH 时会重新设为 00H，但并不会对垂直地址做进位自动加 1，故当连续写入较多资料时，程序需自行判断垂直地址是否需重新设定。

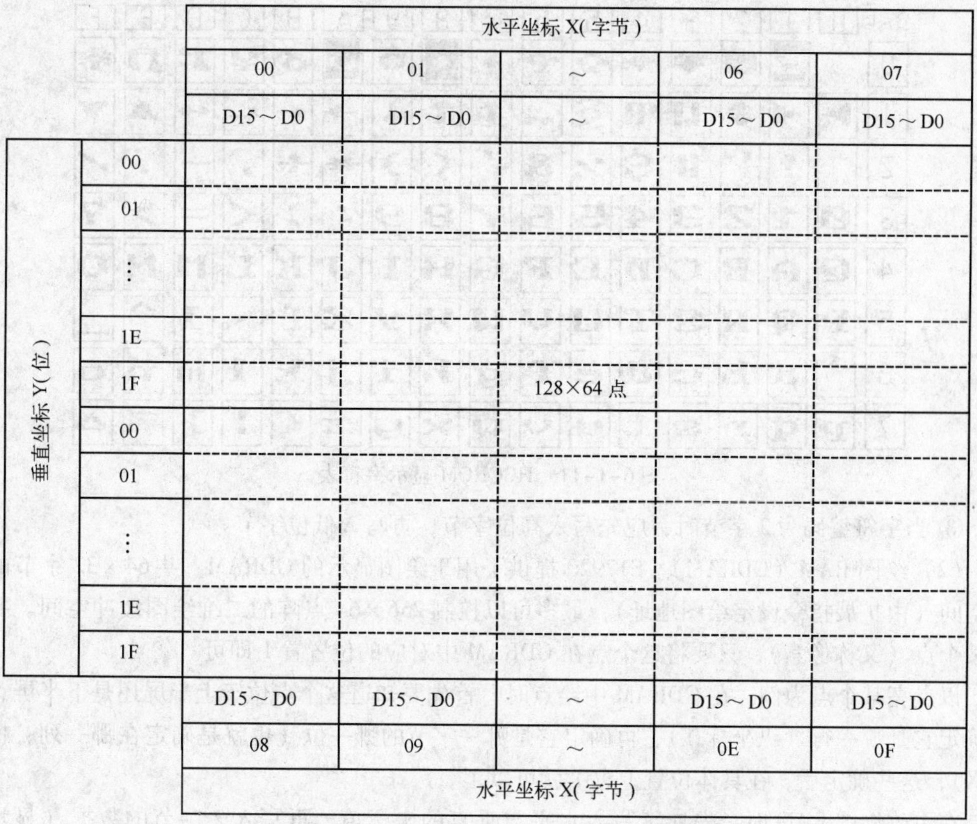

| | 水平坐标 X( 字节 ) | | | | |
|---|---|---|---|---|---|
| | 00 | 01 | ~ | 06 | 07 |
| | D15～D0 | D15～D0 | ~ | D15～D0 | D15～D0 |
| 垂直坐标 Y( 位 ) | 00 | | | | |
| | 01 | | | | |
| | ⋮ | | | | |
| | 1E | | | | |
| | 1F | | 128×64 点 | | |
| | 00 | | | | |
| | 01 | | | | |
| | ⋮ | | | | |
| | 1E | | | | |
| | 1F | | | | |
| | D15～D0 | D15～D0 | ~ | D15～D0 | D15～D0 |
| | 08 | 09 | ~ | 0E | 0F |
| | 水平坐标 X( 字节 ) | | | | |

图 6-1-10    128×64 点阵图形显示坐标

（2）汉字显示坐标如表 6-1-6 所示。

表 6-1-6    汉字显示坐标

| Line1 | 80H | 81H | 82H | 83H | 84H | 85H | 86H | 87H |
|---|---|---|---|---|---|---|---|---|
| Line2 | 90H | 91H | 92H | 93H | 94H | 95H | 96H | 97H |
| Line3 | 88H | 89H | 8AH | 8BH | 8CH | 8DH | 8EH | 8FH |
| Line4 | 98H | 99H | 9AH | 9BH | 9CH | 9DH | 9EH | 9FH |

### 6. HCGROM 显示字符表

显示 HCGROM 字符显示表如图 6-1-11 所示。代码（02H ～ 7FH）。

### 7. 显示 RAM

（1）文本显示 RAM（DDRAM）。每屏可显示 4 行 8 列共 32 个 16×16 点阵的汉字，每个显示 RAM 可显示一个中文字符或两个 16×8 点阵 ASCII 字符。

① 想在某一个位置显示中文字符时，应先设定显示字符位置，即先设定显示地址，再写入中文字符编码。

② 显示 ASCII 字符过程与显示中文字符过程相同。不过在显示连续字符时，只须设定一次显示地址，由模块自动对地址加 1 指向下一个字符位置，否则，显示的字符中将会有一个空 ASCII 字符位置。

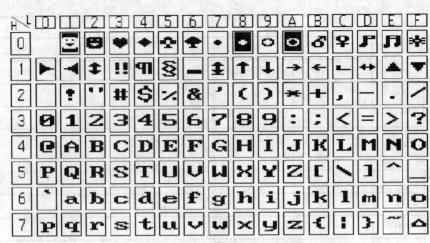

图 6-1-11　HCGROM 显示字符表

③ 当字符编码为 2 字节时，应先写入高位字节，再写入低位字节。

（2）绘图 RAM（GDRAM）。ST7920 提供了用于绘图显示的 GDRAM。共 $64 \times 32$ 字节的记忆空间（由扩展指令设定绘图地址），最多可以控制 $256 \times 64$ 点阵的二维绘图缓冲空间。要点亮某个点（又称像素），只要将这个点在 GDRAM 中对应的位置置 1 即可。

以点亮某个点为例。在 GDRAM 中绘点时，首先要知道这个点位于上半屏还是下半屏，然后确定它是哪一行（纵坐标 Y），再确定它是哪一字节的哪一位（也就是确定在哪一列，横坐标 X），这些确定后，在具体位置上置 1 就可以了。

在更改绘图 RAM 时，先连续写入水平与垂直的坐标值，再写入 2 字节的数据（显示内容）到绘图 RAM，而地址计数器（AC）会自动加 1；在写入绘图 RAM 的期间，绘图显示必须关闭，整个写入绘图 RAM 的步骤如下：

① 关闭绘图显示功能。

② 先将垂直的坐标（Y）写入绘图 GDRAM 地址；再将水平的坐标（X）写入绘图 GDRAM 地址（连续写入）。

③ 将 D15 ～ D8 写到 GDRAM 中；将 D7 ～ D0 写到 GDRAM 中；此时水平坐标地址计数器（AC）会自动加 1。

④ 打开绘图显示功能。绘图显示的缓冲区对应分布请参考"显示坐标"。

（3）游标/闪烁控制。ST7920A 提供硬件游标及闪烁控制电路，由地址计数器（AC）的值来指定 DDRAM 中的游标或闪烁位置。

 **任务实施**

**（一）硬件电路设计**

硬件电路如图 6-1-12 所示。LCD 与单片机采用 8 位数据并行端口连接，LCD 选用 $128 \times 64$ 点阵内带字库形式，可显示汉字、图形等内容。

**（二）软件设计**

**1. 程序流程图**

程序流程图如图 6-1-13 所示。显示中只要把显示内容发送到对应 DDRAM 地址区域就可显示汉字等内容。

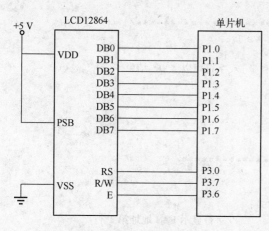

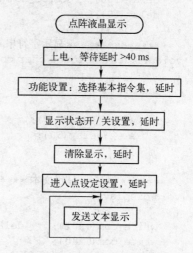

图 6-1-12　硬件电路　　　　　图 6-1-13　LCD 显示流程图

## 2. 参考程序

```c
#include <reg52.h>
#include <intrins.h>
sbit RS = P3^0;      //RS：高电平时选择数据寄存器、低电平时选择指令寄存器
sbit RW = P3^7;      //R/W 并行的读写选择信号
sbit E = P3^6;       //并行的使能信号
#define Lcd_Bus P1
/******** 延时子程序 ********/
void delay(unsigned int t)
{
    unsigned int i, j;
    for(i = 0; i < t; i ++)
        for(j = 0; j < t; j ++);
}
/************写命令到 LCD ***************/
void write_com(unsigned char cmdcode)
{
    RS = 0;RW = 0;E = 1;
    Lcd_Bus = cmdcode;E = 0;delay(5);
}

/********* 写数据到 LCD ******************/
void write_data(unsigned char Disp_data)
{
    RS = 1;RW = 0;E = 1;
    Lcd_Bus = Disp_data;E = 0;delay(5);
}
/************* 初始化 LCD 屏 ****************/
void lcdinit()
{
    delay(2000);  write_com(0x30);     //选择基本指令集
    delay(10);    write_com(0x30);     //选择并行 8 位数据
    delay(5);     write_com(0x0c);     //开显示（无游标、不反白）
    delay(10);    write_com(0x01);     //清显示并设地址 00H
```

项目 6　自动化生产线工作站显示与通信接口技术应用

```
        delay(500);    write_com(0x06);    //设定光标右移、禁止屏幕上文字移动 (0x06)
        delay(10);
    }
/************** 显示字符串 *********************/
void hzkdis(unsigned char code * s )
{
        while(* s > 0)                      //字符串以 "\0" 结束
        {
            write_data(* s);
            s ++;delay(50);
        }
}
/************** 显示文本 *****************/
void display()
{
        write_com(0x01);      delay(5);
        write_com(0x80);                    //字符显示 RAM 地址第 1 行
        hzkdis("黄河远上白云间,");
        write_com(0x90);                    //字符显示 RAM 地址第 2 行
        hzkdis("一片孤城万仞山.");
        write_com(0x88);                    //字符显示 RAM 地址第 3 行
        hzkdis("羌笛何须怨杨柳,");
        write_com(0x98);                    //字符显示 RAM 地址第 4 行
        hzkdis("春风不度玉门关.");
}
/************** 主程序 *****************/
void main()
{
        delay(50);
        lcdinit();
        delay(10);
        while(1)
        {
            display();        delay(5000);
            write_com(0x01);   delay(10);
        }
}
```

🖥️ **知识拓展**

## （一）单片机 A/D 转换接口技术

在单片机检测和控制系统中，各种被测信号如压力、流量、温度等模拟量要经过一定的通道接到单片机总线，这一通道称为输入通道。这些被测参数，单片机无法直接处理，需要把这些模拟量通过各类传感器和变送器变换成相应的模拟电量，然后经多路开关汇集送给A/D转换器，转换成相应的数字量送给单片机。

### 1. A/D 转换器的分类和简介

A/D 转换器的功能是把模拟量电压转换为 $N$ 位数字量电压。其种类很多，按转换原理可分为积分式、逐次逼近式、双积分式等；按跟单片机的连接方式可分为并行式和串行式。

（1）积分式 A/D 转换器优点：具有高分辨率，抗干扰性好；缺点：转换精度依赖积分时间，转换速率低，常用于数字式测量仪表中。

（2）逐次逼近式 A/D 转换器优点：速度较高、功耗低；缺点：价格较高。

（3）∑－Δ 调制式 A/D 转换器原理上近似于积分式：将输入电压转换成时间（脉冲宽度）信号，用数字滤波器处理后得到数字值。因此具有高分辨率，主要用于音频和测量。

（4）压频转换式 A/D 转换器优点：分辨率高、功耗低、价格低；缺点：需要外部计数电路共同完成 A/D 转换。

**2. A/D 转换器的主要技术指标**

（1）分辨率：指数字量变化一个最小值时模拟信号的变化量。分辨率越高，转换时对输入模拟信号变化的反应就越灵敏。

A/D 转换器的分辨率通常以输入二进制数码的位数来表示，如 8 位、10 位、16 位等。如果要把一个 $0 \sim 5\,V$ 的电压转换为数字量，选用的 A/D 器件精度为 8 位，那么该系统可以测量的最小电压约为 $0.0195\,V$（$5/2^8\,V$），就称分辨率为 $0.0195\,V$。所以在开发测量系统中，必须明确系统要测量的参数要达到一个什么样的分辨率。

（2）精度：指转换后所得结果相对于实际值的准确度，与温度漂移、元件线性度等有关。

（3）转换时间：是指完成一次 A/D 转换所需要的时间，即从启动 A/D 转换器开始到获得相应数据所需的总时间。积分式 A/D 转换器的转换时间是毫秒级，属低速 A/D 转换器；逐次逼近式 A/D 转换器是微妙级，属中速 A/D 转换器。采样时间是指两次转换的间隔。

（4）量程：即所能转换的电压范围，如 10 V、5 V。

（5）输出逻辑电平。大多数与 TTL 电平配合。在使用中应注意是否用三态逻辑输出，是否要对数据进行锁存等。

（6）基准电压。基准电压的精度将对整个系统的精度产生影响。A/D 转换器分为内部基准电源和外部基准电源，故片选时应考虑是否要外加精密参考电源等。

**3. A/D 转换器的选用主要依据**

（1）A/D 转换器用于什么系统、输出的数据位数、系统的精度和线性度。

（2）输入的模拟信号类型，包括模拟输入信号的范围、极性（单极性、双极性）、信号的驱动能力、信号的变化快慢。

（3）后续电路对 A/D 输出数字逻辑电平的要求、输出方式（并行、串行）、是否锁存等。

（4）系统工作在动态条件还是静态条件、带宽要求、转换时间、采样速度等。

（5）基准电压源的选择。基准电压源的幅度、极性及稳定性，电压是固定还是可调、电压由外部提供还是由 A/D 转换器芯片内部提供等。

（6）成本及芯片来源等。

**4. A/D 接口电路的设计**

合理选择 A/D 转换器芯片后，还必须正确设计 A/D 转换器的外围电路，通常包括模拟电路、数字电路、电源电路等部分。

（1）模拟电路：

① 使用多路开关电路时，某些 A/D 转换器的模拟输入电阻较小，而多路模拟开关其导通电阻较大，通常在几十至几百欧。因此，在多路模拟开关和 A/D 转换器之间必须加高输入阻抗的电压跟随器。

② 放大器电路。除了少数 A/D 转换器本身带有模拟放大电路外，大多数 A/D 转换器的模

拟输入信号是较小的，通常需要使用模拟放大器。模拟放大器可选用仪表放大器和隔离放大器，也可选择集成运算放大器，所选择的运算放大器的带宽和精度应优于所选的 A/D 转换器。

③ 采样保持器。对于模拟输入电压变化缓慢的系统，可以不使用采样保持器；对于模拟输入电压变化较快的系统，必须使用采样保持器。

（2）电源和接地。A/D 转换器是模拟信号和数字信号混合的电路。多数 A/D 转换器都有两个接地端，一个是模拟地（AGND），应接模拟参考地；另一个是数字地（DGND），应与数字电路和数字电源地相连。AGND 和 DGND 之间只应有一处相连，通常应靠近 A/D 转换器的引脚连接。

① 模拟地和数字地分开，建立一个模拟参考点，所有模拟部分的地都接到这个参考点上。布局应尽量合理，尽量缩短地线长度，同时加大地线的截面宽度。

② 许多 A/D 转换器需要几种电源电压，一般来说 +5 V 是供数字部分使用的，±15 V 是供模拟部分使用的。这两组电源应分别接到数字地和模拟地。

③ A/D 转换器的电源应加去耦电容器，去耦电容器应尽量靠近 A/D 转换器电源端。电容器一般可采用 1 ~ 10 μF 钽电容器和 0.01 ~ 0.1 μF 高频瓷介电容器并联。

④ 信号的隔离。为了提高系统的可靠性，进一步抑制干扰，通常采用光耦合器对信号进行隔离。

### （二）STC12C5A60S2 单片机的 A/D 转换器

STC12C5A60S2 单片机集成有 8 路电压输入型 10 位高速 A/D 转换器（P1.7 ~ P1.0），速度可达到 250 kHz（25 万次/s），可进行温度、液位、压力等物理量的检测。

**1. STC/2C5A60S2 单片机的 A/D 转换器结构**

STC12C5A60S2 单片机的 A/D 转换器的结构如图 6-1-14 所示，采用逐次比较式 A/D 转换器，具有速度高，功耗低等优点。输入通道与 P1 口复用，上电复位后 P1 口为弱上拉型 I/O 口，用户通过软件设置将 8 路中的任何一路设置为 A/D 转换，不需作为 A/D 转换使用的口可继续作为 I/O 口使用（建议只作为输入）。

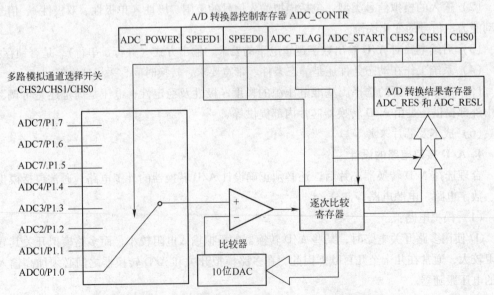

图 6-1-14　STC12C5A60S2 单片机的 A/D 转换器结构图

STC12C5A60S2 单片机的 A/D 转换器由多路模拟通道选择开关、比较器、逐次比较寄存器、10 位 DAC、A/D 转换结果寄存器（ADC_RES 和 ADC_RESL）以及 A/D 转换器控制寄存器（ADC_CONTR）构成。

通过多路模拟通道选择开关，将数－模转换器（DAC）转换的模拟量与本次输入的模拟量通过比较器进行比较，得到转换结果。A/D 转换结束后，最终的转换结果保存到 A/D 转换结果寄存器 ADC_RES 和 ADC_RESL，同时置位 A/D 转换器控制寄存器 ADC_CONTR 中的 A/D 转换结束标志位 ADC_FLAG，以供程序查询或发出中断申请。模拟通道的选择控制由 A/D 转换器控制寄存器 ADC_CONTR 中的 CHS2 ~ CHS0 确定。A/D 转换器的转换速度由 A/D 转换器控制寄存器中的 SPEED1 和 SPEED0 确定。在使用 A/D 转换器之前，应先给 A/D 转换器上电，也就是置位 A/D 转换器控制寄存器中的 ADC_POWER 位。

**2. 与 A/D 转换相关的寄存器**

（1）P1 口模拟功能控制寄存器 P1ASF。P1ASF 的 8 个控制位与 P1 口的 8 个引脚一一对应。P1ASF 中的 P17ASF ~ P10ASF 相应位置 1，将相应的口设置为模拟功能；置 0，其他 I/O 功能。P1ASF 寄存器（该寄存器是只写寄存器，读无效）的格式如下：

| P1ASF:<br>(9DH) | B7 | B6 | B5 | B4 | B3 | B2 | B1 | B0 |
|---|---|---|---|---|---|---|---|---|
| | P17ASF | P16ASF | P15ASF | P14ASF | P13ASF | P12ASF | P11ASF | P10ASF |

（2）A/D 转换器控制寄存器 ADC_CONTR。ADC_CONTR 主要用于设置输入通道、转换速度以及 A/D 转换器的启动、转换结束指示等。其格式如下：

| ADC_CONTR:<br>(BCH) | B7 | B6 | B5 | B4 | B3 | B2 | B1 | B0 |
|---|---|---|---|---|---|---|---|---|
| | ADC_POWER | SPEED1 | SPEED0 | ADC_FLAG | ADC_START | CHS2 | CHS1 | CHS0 |

① ADC_POWER：A/D 转换器电源控制位。= 0，关闭 A/D 转换器电源；= 1，接通 A/D 转换器电源。

启动 A/D 转换前一定要确认 A/D 转换器电源已打开。初次打开内部 A/D 转换器模拟电源，需适当延时，等内部模拟电源稳定后，再启动 A/D 转换。启动 A/D 转换后，在 A/D 转换结束之前，不改变任何 I/O 口的状态，有利于提高 A/D 转换器的转换精度，若能将定时器/串行端口/中断系统关闭，效果更好。A/D 转换结束后关闭 A/D 转换器电源以降低功耗。

② SPEED1、SPEED0：模－数转换速度控制位（见表 6-1-7）。

表 6-1-7　模－数转换速度控制位

| SPEED1 | SPEED0 | A/D 转换一次所需时间/时钟周期个数 |
|---|---|---|
| 1 | 1 | 90 |
| 1 | 0 | 180 |
| 0 | 1 | 360 |
| 0 | 0 | 540 |

STC12C5A60S2 单片机的 A/D 转换器所使用的时钟是内部 RC 振荡器所产生的系统时钟，不使用时钟分频寄存器 CLK_DIV 对系统时钟分频后所产生的供给 CPU 工作所使用的时钟。这样可以让 A/D 转换器在较高的频率工作，提高 A/D 转换器的转换速度，让 CPU 在较低的频率

项目 6 自动化生产线工作站显示与通信接口技术应用

工作，降低系统的功耗。

③ ADC_FLAG：模–数转换结束标志位。必须由软件清零。

④ ADC_START：模–数转换启动控制位。设置为"1"时，开始转换，转换结束后为"0"。

⑤ CHS2、CHS1、CHS0：模拟输入通道选择位。例如：CHS2、CHS1、CHS0 = 000，选择 P1.0 作为 A/D 输入引脚；CHS2、CHS1、CHS0 = 111，选择 P1.7 作为 A/D 转换输入引脚。

程序中需要注意的事项：

由于是两套时钟，所以设置 ADC_CONTR 控制寄存器后，要加 4 个空操作延时才可以正确读到 ADC_CONTR 寄存器的值。原因是设置 ADC_CONTR 控制寄存器的语句执行后，要经过 4 个 CPU 时钟的延时，其值才能够保证被设置进 ADC_CONTR 控制寄存器。

（3）A/D 转换结果寄存器 ADC_RES、ADC_RESL。ADC_RES 和 ADC_RESL 寄存器用于保存 A/D 转换结果，其数据格式由 AUXR1 寄存器的 ADRJ 位来控制。

当 ADRJ = 0 时，10 位 A/D 转换结果的高 8 位存放在 ADC_RES 中，低 2 位存放在 ADC_RESL 的低 2 位中。

当 ADRJ = 1 时，10 位 A/D 转换结果的高 2 位存放在 ADC_RES 的低 2 位中，低 8 位存放在 ADC_RESL 中。

（4）与 A/D 中断有关的寄存器：

① EADC：A/D 转换中断允许位。= 1，允许 A/D 转换中断；= 0，禁止 A/D 转换中断。

| IE: | B7 | B6 | B5 | B4 | B3 | B2 | B1 | B0 |
|-----|-----|------|------|-----|-----|-----|-----|-----|
| （A8H） | EA | ELVD | EADC | ES | ET1 | EX1 | ET0 | EX0 |

② IPH：中断优先级控制寄存器高（不可位寻址）。说明：

| IPH: | B7 | B6 | B5 | B4 | B3 | B2 | B1 | B0 |
|------|------|------|-------|-----|------|------|------|------|
| （B7H） | PPCAH | PLVDH | PADCH | PSH | PT1H | PX1H | PT0H | PX0H |

③ IP：中断优先级控制寄存器低（可位寻址）。说明：

| IP: | B7 | B6 | B5 | B4 | B3 | B2 | B1 | B0 |
|-----|------|------|------|-----|-----|-----|-----|-----|
| （B8H） | PPCA | PLVD | PADC | PS | PT1 | PX1 | PT0 | PX0 |

④ PADCH、PADC：A/D 转换中断优先级控制位：

当 PADCH = 0 且 PADC = 0 时，A/D 转换中断为最低优先级中断（优先级 0）；

当 PADCH = 0 且 PADC = 1 时，A/D 转换中断为较低优先级中断（优先级 1）；

当 PADCH = 1 且 PADC = 0 时，A/D 转换中断为较高优先级中断（优先级 2）；

当 PADCH = 1 且 PADC = 1 时，A/D 转换中断为最高优先级中断（优先级 3）。

**3. A/D 转换器的基准电压**

STC12C5A60S2 单片机的参考电压源是输入工作电压 $V_{CC}$，所以一般不用外接参考电压源。如 7805 的输出电压是 5 V，但实际电压可能是 4.88 ~ 4.96 V，用户如果需要精度比较高，可在出厂时将实际测出的工作电压值记录在单片机内部的 EEPROM 里面，以供计算。

如果有些用户的 $V_{CC}$ 不固定，如电池供电，电池电压在 5.3 ~ 4.2 V 之间变化，则 $V_{CC}$ 不固定，就需要在 8 路 A/D 转换的一个通道外接一个稳定的参考电压源，来计算出此时的工作电压 $V_{CC}$，再计算出其他几路 A/D 转换通道的电压。如可在 A/D 转换器转换通道的第 7 通道外接一个 1.25 V 的基准参考电压源,由此求出此时的工作电压 $V_{cc}$,再计算出其他几路 A/D 转换通道的电压(理论依据是短时间之内,$V_{cc}$ 不变)。

### 4. STC12C5A60S2 单片机 A/D 转换器应用

STC12C5A60S2 单片机 A/D 转换器编程应用过程:

(1)打开 A/D 转换器电源(设置 ADC_CONTR 寄存器中的 ADC_POWER 位),适当延时(约 1 ms),等待 A/D 转换器内部模拟电源稳定。

(2)设置 P1 口模拟功能控制寄存器 P1ASF。

(3)设置 ADC_CONTR 寄存器中的 CHS2、CHS1、CHS0 和 SPEED1 、SPEED0,选择输入通道和转换速度。

(4)设置 A/D 转换结果数据格式(CLK_DIV 中的 ADRJ 位)。

(5)启动 A/D 转换(设置 ADC_CONTR 寄存器中的 ADC_START 位)。

(6)查询 ADC_FLAG 位,A/D 数据处理。若多通道测量,在通道切换后应适当延时,使输入电压稳定后再测量。

(7)若采用中断方式应完成中断初始化设置,并在中断程序中处理测量数据。

【例 6-1-2】利用 STC12C5A60S2 单片机 ADC 通道 ADC0 完成输入电压 0 ~ 5 V 的单元测量,并在 LCD1602 上显示测量的十六进制结果。设时钟频率为 18.432 MHz。

解:设置 ADRJ = 1,转换结束后,ADC_RES 的低 2 位为十位转换结果的高 2 位,ADC_RESL 为十位转换结果的低 2 位。硬件连接如图 6-1-15 所示。

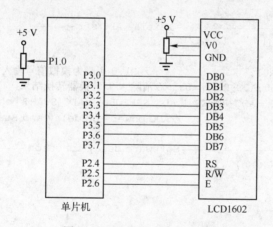

图 6-1-15 电压表应用电路

LCD1602 液晶显示请参考【例 6-1-1】程序,在本举例中不展开。

参考程序如下:

```
#include < reg51.h >
#include < intrins.h >
typedef unsigned char BYTE;
typedef unsigned int WORD;
/* ---------------请增加液晶设置程序 --------------------------------* /
sfr ADC_CONTR = 0xBC;        //ADC control register
sfr ADC_RES = 0xBD;          //ADC hight 8 - bit result register
sfr ADC_RESL = 0xBE;         //ADC low 2 - bit result register
sfr P1ASF = 0x9D;            //P1 secondary function control register
```

```
#define ADC_POWER 0x80        //ADC power control bit
#define ADC_FLAG 0x10         //ADC complete flag
#define ADC_START 0x08        //ADC start control bit
#define ADC_SPEEDLL 0x00      //90 clocks
#define ADC_SPEEDL 0x20       //180 clocks
#define ADC_SPEEDH 0x40       //360 clocks
#define ADC_SPEEDHH 0x60      //540 clocks
void InitUart();
void Delay(WORD n);
void InitADC();
BYTE ch = 0;
void main()
{
    CLK_DIV |= 0x20;     //(ADRJ = 1),
    /* ------------------增加液晶初始化程序----------------------*/
    InitADC();      //Init ADC sfr
    IE = 0xa0;       //Enable ADC interrupt and Open master interrupt switch
    while(1);
}
/* ---------------------ADC interrupt service routine----------------*/
void adc_isr() interrupt 5 using 1
{
    ADC_CONTR& = !ADC_FLAG;     //Clear ADC interrupt flag
    /* ---------------------此处增加 LCD1602 显示---------------------*/
    ADC_CONTR = ADC_POWER | ADC_SPEEDLL | ADC_START | ch;
}
/* ----------------------Initial ADC sfr----------------------*/
void InitADC()
{
    P1ASF = 0x01;                //P1.0 引脚为模拟信号输入口
    ADC_RES = 0;ADC_RESL = 0;    //清除 A/D 转换器转换结果
    ADC_CONTR = ADC_POWER | ADC_SPEEDLL | ADC_START | ch;
    Delay(2);                //ADC power-on delay and Start A/D conversion
}
/* ----------------------Software delay function--------------------*/
void Delay(WORD n)
{
    WORD x;
    while(n--)
    {
        x = 000;
        while(x--);
    }
}
```

### （三）扩展串行 A/D 转换器应用

#### 1. TLC2543 的内部结构与接口信号

德州仪器公司（TI）推出的开关电容逐次逼近式 12 位 11 通道串行模拟输入 A/D 转换器 TLC2543 的内部结构如图 6-1-16 所示。TLC2543 的内部由通道选择器、地址输入寄存器、采样及保持电路、12 位 A/D 转换器、并串转换器、数据输出寄存器及控制逻辑和 I/O 计数等部分组成。通道选择器根据地址输入寄存器存放的模拟输入通道地址选择一个输入通道或者从内部的 3 个自测试电压中任意选择一个，并将选中的信号送到采样及保持电路中。

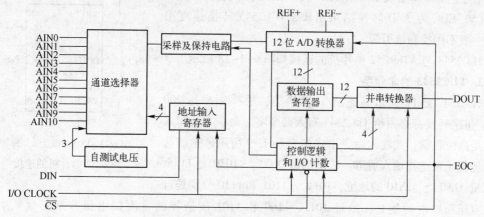

图 6-1-16　TLC2543 的内部结构图

然后在 12 位 A/D 转换器中将采样的模拟量转换成
数字量，存放到数据输出寄存器中，转换结束后输出
端 EOC 变为高电平以指示转换完成。数字量再经过并
串转换器转换成串行数据，经 TLC2543 的 DOUT 端输
出到微处理器中。在工作温度范围内转换时间为 10
μs。最大线性误差为 ± 1/4 096。TLC2543 的命令格式
操作顺序为"通道→精度→数据"，不过本次读取的值
是上次转换的 A/D 值，即本次发送的命令是启动下一
次转换，同时读取上次转换的值。TLC2543 的引脚排
列如图 6-1-17 所示，TLC2543 的引脚功能如表 6-1-8 所示。

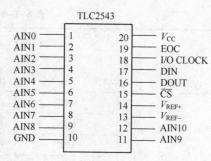

图 6-1-17　TLC2543 的引脚排列

表 6-1-8　TLC2543 的引脚功能

| 引　脚 | 符　号 | 功　能 |
|---|---|---|
| 1～9，11，12 | AIN0～AIN11 | 模拟量输入端 |
| 10 | GND | 电源地 |
| 13，14 | $V_{REF-}$，$V_{REF+}$ | 负转换参考电压端和正转换参考电压端（一般为 $V_{CC}$ 和 GND） |
| 15 | $\overline{CS}$ | 片选端 |
| 16 | DOUT | 串行数据输出端。数据的长度和输出顺序均由 TLC2543 的命令选择 |
| 17 | DIN | 串行数据输入端。数据输入的顺序是高位在前，低位在后 |
| 18 | I/O CLOCK | 输入/输出时钟端 |
| 19 | EOC | 转换结束信号端 |
| 20 | $V_{CC}$ | 正电源 |

（1）串行输出线 DOUT 是串行数据输出引脚，数据由串行时钟的下降沿同步输出。

（2）串行输入线 DIN 是串行数据输入引脚，由串行时钟的上降沿锁存。

（3）串行时钟 I/O CLOCK 是 DOUT 和 DIN 的同步脉冲，快慢由其脉宽决定。

（4）片选信号 $\overline{CS}$ 为高电平时，DOUT 输出处于高组态；$\overline{CS}$ 为低电平时选中该芯片，并作为

项目 6　自动化生产线工作站显示与通信接口技术应用

启停信号；$\overline{CS}$ 下降沿表示操作开始，上升沿时表示操作结束。

（5）EOC 为 A/D 转换结束引脚，TCL2543 转换速度很快，一般不用检测该引脚。

TLC2543 与 AT89C52 单片机的连接如图 6-1-18 所示。

### 2. TLC2543 的命令字

TLC2543 是 11 通道高速 A/D 转换器，采样频率达 200 kHz，每次转换都必须给 TLC2543 写入命令字。命令字的写入顺序是高位在前，其输入命令格式如表 6-1-9 所示。通道选择地址位用来选择输入通道。二进制数 0000 ～ 1010 是 11 个模拟量 AIN0 ～ AIN10 的地址，1011 ～ 1101 和 1110 分别是自测试电压和掉电的地址。地址 1011、1100 和 1101 所选择的自测试电压分别是（$V_{REF+}$ - $V_{REF-}$）/2、$V_{REF-}$ 和 $V_{REF+}$。选择掉电后 TLC2543 处于休眠状态，此时电流小于 $20\mu A$。

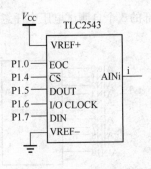

图 6-1-18　TLC2543 与 AT89C52 单片机的连接

#### 表 6-1-9　TLC2543 输入命令格式

| 功能选择 | | 输入数据 | | | | | | | |
|---|---|---|---|---|---|---|---|---|---|
| | | 输入通道地址 | | | | 数据长度 | | 数据顺序 | 数据极性 |
| | | D7 | D6 | D5 | D4 | D3 | D2 | D1 | D0 |
| 选择输入通道 | AIN0 | 0 | 0 | 0 | 0 | | | | |
| | AIN1 | 0 | 0 | 0 | 1 | | | | |
| | AIN2 | 0 | 0 | 1 | 0 | | | | |
| | AIN3 | 0 | 0 | 1 | 1 | | | | |
| | AIN4 | 0 | 1 | 0 | 0 | | | | |
| | AIN5 | 0 | 1 | 0 | 1 | | | | |
| | AIN6 | 0 | 1 | 1 | 0 | | | | |
| | AIN7 | 0 | 1 | 1 | 1 | | | | |
| | AIN8 | 1 | 0 | 0 | 0 | | | | |
| | AIN9 | 1 | 0 | 0 | 1 | | | | |
| | AIN10 | 1 | 0 | 1 | 0 | | | | |
| 选择测试电压 | （$V_{REF+}$ - $V_{REF-}$）/2 | 1 | 0 | 1 | 1 | | | | |
| | $V_{REF-}$ | 1 | 1 | 0 | 0 | | | | |
| | $V_{REF+}$ | 1 | 1 | 0 | 1 | | | | |
| 待机模式控制 | | 1 | 1 | 1 | 0 | | | | |
| 数据长度选择 | 8 bits | | | | | 0 | 1 | | |
| | 12 bits | | | | | 0(1) | 0 | | |
| | 16 bits | | | | | 1 | 1 | | |
| 数据顺序选择 | 高位在先输出 | | | | | | | 0 | |
| | 低位在先输出 | | | | | | | 1 | |
| 数据极性选择 | 单极性 | | | | | | | | 0 |
| | 双极性 | | | | | | | | 1 |

数据的长度（D3～D2）位用来选择转换的结果用多少位输出。D3D2 为 X0，12 位输出；D3D2 为 01，8 位输出；D3D2 为 11，16 位输出。数据的顺序位 D1 用来选择数据输出的顺序。D1 为 0，高位在前；D1 为 1，低位在前。数据的极性位 D0 选择数据的极性。D0 为 0，数据是无符号数；D0 为 1，数据是有符号数。

### 3. TLC2543 的时序

TLC2543 的时序有两种：使用片选信号$\overline{CS}$和不使用片选信号$\overline{CS}$。这两种时序分别如图 6-1-19 和图 6-1-20 所示。它们的差别是：使用片选信号$\overline{CS}$，每次转换都将$\overline{CS}$变为低电平，开始写入命令字直到 DOUT 端移出 12 位数据再将$\overline{CS}$变为高电平，等待转换结束后再将$\overline{CS}$变为低电平进行下一次转换；不使用片选信号$\overline{CS}$，只是第 1 次转换将$\overline{CS}$变为低电平，以后的各次转换都从转换结束信号的上升沿开始。8 位和 16 位数据的时序与 12 位数据的时序相同，它们只是在转换周期前减少或者增加 4 个时钟周期。

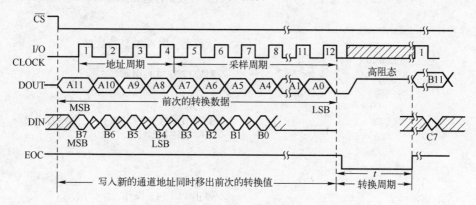

图 6-1-19　使用片选信号$\overline{CS}$高位在前的时序

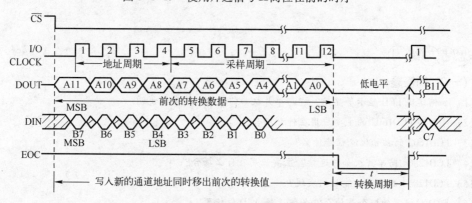

图 6-1-20　不使用片选信号$\overline{CS}$高位在前的时序

### 4. 应用举例

【例 6-1-3】参考图 6-1-17 所示的硬件电路，编写从 AIN10 通道输入的采样函数。

解：设采集的数据为 12 位无符号数，TLC2543 采用高位在前输出数据。写入 TLC2543 的命令字为 A0H。由 TLC2543 的时序可知：命令字的写入和转换结果的输出是同时进行的，即在读取转换结果的同时也写入下一次的命令字。所以采集第 1 次写入命令字是有意义操作，读取转换结果是无意义操作，使用$\overline{CS}$编制的程序如下：

项目 6　自动化生产线工作站显示与通信接口技术应用

```
#include <reg51.h>
#define uint unsigned int
#define uchar unsigned char
sbit EOC = P1^0;
sbit CS = P1^4;
sbit DOUT = P1^5;
sbit CLOCK = P1^6;
sbit DIN = P1^7;
uint TLC2543_sample(uchar b )          //b 为 TLC2543 的 8 位命令字
{
    uchar a;
    uint m;
    CS = 1;          //设置CS为高电平，CLOCK、DIN 禁止，DOUT 高组态
    CLOCK = 0;                         //设置 I/O 时钟为低电平
    CS = 0;                            //启动 A/D 操作
    for(a = 12; a > 0; a--)            //12 位数据传送和读取
    {
        if(DOUT == 1)
            m++;                       //读取上一次 A/D 转换数据
        if(b&0x80)
            DIN = 1;                   //对应位送 SDA 引脚
        else
            DIN = 0;
        CLOCK = 1;                     //上升沿锁存 DIN
        CLOCK = 0;                     //下降沿输出到 DOUT
        b = b<<1;
        m = m<<1;
    }
    CS = 1;                            //停止 TL2543 操作
    return m;
}
```

## 思考与练习

### （一）简答题

(1) 如何实现 LED 显示屏显示？它与单片机如何连接？请举例说明。

(2) 字符型 LCD1602 的主要应用在什么场合？

(3) LCD1602 的初始化流程是什么？

(4) LCD12864 与单片机如何连接？主要应用在什么场合？

(5) LCD12864 的绘图功能如何实现？

(6) A/D 转换器的概念是什么？如何选择 A/D 转换器。

(7) A/D 接口电路设计中电源和接地线应注意什么？

(8) 如何正确使用 STC12C5A60S2 单片机的 A/D 转换器？

### （二）实践题

(1) 参考图 6-1-6 所示电路，设计按钮操作次数显示硬件系统。具体显示要求如下：

在 LCD1602 第 1 行显示 "－－STC12C5A60S2－－"。第 2 行开机显示 "KEY－－count－－－－00"。以后在第 2 行的最后两位显示按钮的操作次数（00～99 循环）。

(2) 应用 STC12C5A60S2 单片机的内置 A/D 转换器功能实现 0～5 V 的数字电压表设计。

# 任务 2　自动化生产线工作站通信技术实践与应用

 **学习目标**

（1）了解单片机串行端口基础知识。

（2）会运用单片机串行端口方式 0 完成 I/O 口扩展应用。

（3）掌握单片机串行端口方式 1 应用。

（4）了解多机通信原理。基本熟悉 STC12C5A60S2 单片机串行端口应用。

**任务描述**

自动化生产线系统中任意两个工作站中甲、乙两个单片机的 P1.0 和 P1.1 口均接有独立式按钮，同时 P2 口连接了一个共阳数码管。两个单片机采用方式 1 的异步通信方式进行通信。具体任务要求如下：

（1）当两个单片机的按钮都未被按下时，两个单片机的数码管都显示"0"。

（2）P1.0 对应按钮用于控制对方单片机数码管进行"0"～"9"的正方向计数。

（3）P1.1 对应按钮用于控制对方单片机数码管进行"9"～"0"的反方向计数。

**相关知识**

### （一）串行通信概述

计算机通信是指计算机与外围设备或计算机与计算机之间的信息交换。通信的方式通常有两种：并行通信和串行通信。

并行通信是指所传送数据的各位被同时发送或接收。具有控制简单、传输速度快等特点，适合短距离传送。

串行通信是指将所传送数据的各位在时间上按顺序一位一位地发送或接收，传输速度慢但传输线少，成本低，适合于远距离传送。图 6-2-1 为两种通信方式示意图。

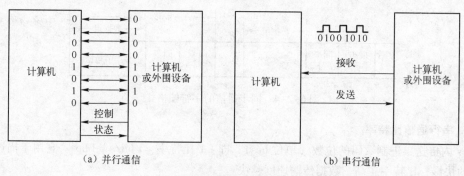

图 6-2-1　两种通信方式示意图

### 1. 异步通信

异步通信是指通信的发送与接收设备使用各自的时钟，控制数据的发送和接收过程。为使双方的收发协调，要求发送和接收设备的时钟尽可能一致。图 6-2-2 为异步通信数据发送示意图。

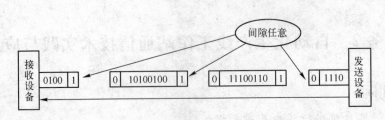

图 6-2-2　异步通信数据发送示意图

异步通信以字符帧格式为单位进行传输，字符与字符之间的间隙（时间间隔）是任意的，但每个字符中的各位是以固定的时间传送的。字符帧又称数据帧，由起始位、数据位、停止位和检验位 4 部分组成。异步通信的字符帧格式如图 6-2-3 所示，

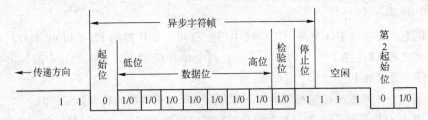

图 6-2-3　异步通信的字符帧格式

（1）起始位：约定为逻辑"0"。发送方用于通知接收方已经开始一帧信息的发送。

（2）数据位：规定低位在前，高位在后。

（3）检验位：用于检查所传送数据是否正确，可分为奇检验和偶检验。

（4）停止位：约定为逻辑"1"。发送方用于通知接收方一帧信息的发送已经结束。

异步串行通信中，发送方和接收方分别按照约定的字符帧格式一帧一帧地发送和接收。相邻字符帧之间可以有若干空闲位，也可以没有。空闲位约定为逻辑"1"。

**2. 同步通信**

同步通信是指通信的发送方和接收方使用同步信号作为通信依据，即在传送二进制数据串的过程中发送与接收应保持一致，同步通信的字符帧格式如图 6-2-4 所示。

图 6-2-4　同步通信的字符帧格式

**3. 串行通信比特率**

1 s 内传送二进制数码的位数（单位 bps），即：1 比特率 = 1 bit/s = 1 bps。它用于描述数据传输的快慢，比特率越高，数据传输速度越快。

**4. 串行通信数据传输工作模式**

在串行通信中，数据是由通信双方通过传输线来传送的。按照数据的传送方向，串行通信的工作模式可以分为 3 种：单工模式、半双工模式和全双工模式。

（1）单工模式：一方发送，另一方接受，数据只能沿一个固定方向发送，如图 6-2-5（a）。

（2）半双工模式：通信双方都能够发送和接收，数据既能从甲站发送到乙站，也能从乙

站发送甲站，但甲站和乙站不能同时发送和接收数据，如图6-2-5（b）所示。

（3）全双工模式：通信双方可以同时发送和接受数据，如图6-2-5（c）所示。

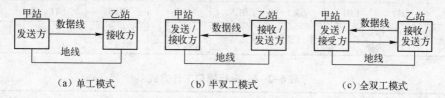

（a）单工模式　　　　　　（b）半双工模式　　　　　　（c）全双工模式

图6-2-5　串行通信的工作模式

### （二）51单片机通信技术应用

#### 1. 51单片机串行端口

51单片机使用RxD、TxD引脚及地线与外界进行数据串行传递。RxD、TxD引脚功能在串行端口方式0和其他方式不同，使用中要特别注意，请参考后续内容。

#### 2. 串行端口专用特殊寄存器

51单片机片内集成有一个可编程的全双工串行通信端口，可同时发送和接收数据。要正确使用串行端口模块，必须先进行初始化设置，即对串行端口专用特殊寄存器设置。51单片机片内串行端口由发送控制器、接收控制器、比特率发生器（定时器/计数器T1）和两个物理上独立的发送/接收缓冲器SBUF（特殊功能寄存器）构成。其串行端口结构如图6-2-6所示。

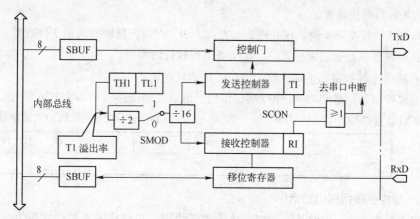

图6-2-6　串行端口结构

（1）串行端口发送/接收缓冲器SBUF。SBUF是两个在物理上独立的发送/接收缓冲器，一个用于存放接收到的数据，另一个存放即将发送的数据，共用1字节地址99H。通过对SBUF操作使用不同指令区分发送/接收。例如：

　　　　　　　SBUF = 0X00；　　//发送。　　a = SBUF；　　//接收

（2）串行端口控制寄存器SCON。SCON用于设定串行端口的工作方式和状态，其格式如表6-2-1所示。

①SM0、SM1：工作方式选择位。其状态组合对应了串行端口的4种工作方式，如表6-2-2所示，其中$f_{osc}$是晶振频率。

表 6-2-1　串行端口控制寄存器 SCON 格式

| 位地址 | 9FH | 9EH | 9DH | 9CH | 9BH | 9AH | 99H | 98H |
|---|---|---|---|---|---|---|---|---|
| 位符号 | SM0 | SM1 | SM2 | REN | TB8 | RB8 | TI | RI |
| 各位功能 | 工作方式选择 | | 多机通信 | 允许接收 | 发送数据第 9 位 | 接收数据第 9 位 | 发送中断标志 | 接收中断标志 |

表 6-2-2　串行端口工作方式

| SM0 | SM1 | 工作方式 | 说　明 | 波特率 |
|---|---|---|---|---|
| 0 | 0 | 方式 0 | 8 位同步移位寄存器（用于扩展并行 I/O 口） | $f_{osc}/12$ |
| 0 | 1 | 方式 1 | 8 位数据 UART | 可变 |
| 1 | 0 | 方式 2 | 9 位数据 UART | $f_{osc}/32$ 或 $f_{osc}/64$ |
| 1 | 1 | 方式 3 | 9 位数据 UART | 可变 |

② SM2：多机通信控制位。SM2 主要用于方式 2 和方式 3。详见多机通信。

③ REN：串行通信允许接收控制位。REN = 0 时，禁止接收；REN = 1 时，允许接收。

④ TB8：方式 2 和方式 3 中要发送的第 9 位数据。它有以下两个作用：

a. 奇偶检验位。发送时，将 PSW 中的奇偶检验位 P 的内容送入 TB8，并与其他 8 位数据位组成字符帧一起发送。

b. 为多机通信中的地址/数据标志位。TB8 = 0 时，发送的 8 位数据位是数据；TB8 = 1 时，发送的 8 位数据位是地址。

⑤ RB8：接收数据第 9 位。在方式 2 和方式 3 中，存放已接收到的第 9 位数据。

⑥ TI：一帧数据发送结束标志位。该位必须由软件清零。

⑦ RI：接收一帧数据完毕标志位。该位必须由软件清零。

（3）电源控制寄存器 PCON。串行端口借用了电源控制寄存器 PCON 中的 D7 位（SMOD）作为比特率因数选择位，当 SMOD = 1 时，方式 1、2、3 的比特率加倍。PCON 其格式如下：

| PCON：<br>（87H） | D7 | D6 | D5 | D4 | D3 | D2 | D1 | D0 |
|---|---|---|---|---|---|---|---|---|
| | SMOD | | | | | | | |

### （三）　单片机串行端口初始化

串行端口工作之前，应对其进行初始化后才能使用。初始化主要是设置产生比特率的定时器 1、串行端口控制和中断控制。具体步骤如下：

（1）确定定时器 T1 的工作方式（编程 TMOD 寄存器，一般选择方式 2）；

（2）选择比特率：计算定时器 T1 的初值，装载 TH1、TL1；

（3）启动 T1（编程 TCON 中的 TR1 位）；

（4）确定串行端口控制（编程 SCON 寄存器）；

（5）中断设置：串行端口在中断方式工作时，要对 IE、IP 寄存器进行中断设置。

### （四）　单片机串行端口方式 0 应用

51 单片机串行端口有 4 种工作方式，由 SCON 中的 SM0、SM1 位决定。

#### 1. 方式 0 输出和输入

方式 0 时，串行端口为同步移位寄存器的输入/输出方式，主要用于扩展并行输入或输出口。

数据由 RxD（P3.0）引脚输入或输出，同步移位脉冲由 TxD（P3.1）引脚输出。发送和接收每帧均为 8 位数据，没有起始位和停止位。数据发送时低位在先，高位在后，比特率固定为 $f_{osc}/12$。

（1）方式 0 输出。将数据写入发送缓冲器 SBUF 后，TxD 端输出移位脉冲，串行端口把 SBUF 中的数据依次由低到高以 $f_{osc}/12$ 的比特率从 RxD 端输出，一帧数据发送完毕后硬件置发送中断标志位 TI 为 1。若要再次发送数据，必须用指令将 TI 清零。方式 0 输出格式如图 6-2-7 所示。

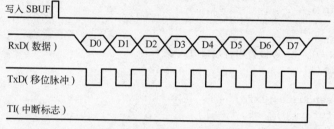

图 6-2-7　方式 0 输出格式

（2）方式 0 输入。在 RI＝0 的条件下，用指令置 REN＝1 即可开始串行接收。TxD 端输出移位脉冲，数据依次由低到高以 $f_{osc}/12$ 的比特率经 RxD 端接收到 SBUF 中，一帧数据接收完成后硬件置接收中断标志位 RI 为 1。若要再次接收一帧数据，必须用指令将本帧数据取走，并用指令将 RI 清零后才能接受。方式 0 输入格式如图 6-2-8 所示。

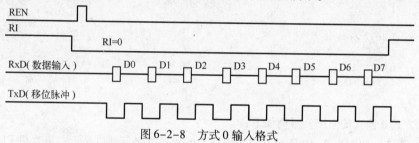

图 6-2-8　方式 0 输入格式

**2. 方式 0 输出和输入的应用**

（1）方式 0 输出的应用。举例如下：

【例 6-2-1】如图 6-2-9 所示，要求实现从下到上依次点亮流水灯，每隔 1 s 灯切换点亮，并不断循环。

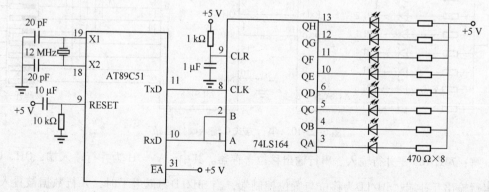

图 6-2-9　串行方式 0 输出硬件电路

解：74LS164 是串行输入、并行输出移位寄存器。其中，QA～QH 为并行输出端；A、B 为串行输入端；CLR 为清除端，低电平时，使 74LS164 的输出清零，本例中，CLR 接高电平，使输出有效；CLK 为时钟脉冲输入端，数据在脉冲上升沿移位。

```c
#include < reg51.h >
#define uint unsigned int
#define uchar unsigned char
uchar senddata = 0xfe;
void delay(uint t);
void main()
{
    uchar i;
    SCON = 0;        //设置串行端口方式 0
    while(1)
    {
        senddata = 0xfe;
        for(i = 0; i < 8; i ++)
        {
            SBUF = senddata;
            while(!TI);
            TI = 0;
            senddata = (senddata << 1) | 0x01;
            delay(10000);
        }
    }
}
void delay(uint t)
{
    uint  i;
    for(i = 0; i < t; i ++);
}
```

（2）方式 0 输入的应用。举例如下：

【例 6-2-2】 如图 6-2-10 所示，将拨码开关的值通过串行端口显示在单片机 P1 口。

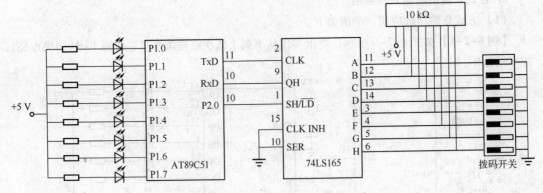

图 6-2-10　串行方式 0 输入硬件电路

解：74LS165 是并行输入、串行输出移位寄存器。其中，A ～ H 为并行输入端；$\overline{QH}$、QH 为串行输出互补端；SH/$\overline{LD}$为移位与置位控制端，当 SH/$\overline{LD}$为低电平时，并行数据被置入寄存器，当 SH/$\overline{LD}$为高电平时，并行置数功能被禁止；CLK 为时钟脉冲输入端，在脉冲上升沿移位；CLK INH 为时钟禁止端；SER 为扩展多个 74LS165 的首位连接端。

```
#include < reg51.h >
#define uint unsigned int
#define uchar unsigned char
void delay(uint t);
sbit P2_0 = P2^0;
void main()
{
    SCON = 0;                        //设置串行端口方式 0
    P1 = 0;      delay(30000);       //LED 全部点亮
    while(1)
    {
        P2_0 = 1;P2_0 = 0;P2_0 = 1;REN = 1;
        while(RI == 0);
        REN = 0;RI = 0;P1 = SBUF;
    }
}
void delay(uint t)
{
    uint i;
    for(i = 0; i < t; i ++);
}
```

### （五）单片机串行端口方式 1 应用

串行端口方式 1 （SM0SM1 = 01）是一帧为 10 位数据的异步通信端口。TxD 为数据发送引脚，RxD 为数据接收引脚，传送一帧数据的格式如图 6-2-11 所示。其中 1 位起始位，8 位数据位，1 位停止位。

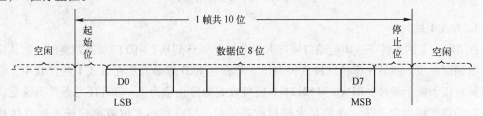

图 6-2-11　方式 1 数据传输帧

### 1. 常用比特率

在串行通信中，收/发双方对数据发送和接收的比特率必须有一定的约定。串行端口编程可约定 4 种工作方式，其中方式 0 和方式 2 的比特率固定，而方式 1 和方式 3 的比特率可变，常用比特率如表 6-2-3 所示。

表 6-2-3　常用比特率及其对应的时间常数表

| 串行端口工作方式 | 比特率/(kbit/s) | $f_{osc}$/MHz | SMOD | 定时器 T1 | | |
|---|---|---|---|---|---|---|
| | | | | C/$\overline{T}$ | 方式 | 时间常数 |
| 方式 0 | 1000 | 12 | | | | |
| 方式 2 | 375 | 12 | 1 | | | |
| 方式 1、3 | 62.5 | 12 | 1 | 0 | 2 | FFH |
| | 19.2 | 11.059 2 | 1 | 0 | 2 | FDH |
| | 9.6 | 11.059 2 | 0 | 0 | 2 | FDH |

| 串行端口工作方式 | 比特率/(kbit/s) | $f_{osc}$/MHz | SMOD | 定时器 T1 | | |
|---|---|---|---|---|---|---|
| | | | | C/$\overline{T}$ | 方式 | 时间常数 |
| 方式 1、3 | 4.8 | 11.059 2 | 0 | 0 | 2 | FAH |
| | 2.4 | 11.059 2 | 0 | 0 | 2 | E4H |
| | 1.2 | 11.059 2 | 0 | 0 | 2 | E8H |
| | 0.137 5 | 11.059 2 | 0 | 0 | 2 | 1DH |
| | 0.110 | 6 | 0 | 0 | 2 | 72H |

### 2. 方式 1 输出

将数据写入发送缓冲器 SBUF 后，在串行端口由硬件自动加入起始位和停止位来构成完整的字符帧，并在移位脉冲的作用下将其通过 TxD 端向外串行发送，一帧数据发送完毕后硬件自动置 TI 为 1。再次发送数据前，用指令将 TI 清零。方式 1 输出格式如图 6-2-12 所示。

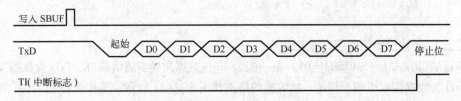

图 6-2-12　方式 1 输出格式

### 3. 方式 1 输入

在 REN = 1 的条件下，串行端口采样 RxD 端，当采样到从 1 向 0 的状态跳变时，就认定为已接收到起始位。随后在移位脉冲的控制下，数据从 RxD 端输入。在方式 1 的接收中，必须同时满足以下两个条件：RI = 0 和 SM2 = 0 或接收到的停止位为 1。若有任一条件不满足，则所接收的数据帧就会丢失。在满足上述接收条件时，接收到的 8 位数据位进入接收缓冲器 SBUF，停止位送入 RB8，并置中断标志位 RI 为 1。再次接收数据前，需用指令将 RI 清零。方式 1 输入格式如图 6-2-13 所示。

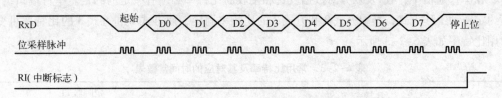

图 6-2-13　方式 1 输入格式

【例 6-2-3】利用两片 AT89C51 芯片，一片用作发送器，用来读入 P1 口拨码开关的状态；另一片用作接收器，用来接收发送过来的拨码开关的状态，并将其在 AT89C51 的 P1 口输出的 8 个 LED 上显示出来。其电路图如图 6-2-14 所示。采用查询方式完成数据传送。

解：本例中，一片芯片用于发送，另一片芯片用于接受，形式简单，不用通信协议。

（1）发送程序如下：

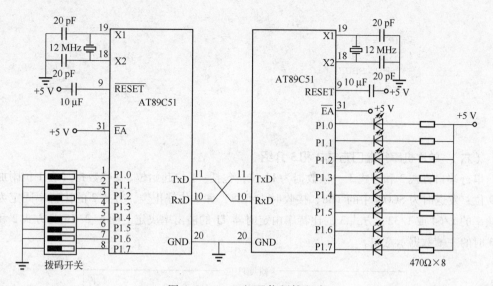

图 6-2-14　双机通信硬件电路

```
#include <reg51.h>
#define uchar unsigned char
uchar a = 0, b = 0;
void main(void)
{
    SCON = 0x40;            //串行端口方式 1，禁止接收
    TMOD = 0x20;            //定时器 T1 方式 2，8 位自动重装方式
    TH1 = 0xFD;            //设定比特率为 9 600 bit/s
    TL1 = 0xFD;
    TR1 = 1;              //启动比特率发生器
    SBUF = a = b = P1;
    while(1)
    {
        a = P1;
        if(a!=b)
        {
            SBUF = b = a;
            while(TI!=1);
            TI = 0;
        }
    }
}
```

（2）接收程序如下：

```
#include <reg51.h>
#define uchar unsigned char
void main(void)
{
    SCON = 0x50;            //串行端口方式 1，允许接收
    TMOD = 0x20;            //定时器 T1 方式 2，8 位自动重装方式
    TH1 = 0xFD;            //设定比特率为 9 600 bit/s
    TL1 = 0xFD;
    TR1 = 1;              //启动比特率发生器
    while(1)
```

```
    {
        if(RI ==1)
        {
            P1 = SBUF;
            RI =0;
        }
    }
}
```

## （六）单片机串行端口方式 2 和 3 介绍

串行端口方式 2 和方式 3 一帧数据为 11 位，包括：1 位起始位、9 位数据（含 1 位附加的第 9 位，发送时为 SCON 中的 TB8，接收时为 RB8）和 1 位停止位。方式 2 的比特率固定为晶振频率的 1/64 或 1/32，方式 3 的比特率由定时器 T1 的溢出率决定。图 6-2-15 为方式 2 和方式 3 时的一帧数据示意图。

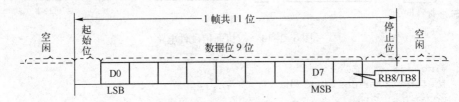

图 6-2-15　方式 2 和方式 3 时的一帧数据示意图

### 1. 发送过程

发送数据前，由指令先将 TB8 置位或清零，然后将数据写入发送缓冲器 SBUF 启动发送，发送完毕后硬件自动置 TI 为 1。方式 2 和方式 3 时的发送过程如图 6-2-16 所示。

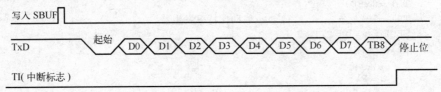

图 6-2-16　方式 2 和方式 3 时的发送过程

### 2. 接收过程

在 REN =1 的条件下，串行端口从 RxD 端接收数据。在方式 2 的接收中，也必须同时满足以下两个条件：RI =0 且 SM2 =0 或接收到的第 9 位数据位为 1。若有任一条件不满足，则所接受的数据帧就会丢失。在满足上述接收条件时，接收到的 8 位数据位进入接收缓冲器 SBUF 中，第 9 位数据位送入 RB8 中，并置 RI 为 1。再次接收数据时，需用指令将 RI 清零。

### 3. 多机通信

多机通信是指一台主单片机和多台从单片机之间的通信。主机发送的信息可传送到各个从机和指定的从机，而各从机发送的信息只能被主机接收。由于通信直接以 TTL 电平进行，因此主从机之间的连接以不超过 1 m 为宜。

（1）硬件连接。单片机构成的多机系统常采用总线型主从式结构。51 单片机的串行端口方式 2 和方式 3 适合于这种主从式的通信结构。当然采用不同的通信标准时，还需进行相应的电平转换，有时还要对信号进行光电隔离。在实际的多机应用系统中，常采用 RS－485 串行标准总线进行数据传输。图 6-2-17 为多机通信硬件连接示意图。

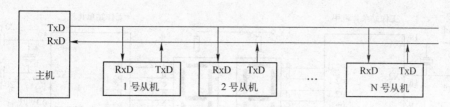

图 6-2-17    多机通信硬件连接示意图

（2）通信协议。多机通信时，主机向从机发送的信息分地址和数据两类。以发送的第 9 位数据作为区分标志：为 0 时表示数据；为 1 时表示地址。为了正确识别地址和数据信息，51 单片机的串行端口控制寄存器 SCON 中的 SM2 位作为多机通信控制位使用。

在方式 2 和方式 3 中，若 SM2 = 1 且接收到的第 9 位数据 RB8 为 0 时，RI 不会被激活（即 RI = 0），并且将接收到的前 8 位数据丢失；当 RB8 为 1 时，将接收到的前 8 位数据送入 SBUF，接收中断标志位 RI 置 1。若 SM2 = 0，不论 RB8 为 1 或为 0，将接收到的前 8 位数据送入 SBUF，接收中断标志位 RI 置 1。当从机的 SM2 = 1 时，只有当 RB8 = 1 时才允许接收，即此时只能接收主机发送的地址信息；而当从机的 SM2 = 0 时，无论 RB8 是 1 还是 0，都可以接收主机发送的任何信息。因此，多机通信协议可以按照以下协议进行：

（1）将所有从机 SM2 位置 1，即所有从机都处于只接收地址信息的状态。

（2）主机 TB8 置 1（表示向所有从机发送地址信息），先发送一帧地址信息。由于所有从机的 SM2 = 1，并且接收到的第 9 位 RB8 置 1（主机的 TB8），从而每个从机都会把接收到的地址送入 SBUF。

（3）所有从机收到地址帧后，都将接收的地址与本机的地址相比较。对于地址相符的那个从机，使自己的 SM2 = 0（以接收主机随后发来的数据帧），并把本站地址发回主机作为应答；对于地址不符的从机，仍保持 SM2 = 1，对主机随后发来的数据帧不予理睬。

（4）当从机发送数据结束后，发送一帧检验和，并置第 9 位（TB8）为 1，作为从机数据传送结束标志。

（5）主机接收数据时先判断数据结束标志（RB8），若 RB8 = 1，则表示数据传送结束，并比较此帧检验和。若检验和正确，则回送正确信号 00H（自定），此信号令从机复位（即重新等待地址帧）；若检验和错误，则回送错误信号 0FFH（自定），令从机重发数据。若接收帧的 RB8 = 0，则接收数据送到保存区，并准备接收下帧数据。

（6）主机收到从机应答地址后，确认地址是否相符，如果地址不符，发复位信号（数据帧中 TB8 = 1）；如果地址相符，则清 TB8，开始发送数据。

（7）主机发送数据信息给被选中从机（TB8 = 0）。由于被选中从机 SM2 = 0，从而能把接收的数据送入 SBUF。而其余从机 SM2 = 1，TB8 = 0，拒绝接收数据。

### 硬件电路设计

甲、乙两个单片机完成相同的任务，在电路设计上，两者相同。参考硬件电路图如图 6-2-18 所示。选用两只独立按钮开关连接在 P1.0 和 P1.1 引脚，作为计数操作按钮，共阳数码管连接在 P2 口，共用了一只限流电阻器。$f_{osc}$ = 11.059 2 MHz。

项目 6    自动化生产线工作站显示与通信接口技术应用

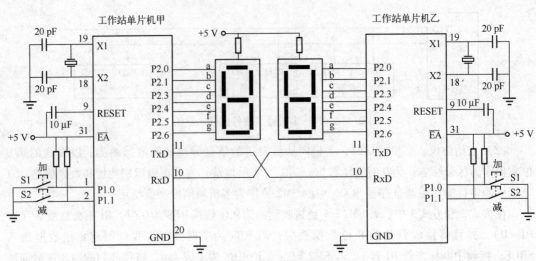

图 6-2-18　参考硬件电路图

任务中显示"0~9"，使用数组，选择静态显示方式。开机后显示"0"，每次操作按钮开关，产生串行发送中断，改变显示内容。由于采用双机通信，传送数据简单，因此不采用数据检验。

**1. 程序流程图**（如图 6-2-19 所示）

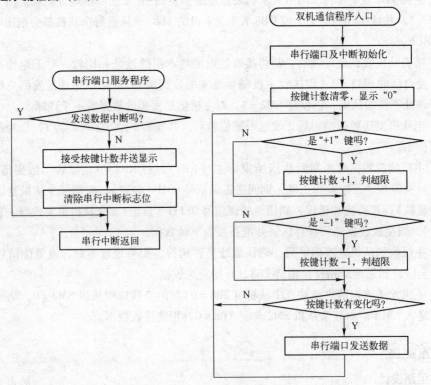

图 6-2-19　程序流程图

**2. 参考程序**

```
#include <reg51.h>
#define uchar unsigned char
```

```
uchar code tab [ ] = {0xC0, 0xF9, 0xA4, 0xB0, 0x99, 0x92, 0x82, 0xF8, 0x80,
0x90};
uchar b = 0,key_count = 0;
uchar i, j;
sbit k1_add = P1^0;
sbit k2_sub = P1^1;
void main(void)
{
    SCON = 0x50;                          //串行端口方式1，允许接收
    TMOD = 0x20;                          //定时器T1方式2，8位自动重装方式
    TH1 = 0xFD;                           //设定比特率为9 600 bit/s
    TL1 = 0xFD;
    TR1 = 1;                              //启动比特率发生器
    EA = 1;
    ES = 1;
    b = key_count;
    P2 = tab[key_count];                  //送显示
    while(1)
    {
        if(k1_add == 0)                   //判断加1键
        {
            for(i = 5; i > 0; i --)       //延时去抖动
                for(j = 248; j > 0; j --) {;}
            if(k1_add == 0)
            {
                key_count ++;             //按钮计数调整
                if(key_count >= 10)
                    {key_count = 0;}      //超限处理
                while(k1_add == 0);       //判断按钮松开
            }
        }
        if(k2_sub == 0)                   //判断减1键
        {
            for(i = 5; i > 0; i --)
                for(j = 248; j > 0; j --) {;}
            if(k2_sub == 0)
            {
                key_count --;
                if(key_count == 0xff)
                    { key_count = 9;}
                while(k2_sub == 0);
            }
        }
        if(b != key_count)
        {
            b = key_count;
            SBUF = key_count;
        }
    }
}

void SSIO() interrupt 4 using 1         //定义串行端口中断服务程序
{
    if(TI == 0)
```

项目 ⑥ 自动化生产线工作站显示与通信接口技术应用

```
        {
            P2 = tab[SBUF];                    //接受串行端口数据送 P2 口显示
            RI = 0;
        }
        TI = 0;
    }
```

 知识拓展

### （一） STC12C5A60S2 单片机串行端口简介

STC12C5A60S2 单片机具有两个采用 UART 工作方式的全双工串行通信接口（串行端口 1 和串行端口 2）。每个串行端口由两个数据缓冲器（互相独立的接收、发送缓冲器）、一个移位寄存器、一个串行控制寄存器和一个比特率发生器等组成。串行端口 1 和串行端口 2 的数据缓冲器可以同时发送和接收数据。发送缓冲器只能写入不能读出，接收缓冲器只能读出不能写入，因而两个缓冲器可以共用一个地址码。

串行端口 1 的两个缓冲器共用的地址码是 99H；串行端口 2 的两个缓冲器共用的地址码是 9BH。串行端口 1 的两个缓冲器统称串行通信特殊功能寄存器 SBUF；串行端口 2 的两个缓冲器统称串行通信特殊功能寄存器 S2BUF。

STC12C5A60S2 单片机的两个串行端口都有 4 种工作方式，其中两种方式的比特率是可变的，另两种是固定的，以供不同应用场合选用。

### （二） STC12C5A60S2 单片机串行端口 1

STC12C5A60S2 单片机串行端口 1 兼容通用 51 单片机串行端口，默认的引脚是 TxD/P3.1 和 RxD/P3.0，特殊功能寄存器使用也一样，STC12C5A60S2 单片机默认为串行端口 1。

**1. 串行端口 1 的相关寄存器**

（1）串行端口 1 发送/接收缓冲器 SBUF：兼容通用 51 单片机。

（2）串行端口 1 控制寄存器 SCON。其格式如表 6-2-4 所示。兼容 51 单片机，相关部分参考 51 单片机。

表 6-2-4　SCON 的格式

| 位地址 | 9FH | 9EH | 9DH | 9CH | 9BH | 9AH | 99H | 98H |
|---|---|---|---|---|---|---|---|---|
| 位符号 | SM0/FE | SM1 | SM2 | REN | TB8 | RB8 | TI | RI |
| 各位功能 | 工作方式<br>选择 | | 多机通信 | 允许接收 | 发送数据<br>第 9 位 | 接收数据<br>第 9 位 | 发送中断<br>标志 | 接收中断<br>标志 |

SM0/FE：当 PCON 寄存器中的 SMOD0/PCON.6 位为 1 时，该位用于帧错误检测。当检测到一个无效停止位时，通过 UART 接收器设置该位。它必须由软件清零。当 PCON 寄存器中的 SMOD0/PCON.6 位为 0 时，该位和 SM1 一起指定串行通信的工作方式，如表 6-2-5 所示。

表 6-2-5　串行端口 1 工作方式

| SM0 | SM1 | 工作方式 | 说　　明 | 比　特　率 |
|---|---|---|---|---|
| 0 | 0 | 方式 0 | 8 位同步移位寄存器<br>（用于扩展并行 I/O 口） | 当 UART_M0x6 = 0 时，比特率是 SYSclk/12<br>当 UART_M0x6 = 1 时，比特率是 SYSclk/2 |
| 0 | 1 | 方式 1 | 8 位数据 UART | $(2^{SMOD}/32) \times$（定时器 1 的溢出率或 BRT 独立比特率发生器的溢出率） |

| SM0 | SM1 | 工作方式 | 说　明 | 比特率 |
|---|---|---|---|---|
| 1 | 0 | 方式 2 | 9 位数据 UART | $(2^{SMOD}/64) \times SYSclk$ 系统工作时钟频率 |
| 1 | 1 | 方式 3 | 9 位数据 UART | $(2^{SMOD}/32) \times$（定时器 1 的溢出率或 BRT 独立比特率发生器的溢出率） |

当 T1x12 = 0 时，定时器 1 的溢出率 = SYSclk/12/( 256 − TH1 )；
当 T1x12 = 1 时，定时器 1 的溢出率 = SYSclk/( 256 − TH1 )；
当 BRTx12 = 0 时，BRT 独立比特率发生器的溢出率 = SYSclk/12/(256 − BRT)；
当 BRTx12 = 1 时，BRT 独立比特率发生器的溢出率 = SYSclk/(256 − BRT)

（3）电源控制寄存器 PCON，其格式如下：

| PCON: | B7 | B6 | B5 | B4 | B3 | B2 | B1 | B0 |
|---|---|---|---|---|---|---|---|---|
| | SMOD | SMOD0 | LVDF | POF | GF1 | GF0 | PD | IDL |

（4）辅助寄存器 AUXR，其格式如下：

| AUXR: | B7 | B6 | B5 | B4 | B3 | B2 | B1 | B0 |
|---|---|---|---|---|---|---|---|---|
| | T0x12 | T1x12 | UART_M0x6 | BRTR | S2SMOD | BRTx12 | EXTRAM | S1BRS |

① T0x12：定时器 0 速度设置位。

= 0 时，定时器 0 是传统 8051 速度，12 分频；

= 1 时，定时器 0 的速度是传统 8051 的 12 倍，不分频。

② T1x12：定时器 1 速度设置位。

= 0 时，定时器 1 是传统 8051 速度，12 分频；

= 1 时，定时器 1 的速度是传统 8051 的 12 倍，不分频。

③ UART_M0x6：串行端口方式 0 的通信速度设置位。

= 0 时，UART 串行端口的方式 0 是传统 12T 的 8051 速度，12 分频；

= 1 时，UART 串行端口的方式 0 的速度是传统 12T 的 8051 的 6 倍，2 分频；

④ BRTR：独立比特率发生器运行控制位。

= 0 时，不允许独立比特率发生器运行；

= 1 时，允许独立比特率发生器运行；

⑤ S2SMOD：串行端口 2 的比特率加倍控制位。

= 0 时，串行端口 2 的比特率不加倍；

= 1 时，串行端口 2 的比特率加倍。

对于 STC12C5A60S2 单片机，串行端口 2 只能使用独立比特率发生器作为比特率发生器，不能够选择定时器 1 作为比特率发生器；而串行端口 1 既可以选择定时器 1 作为比特率发生器，也可以选择独立比特率发生器作为比特率发生器。

⑥ BRTx12：独立比特率发生器计数控制位。

= 0 时，独立比特率发生器每 12 个时钟计数一次；

= 1 时，独立比特率发生器每 1 个时钟计数一次。

⑦ EXTRAM：= 0 时，允许使用内部扩展的 1 024 字节扩展 RAM；

= 1 时，禁止使用内部扩展的 1 024 字节扩展 RAM。

⑧ S1BRS：串行端口 1 比特率发生器选择位。

= 0 时，串行端口比特率发生器选择定时器 1，S1BRS 是串行端口 1 比特率发生器选择位；

项目 6 自动化生产线工作站显示与通信接口技术应用

=1 时，独立比特率发生器作为串行端口的比特率发生器。

（5）独立比特率发生器寄存器 BRT。独立比特率发生器寄存器 BRT（地址为 9CH，复位值为 00H）用于保存重装时间常数。STC12C5A60S2 单片机是 1T 的 8051 单片机，复位后兼容传统 8051 单片机。如果 UART 串行端口用定时器 1 作比特率发生器，AUXR 中的 T1x12/AUXR.6 位就可以控制 UART 串行端口是 12T 还是 1T。

（6）从机地址控制寄存器 SADEN 和 SADDR。为了方便多机通信，STC12C5A60S2 单片机设置了从机地址控制寄存器 SADEN 和 SADDR。其中 SADEN 是从机地址掩模寄存器（地址为 B9H，复位值为 00H），SADDR 是从机地址寄存器（地址为 A9H，复位值为 00H）。

**2. 串行端口 1 工作方式**

STC12C5A60S2 单片机的串行端口有 4 种工作方式。其中方式 1、方式 2 和方式 3 为异步通信，每个发送和接收的字符都带有 1 个启动位和 1 个停止位。在模式 0 中，串行端口被作为 1 个简单的移位寄存器使用。

（1）串行端口 1 工作方式 0：同步移位寄存器。在方式 0 状态，串行端口工作在同步移位寄存器方式。当串行端口 1 方式 0 的通信速度设置位 UART_M0x6/AUXR.5 = 0 时，其比特率固定为 SYSclk/12；当串行端口 1 方式 0 的通信速度设置位 UART_M0x6/AUXR.5 = 1 时，其比特率固定为 SYSclk/2。串行端口 1 数据由 RxD/P3.0 端输入，同步移位脉冲（SHIFTCLOCK）由 TxD/P3.1 输出，发送、接收的是 8 位数据，低位在先。

串行端口 1 方式 0 的内部结构示意图如图 6-2-20 所示。

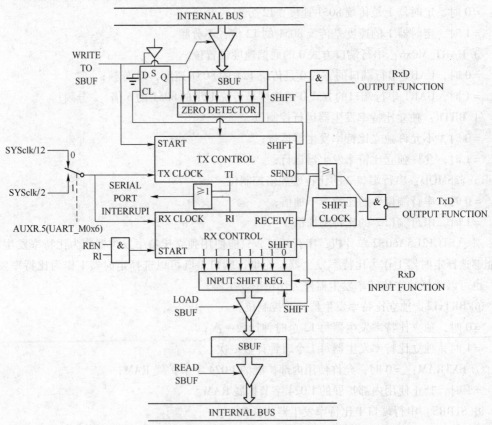

图 6-2-20　串行端口 1 方式 0 的内部结构示意图

（2）串行端口 1 工作方式 1：8 位 UART，比特率可变。当软件设置 SCON 的 SM0、SM1 为 "01" 时，串行端口 1 则以方式 1 工作。此方式为 8 位 UART 格式，一帧信息为 10 位：1 位起始位，8 位数据位（低位在先）和 1 位停止位。比特率可变，即可根据需要进行设置。TxD/P3.1 为发送端口，RxD/P3.0 为接收端口，串行端口 1 为全双工接收/发送串行端口。

串行端口 1 方式 1 的内部结构示意图如图 6-2-21 所示。

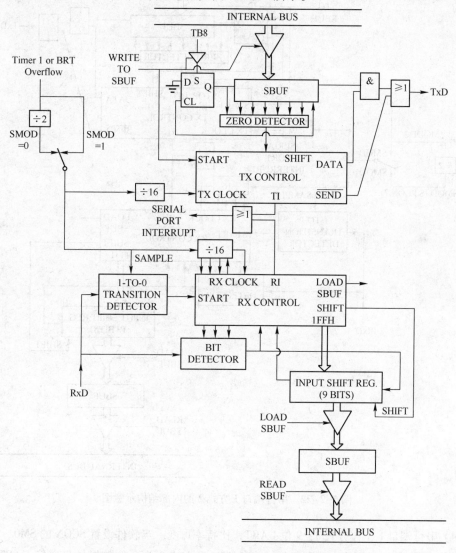

图 6-2-21　串行端口 1 方式 1 的内部结构示意图

（3）串行端口 1 方式 2：9 位 UART，比特率固定。当软件设置 SCON 的 SM0、SM1 为 "10" 时，串行端口 1 则以方式 2 工作。串行端口 1 工作方式 2 为 9 位数据异步通信 UART 模式，其一帧的信息由 11 位组成：1 位起始位，8 位数据位（低位在先），1 位可编程位（第 9 位数据）和 1 位停止位。发送时可编程位（第 9 位数据）由 SCON 中的 TB8 提供，可软件设置为 1 或 0，或者可将 PSW 中的奇偶检验位 P 值装入 TB8（TB8 既可作为多机通信中的地址数据标志位，又可作为数据的奇偶检验位）。接收时第 9 位数据装入 SCON 的 RB8。TxD/P3.1 为发送端口，RxD/P3.0 为接收端口，以全双工模式进行接收/发送。

串行端口 1 方式 2 的内部结构示意图如图 6-2-22 所示。

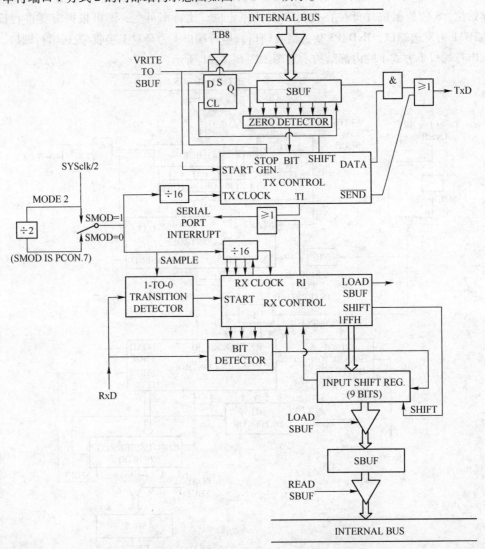

图 6-2-22　串行端口 1 方式 2 的内部结构示意图

（4）串行端口 1 工作方式 3：9 位 UART，比特率可变。当软件设置 SCON 的 SM0、SM1 为 "11" 时，串行端口 1 则为方式 3 工作。串行端口 1 方式 3 为 9 位数据异步通信 UART 模式，其一帧的信息由 11 位组成：1 位起始位，8 位数据位（低位在先），1 位可编程位（第 9 位数据）和 1 位停止位。发送时可编程位（第 9 位数据）由 SCON 中的 TB8 提供，可软件设置为 1 或 0，或者可将 PSW 中的奇偶检验位 P 值装入 TB8（TB8 既可作为多机通信中的地址数据标志位，又可作为数据的奇偶检验位）。接收时第 9 位数据装入 SCON 的 RB8。TxD/P3.1 为发送端口，RxD/P3.0 为接收端口，以全双工模式进行接收/发送。

方式 3 和方式 1 一样，其比特率可通过软件对定时器/计数器 1 或独立比特率发生器的设置进行比特率的选择，是可变的。

## （三）STC12C5A60S2 单片机串行端口 2

串行端口 2 默认的引脚是 P1. 2/RxD2 和 P1. 3/TxD2。

**1. 串行端口 2 的控制寄存器 S2CON**

S2CON 格式如下：

| S2CON: | B7 | B6 | B5 | B4 | B3 | B2 | B1 | B0 |
|---|---|---|---|---|---|---|---|---|
| | S2SM0 | S2SM1 | S2SM2 | S2REN | S2TB8 | S2RB8 | S2TI | S2RI |

（1）S2SM0、S2SM1：指定串行端口 2 的工作方式，如表 6-2-6 所示。

**表 6-2-6　串行端口 2 工作方式选择**

| S2SM0 | S2SM1 | 工作方式 | 功 能 说 明 | 波 特 率 |
|---|---|---|---|---|
| 0 | 0 | 方式 0 | 同步移位串行方式：移位寄存器 | 比特率是 SYSclk/12 |
| 0 | 1 | 方式 1 | 8 位 UART，比特率可变 | (2S2SMOD/32)×（BRT 独立比特率发生器的溢出率） |
| 1 | 0 | 方式 2 | 9 位 UART | (2S2SMOD/64)×SYSclk 系统工作时钟频率 |
| 1 | 1 | 方式 3 | 9 位 UART，比特率可变 | (2S2SMOD/32)×（BRT 独立比特率发生器的溢出率） |

当 BRTx12 = 0 时，BRT 独立比特率发生器的溢出率 = SYSclk/12/(256 − BRT)；
当 BRTx12 = 1 时，BRT 独立比特率发生器的溢出率 = SYSclk/(256 − BRT)

（2）S2SM2：允许方式 2 或方式 3 多机通信控制位。方式 1 和方式 0 是非多机通信方式，在这两种方式时，要设置 S2SM2 应为 0。

（3）S2REN：允许/禁止串行端口 2 接收控制位。S2REN = 1，允许串行接收。

（4）S2TB8：在方式 2 或方式 3，S2TB8 为要发送的第 9 位数据。

（5）S2RB8：在方式 2 或方式 3，S2RB8 为接收到的第 9 位数据。

（6）S2TI：发送中断请求中断标志位。

（7）S2RI：接收中断请求标志位。

**2. 串行端口 2 的数据缓冲寄存器 S2BUF**

和串行端口 1 的 SBUF 一样实际是两个缓冲器，写 S2BUF 的操作完成待发送数据的加载，读 SBUF 的操作可获得已接收到的数据。两个操作分别对应两个不同的寄存器，一个是只写寄存器，另一个是只读寄存器。

**3. 与串行端口 2 中断相关的寄存器**

（1）IE2：中断允许寄存器。串行端口 2 中断允许位 ES2 位于中断允许寄存器 IE2 中，中断允许寄存器的格式如下：

| IE2: | B7 | B6 | B5 | B4 | B3 | B2 | B1 | B0 |
|---|---|---|---|---|---|---|---|---|
| | — | — | — | — | — | — | ESPI | ES2 |

ES2：串行端口 2 中断允许位，=1 时，允许串行端口 2 中断；=0 时，禁止串行端口 2 中断。

（2）IP2H：中断优先级控制寄存器，其格式如下：

| IP2H: | B7 | B6 | B5 | B4 | B3 | B2 | B1 | B0 |
|---|---|---|---|---|---|---|---|---|
| | — | — | — | — | — | — | PSPIH | PS2H |

（3）IP2：中断优先级控制寄存器（不可位寻址），其格式如下：

| IP2: | B7 | B6 | B5 | B4 | B3 | B2 | B1 | B0 |
|---|---|---|---|---|---|---|---|---|
| | — | — | — | — | — | — | PSPI | PS2 |

PS2H、PS2：串行端口 2 中断优先级控制位。

① 当 PS2H = 0 且 PS2 = 0 时，串行端口 2 中断为最低优先级中断（优先级 0）。

② 当 PS2H = 0 且 PS2 = 1 时，串行端口 2 中断为较低优先级中断（优先级 1）。

③ 当 PS2H = 1 且 PS2 = 0 时，串行端口 2 中断为较高优先级中断（优先级 2）。

④ 当 PS2H = 1 且 PS2 = 1 时，串行端口 2 中断为最高优先级中断（优先级 3）。

**4. 串行端口 2 工作方式**

STC12C5A60S2 单片机的串行端口 2 有 4 种工作方式，其中方式 1、方式 2 和方式 3 为异步通信，每个发送和接收的字符都带有 1 个启动位和 1 个停止位。在模式 0 中，串行端口被作为 1 个简单的移位寄存器使用。串行端口 2 的方式操作和串行端口 1 的方式操作相同。

**5. 串行端口 2 初始化步骤**

（1）设置串行端口 2 的工作方式，S2CON 寄存器中的 S2SM0 和 S2SM1 两位决定了串行端口 2 的 4 种工作方式。

（2）设置串行端口 2 的比特率相应的寄存器和位：BRT 独立比特率发生器寄存器、BRTx12 位、S2SMOD 位。

（3）启动独立比特率发生器，置 BRTR 位为 1，BRT 独立比特率发生器寄存器就立即开始计数。

（4）设置串行端口 2 的中断优先级及打开中断相应的控制位是：PS2，PS2H，ES2，EA。

（5）如要串行端口 2 接收，将 S2REN 置 1 即可；如要串行端口 2 发送，将数据送入 S2BUF 即可。接收完成标志 S2RI，发送完成标志 S2TI，要由软件清零。

**（四）单片机与上位机通信技术应用**

在工业自动控制、智能仪器仪表中，实现计算机与计算机/外围设备间的串行通信时，需要根据实际情况选择标准通信接口，才能方便地把各种计算机、外围设备、测量仪器等有机地连接起来。常用的串行总线接口标准有以下 3 种：RS – 232 – C、RS – 422、RS – 485。

**1. RS – 232 – C 接口**

RS – 232 – C 是 EIA（美国电子工业协会）1969 年修订 RS – 232 – C 标准。RS – 232 – C 定义了数据终端设备（DTE）与数据通信设备（DCE）之间的物理接口标准。是为点对点（即只用一对收发设备）通信而设计的，其驱动器负载为 37 kΩ，适用于短距离或带调制解调器的通信场合。

（1）RS – 232 – C 的电气特性。RS – 232 – C 电平不同于 TTL 电平的 +5 V 和地。它采用负逻辑，逻辑 0 电平用 +3 ～ +15 V 表示，逻辑 1 电平用 −3 ～ −15 V 表示。因此，RS – 232 – C 不能直接与 TTL 电平相连，必须加上适当的接口电路进行信号电平转换。目前，最常用的芯片有集成电路电平转换器 MAX232。

（2）RS – 232 – C 的通信距离和速率。RS – 232 – C 标准规定的传送数据的比特率最大为 19.2 kbit/s。驱动器允许有 2 500 pF 的电容负载，因此通信距离将受此电容大小所限，它的通信距离一般不超过 15 m。

（3）RS－232－C 接口的物理结构。对于一般双工通信，通常只需使用串行输入 RxD、串行输出 TxD 和地线 GND，所以 RS－232－C 常采用型号为 DB－9 的 9 芯插头座，传输线采用屏蔽双绞线。

## 2. RS－422 接口

RS－422 标准全称是"平衡电压数字接口电路的电气特性"。为改进 RS－232 通信距离短、传输速率低、接口处容易出现共模干扰的缺点，RS－422 定义了一种平衡通信方式，即采用差分接收、差分发送的工作方式，不需要数字地线，可将传输速率提高到最大 10 Mbit/s，在此速率下传输距离延长到 12 m，如采用低速率传输，如在 100 kbit/s 以下，最大传输距离可达到 1 200 m。它使用双绞线传送信号，根据两条传输线之间的电位差值来决定逻辑状态。

RS－422 标准定义了接口电路的特性。图 6-2-23 是 RS－422 连接器 DB9 引脚定义。由于接收器采用高输入阻抗和发送驱动器，比 RS－232－C 具备更强的驱动能力，可以在相同传输线上连接多个接收节点，最多可接 10 个节点，所以 RS－422 支持点对多的双向通信。RS－422 通过两对双绞线可以全双工工作，使得收发数据互不影响。

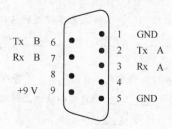

图 6-2-23　RS－422 连接器 DB9 引脚定义

RS－422 接口需要外接终端电阻，要求其阻值约等于传输电缆的特性阻抗。一般取 100 Ω，接在传输电缆的最远端。通常情况下，短距离传输时（300 m 以下）可以不接终端电阻。

## 3. RS－485 接口

1983 年 EIA 在 RS－422 基础上制定了 RS－485 标准，它是一种多发送器的电路标准，增加了多点、双向通信能力，即允许多个发送器连接到同一条总线上，同时增加了发送器的驱动能力和冲突保护特性，因此应用 RS－485 接口可以联网构成分布式系统，最多能支持 32 个发送/接收器对。RS－485 接口采用半双工工作，任何时候只能有一点处于发送状态，所以一般在 RS－485 接口还有一"使能"端，用于控制发送驱动器与传输线的切断与连接，当"使能"端起作用时，发送驱动器处于高阻状态。

（1）RS－485 的电气特性。逻辑"1"以两线间的电压差为 +2 ～ +6 V 表示；逻辑"0"以两线间的电压差为 -2 ～ -6 V 表示。接口信号电平比 RS－232－C 降低了，就不易损坏接口电路的芯片，且该电平与 TTL 电平兼容，可方便与 TTL 电路连接。

（2）RS－485 的传输距离和速率。由于 RS－485 是从 RS－422 基础上发展而来的，所以 RS－485 许多规定与 RS－422 相仿。最大传输距离约为 1 219 m，最大传输速率为 10 Mbit/s。平衡双绞线的长度与传输速率成反比，在 100 kbit/s 速率以下，才可能使用规定最长的电缆长度。只有在很短的距离下才能获得最高速率传输。一般 100 m 长双绞线最大传输速率仅为 1 Mbit/s。

RS－485 接口采用平衡驱动器和差分接收器的组合，具有良好的抗噪声干扰性。再加上其长传输距离和多站能力等优点使其成为当前首选的串行端口。由 RS－485 接口组成的半双工通信系统，一般只需二根连线，所以 RS – 485 接口均采用屏蔽双绞线传输。此外，RS – 485 也需要两个终端电阻，其阻值要求等于传输电缆的特性阻抗，一般取 120 Ω，接在传输电缆的两端。同 RS – 422，短距离传输时（300 m 以下）可以不接终端电阻。

## 思考与练习

### （一）简答题

（1）51 单片机串行通信有几种工作模式？UART 表示什么？

（2）串行通信速度由什么决定？如何设置？异步通信的概念是什么？

（3）串行通信为什么要校验？如何实现？

（4）串行端口控制寄存器 SCON 中 TB8、RB8 起什么作用？在哪种方式中使用？

（5）为什么串行中断采用软件清除标志位 RI 和 TI？

（6）多机通信硬件如何连接？请叙述多机通信协议。

（7）写出单片机串行端口初始化步骤。

### （二）填空题

（1）异步通信是指_____。它以_____格式为单位进行传输。字符宽度由_____决定。

（2）串行通信的工作方式有_____、_____和_____ 3 种模式。其中单片机使用的是_____ __方式。

（3）51 系列单片机串行通信有 4 种工作方式，通过_____寄存器中的 SM0、SM1 位选择。

（4）在方式 0 中，RxD 上传送的是_____，TxD 引脚输出上传送的是_____。每帧信息为_____ __位，没有起始位和停止位，比特率固定为_____。

（5）在方式 1 ～ 3 中，RxD 上传送的是_____数据，TxD 引脚输出上传送的是_____数据。

（6）串行通信中数据写入_____，启动发送，SCON 中的_____位置 1，开始接收。

（7）TI = 1，表示_____，RI = 1，表示_____。

（8）多机通信时，主机向从机发送的第位 9 数据为 0 时表示_____；为 1 时表示_____。

（9）多机通信以 TTL 电平进行时主从机之间的连接以不超过_____为宜，若要远距离传送应选用_____或_____通信。

（10）STC12C5A60S2 单片机有_____个全双工串行通信接口。其中_____只能使用独立比特率发生器作为比特率发生器，_____既可以选择定时器 1 作为比特率发生器，也可以选择独立比特率发生器作为比特率发生器。

### （三）名词解释

串行通信、UART、异步通信、比特率。

### （四）实践题

有一个双机通信系统，要求甲机现场测量电压，乙机远距离显示测量电压。请完成系统设计。

# 附录 A　ASCII 码表

ASCII 码表见表 A-1。

### 表 A-1　ASCII 码表

| 低位 ＼ 高位 | 000 | 001 | 010 | 011 | 100 | 101 | 110 | 111 |
|---|---|---|---|---|---|---|---|---|
| 0000 | NUL | DLE | SP | 0 | @ | P | 、 | p |
| 0001 | SOH | DC1 | ! | 1 | A | Q | a | q |
| 0010 | STX | DC2 | " | 2 | B | R | b | r |
| 0011 | ETX | DC3 | # | 3 | C | S | c | s |
| 0100 | EOT | DC4 | $ | 4 | D | T | d | t |
| 0101 | ENQ | NAK | % | 5 | E | U | e | u |
| 0110 | ACK | SYN | & | 6 | F | V | f | v |
| 0111 | BEL | ETB | ' | 7 | G | W | g | w |
| 1000 | BS | CAN | ( | 8 | H | X | h | x |
| 1001 | HT | EM | ) | 9 | I | Y | i | y |
| 1010 | LF | SUB | * | : | J | Z | j | z |
| 1011 | VT | ESC | + | ; | K | [ | k | { |
| 1100 | FF | FS | , | < | L | \ | l | \| |
| 1101 | CR | GS | — | = | M | ] | m | } |
| 1110 | SO | RS | · | > | N | ∧ | n | ~ |
| 1111 | SI | US | / | ? | O | _ | o | DEL |

# 参 考 文 献

［1］刘海成. AVR 单片机原理及测控工程应用：基于 Atmega48/Atmega16 ［M］. 北京：北京
    航空航天大学出版社，2008.
［2］杨金岩. 8051 单片机数据传输接口扩展技术与应用实例 ［M］. 北京：人民邮电出版
    社，2005.
［3］王福瑞. 单片微机测控系统设计大全 ［M］. 北京：北京航空航天大学出版社，1998.
［4］徐爱钧. KeilCx51V7.0 单片机高级语言编程与 μVision2 应用实例 ［M］. 北京：电子工业
    出版社，2005.
［5］耿永刚. 单片机与接口应用技术 ［M］. 上海：华东师范大学出版社，2008.
［6］李光飞. 单片机课程设计实例指导 ［M］. 北京：北京航空航天大学出版社，2004.
［7］耿永刚. 单片机 C51 应用技术 ［M］. 北京：电子工业出版社，2011.
［8］沈建华，杨艳琴. MSP430 系列 16 位超低功耗单片机原理与实践 ［M］，北京：北京航空
    航天大学出版社，2008.
［9］耿永刚. 单片机技术与应用 ［M］. 上海：上海科学技术出版社，2012.
［10］王静霞. 单片机应用技术：C 语言版 ［M］. 北京：电子工业出版社，2010.
［11］丁向荣. 单片微机原理与接口技术：基于 STC15 系列单片机 ［M］. 北京：电子工业出
    版社，2012.